基礎から学ぶ

機械製図

第2版

基礎から学ぶ 機械製図 編集委員会〔編〕

基礎から学ぶ 機械製図 編集委員会　編集委員一覧

（五十音順）

井上　全人	博士（工学）	明治大学理工学部
亀井　延明	博士（工学）	明星大学理工学部
香村　　誠	博士（工学）	ものつくり大学
後藤　隆治		元日産自動車株式会社
小林　健一	博士（工学）	明治大学理工学部
高橋眞太郎	工学博士	元明治大学理工学部
舘野　寿丈	博士（工学）	明治大学理工学部
田中　純夫	博士（工学）	明治大学理工学部
中別府　修	博士（工学）	明治大学理工学部
中　　吉嗣	博士（工学）	明治大学理工学部
南雲　愼一	博士（工学）	元明治大学理工学部
平井　聖児	博士（工学）	ものつくり大学
宮城　善一	工学博士	明治大学理工学部
三宅　圀博	工学博士	元明治大学理工学部，元明星大学理工学部
吉田　政弘	博士（工学）	東京都立産業技術高等専門学校

まえがき

本書は，機械工学の技術者を目指す学生や社会人のため，機械製図の基本をJISに基づいて解説したものである．

ものづくりの現場では，品物や製品の企画・設計段階では，描いたり消したりが素早くできるフリーハンドのポンチ絵が有効であり，アイディアの検討や共有に用いられる．設計方針が整うと，3D-CADによる詳細な実現性や機能評価を含む設計が行われ，2D-CADによる加工図面が出力される．加工図面には，形状・寸法に加えて公差や表面性状など品物の機能に関する情報が加えられ，それに従って品物が加工される．製作にかかわる情報伝達には，JISやISOなど国際的に通用する機械製図規格に従う正しい図面が重要となる．

初版の発行から11年が経ち，この間，製図規格の改正が多く行われており，本書は最新のJISに改め，第2版としての発行となった．

近年の大学における製図教育は，手書き製図からCAD製図へと移行が進んでいるが，本書では，手書き製図・CAD製図に関わらず機械製図の基本が学べるよう図表を豊富に取り入れて解説している．特に，ものづくりの現場におけるコミュニケーション力の低下に対して，等測投影法をもとにしたポンチ絵の描き方を付録に追加した．CADが一般的となった産業界からもフリーハンドポンチ絵の重要性を指摘されており，ぜひ，初学者は自身のアイディアを素早く表現する術として学んでほしい．

さらに，本書では製図教育を指導する上でも参考となるように「製図課題の参考図面例」,「機械製図の手順」,「テクニカルイラストレーション」などの充実を図った点は，類書には見られない特長と自負している．したがって，工学系の教科書として最適であるだけでなく，機械製図を教育される先生方にとっても，基本的な教材として大変有効なものと確信している．

なお，内容や文書表現などで不十分な点，理解しにくい箇所も多々あると思われるが，読者各位のご批判，ご教示いただければ幸いである．また，多くの著書，文献から貴重な資料を参照させていただいた．これらの著者の方々に厚くお礼を申し上げる．

本書の出版にあたっては，オーム社編集局の方々に多大なご尽力をいただいた．ここに心から感謝の意を表し，あらためて御礼申し上げる．

2024年1月

基礎から学ぶ 機械製図 編集委員会

目 次

3章 図面に必要な他の表示事項

4章 主な機械要素の製図法

5章 規格および参考資料

6章 製図課題の参考例

7章　参考図面

付録

1章 機械製図の理解と準備

日常生活用品から工業用品に至るまで，一つの製品は複数の部品で構成されている．この製品を製作するためには，全体の形状や製品を構成する個々の部品の大きさや加工条件などの詳細な情報が必要である．機械工業の分野では，製品全体と構成部品の加工，製造を指示するための図などの製図のことを機械製図という．機械製図は「ものづくり」を始めるために必要不可欠なものであり，本章ではその考え方や役割を示す．

1.1 図面とは

1.1.1 ものづくりのための情報伝達

一般に，完成品であっても，小さな部品であっても，製作する目的と必要性があり，それを達成するために具体的な加工作業を行う．設計担当者自身で加工する場合，あるいは加工担当者に加工依頼をする場合，いずれにおいても，完成させたい製品や部品の形状や大きさなどを具体化する必要がある．製品の開発・設計担当者が完成品の明確なイメージを持つことは必要であるが，イメージだけでは具体的な加工ができない．また，口頭で加工したい製品や部品の情報を伝えるだけは，加工担当者は加工手順を具体的に設定することができず，作業もできない．

企業で製作している製品の開発・設計段階では，複数の担当者によって製品企画がつくられ，製品構成を具体化するための議論をしながら設計作業が進められている．その際，担当者間では完成させ

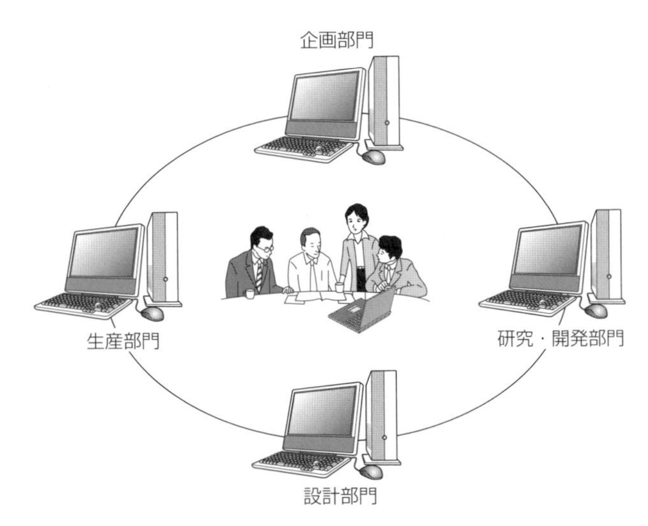

図 1.1　部門間設計データ共有システム

る製品イメージを共有するとともに，理解の違いを避けるためにも，言語伝達だけではなく，図面で具体的な設計情報を共有することが大事である．

このように，製品の企画づくりから，具体的な開発・設計，製造・生産に至るまでのものづくりの過程において，正確な情報伝達が必要である．現在はコンピュータを利用して，設計援用ソフトウェアの活用やデータベース，さらにネットワークを利用した情報共有の方法が高度化し，作業の効率化が図られている（**図 1.1**）．

1.1.2 製図共通のルール

図面を製作するにあたり，描いた側と読む側が同じ理解をする必要があるが，ものづくりの過程においては，担当部署内，部署間，さらに企業間で図面の描き手と読み手の関係が存在する．最近では，ものづくりのグローバル化に伴い，海外生産現場あるいは企業間でも同様な関係があり，多くの場面で描き手と読み手で同じ理解ができるように共通のルールに従った図面の製作が求められている．

共通のルール化は作業の標準化であり，製図のルールに関しても，国内の規格では日本産業規格（JIS：Japanese Industrial Standards）で規定され，さらにその規格は国際標準化機構（ISO：International Organization for Standardization）に規定されている内容と整合が図られている．また，工業会や企業内にも，それぞれの慣習や加工方法の特殊性など実態に合わせた規格が決められていることも多い．よって，機械製図にはいくつかのルールが存在することになるが，国内では ISO と整合がとられている JIS で規定されている製図法が基本である．規格は定期的に見直し，修正があるので，随時確認をする必要がある．

1.1.3 製作物のイメージの具体化

設計担当者が**図 1.2**（a），（b），（c），（d）のように A，B 二つの部品を組み合わせて一つの加工品を設計するとき，図に示すように複数の部品形状と接合方法が考えられる．それぞれ矢印の方向から見た図を製図のルールによって描くと，**図 1.3**（a），（b），（c），（d）のようになる．矢印の方向から見て，外側に見える線を実線で表し，かくれて見えない線を破線で表している．ここで，図 1.2 の（c）と（d）に示す部品 A，B の形状は異なるが，矢印の方向からの図では図 1.3 の（c）と（d）のように同じ表現になる．これでは，設計者の意図するところが伝達できないので，別の面の図示が必要とな

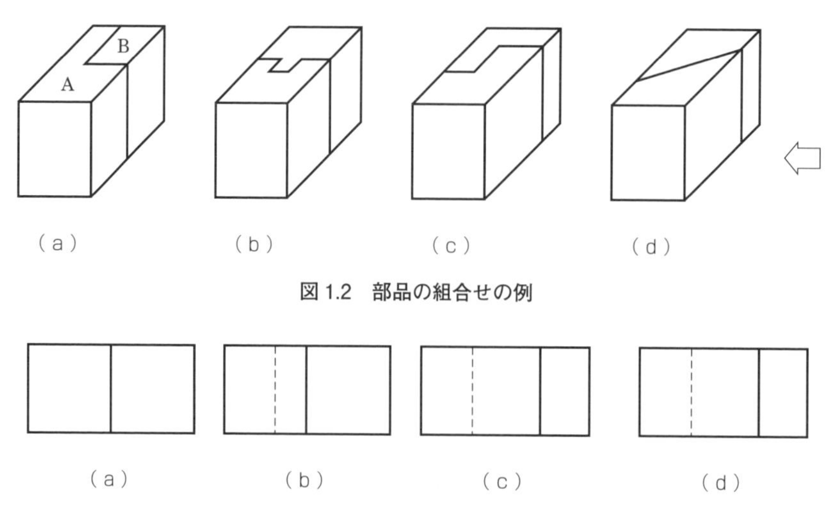

図 1.2　部品の組合せの例

(a)　(b)　(c)　(d)

図 1.3　側面から見た組立部品の平面図

る．また，図 1.3（b）において破線を描き忘れると，図 1.3（a）と同じ図となり，図を受ける側の理解が異なり，設計どおりの部品ができないことになる．

また，いずれの図の構成でも，二つの部品 A，B を組み合わせるための複数の方法がある．例えば，ねじで締結するか，溶接か接着剤で接合するかなどである．また，ねじを使用する場合でも，部品の大きさを踏まえて，ねじの寸法を決める必要がある．よって，形状だけでなく，組合せ方法によっても図に示す情報が変わることになるので，製図においては対象物の形を共通のルールに従って表現することと，加工や組立方法などの具体的な情報も考慮しながら正確に表すことが大事である．

1.1.4 設計過程と設計情報の管理

一般に設計は，製品のコンセプトを構築する企画から，形にするための製品設計，さらに生産に移すための工程設計の過程を経る．製品のコンセプトを具体的に実現するための設計過程は，概念設計，基本設計，詳細設計，生産設計に分類される．一般には，それぞれの過程を段階的に取り組む方法が中心であるが，現在ではすべての過程を踏まえた同時並行的な設計方法が積極的に行われている．例えば設計の段階で，所有する加工機や工作機械の種類や性能など，生産過程における諸条件を踏まえた設計をすることで，ものづくりの効率化を図っている．この考え方は，製品化の早期具体化，品質向上，コスト低減を図ることを目標とした設計方法の考え方である．

機械製図においては，対象物の加工工程を考慮しながら作図をする必要があるが，その際，設計に要する部品の標準品や材料の情報，加工方法，加工条件の情報，以前の設計実績の情報など，多くの情報を使用することになる．実際に企業内においては，設計に有効なデータが，必要な場所で必要なときに設計データを効率よく使用できるように，コンピュータおよびネットワークによるシステムが構築されている．

製図における情報管理で欠かせないのが図面管理である．この図面は電子化されたデータとして管理されるが，そのためにはコンピュータを活用した製図が必要となる．これを CAD（Computer Aided Design）による製図といい，現在はこの方法が主流となっている．CAD による製図では，手描きに比べて図面が綺麗，図面修正が容易，完成図面管理や検索が容易，加工工程への情報伝達が容易などの利点があり，設計から生産に至る作業効率が向上する．しかし，CAD 用ソフトウェアが勝手に図面を描いてくれるわけでないので，製作したい図面の内容を正確に表現するためには，製図の共通のルールに従った設計担当者の正しい知識と作業が必要である．よって，CAD の利用であっても，受け手側が正確に理解できる図面を描くために，製図の基礎を理解し具体的な製図の方法を習得することが大事である．

なお，設計の効率化を図るために，対象の製品に使用する機械要素や部品材料などに企業が販売している標準部品を使用することも多い．それらを提供している企業では，CAD 用の図面が用意されていることも多いので，CAD を利用して製図を行う際はそのデータを活用するとよい．

1.2 図面作成の準備

1.2.1 図面の仕様

【1】図面の大きさ（JIS Z 8311）

製図で使用する用紙は，製図対象物の情報が正確にかつ容易に判断でき，適切な大きさで描ける最

表 1.1　A 列の図面用紙サイズ（第 1 優先）

呼び方	寸法〔mm〕
A0	841×1189
A1	594×841
A2	420×594
A3	297×420
A4	210×297

表 1.2　特別延長サイズ（第 2 優先）

呼び方	寸法〔mm〕
A3×3	420×891
A3×4	420×1189
A4×3	297×630
A4×4	297×841
A4×5	297×1051

表 1.3　例外延長サイズ（第 3 優先）

呼び方	寸法〔mm〕
A0×2 1)	1189×1682
A0×3	1189×2523 2)
A1×3	841×1783
A1×4	841×2378 2)
A2×3	594×1261
A2×4	594×1682
A2×5	594×2102
A3×5	420×1486
A3×6	420×1783
A3×7	420×2080
A4×6	297×1261
A4×7	297×1471
A4×8	297×1682
A4×9	297×1892

1）このサイズは，A 列の 2A0 に等しい．
2）このサイズは，取り扱い上の理由で使用を推奨できない．

小の用紙を使用する．1 枚の用紙に描かれた図の大きさが大きすぎたり，極度に小さすぎたりバランスがわるいと，図の理解が難しくなり，その図を使用した加工の作業性もわるくなる．用紙は**表 1.1** に示すように，A0 から A4 サイズのものを使用するが，特別に長い図面を必要とする場合には，**表 1.2**，**表 1.3** に示すサイズの順に選ぶ．図面の横方向を長辺とするが，A4 サイズの図面は縦方向で使用してもよい．

図面には**図 1.4** に示すように輪郭，表題欄，中心マークを設けることが規格（JIS Z 8311）に規定されている．

1 枚の用紙のなかで，図を描く有効範囲を決めるため，図面には輪郭線を設ける．輪郭の幅は A0 および A1 サイズの場合で最小 20 mm とし，A2 ～ A4 サイズに対しては最小 10 mm であることが望ましい．輪郭線は太さ 0.5 mm の実線で描く．

【2】図面の尺度（JIS Z 8314）

図面に用いる尺度は，描いた図形に対応する長さを A，対象物の実際の長さを B とし，A：B で表す．現尺の図面は，A：B がいずれも 1 のときは 1：1 と表す．縮尺の図面，例えば対象物を実寸の 1/2 で描く場合は 1：2 と表し，倍尺の場合，例えば実寸の 2 倍で描く場合は図面に 2：1 と表す．尺

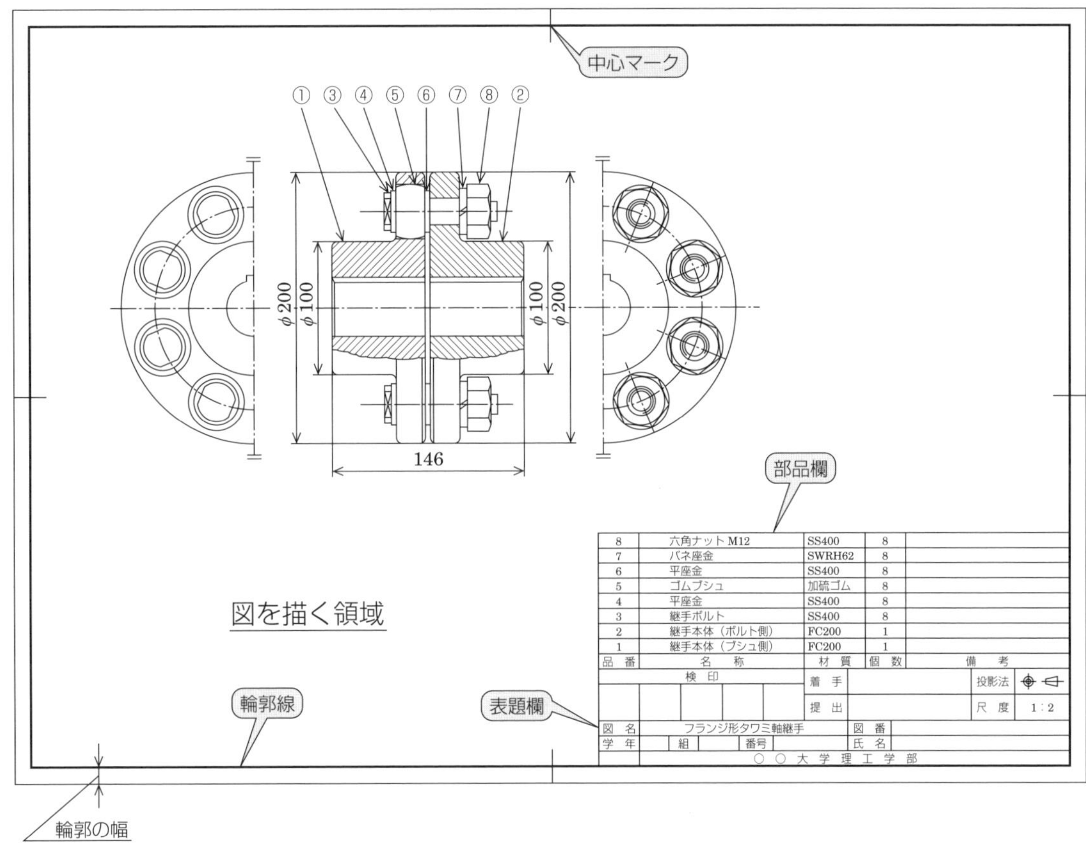

図 1.4　図面の仕様（表題欄，部品欄，中心マーク）

表 1.4　尺度の値

尺度の種類	尺度（A：B）
現尺	1：1
縮尺	1：2　1：5　1：10　1：20　1：50　1：100　1：200
倍尺	2：1　5：1　10：1　20：1　50：1

度は**表 1.4** に示す推奨値に従う．JIS ではこの尺度で描けない特別の場合の尺度も規定している．同一図面で複数の図を描く場合は同じ尺度で描き，それを図面の表題欄に記入する．同一図面に異なる尺度を用いる必要があるときは，対象となる図の付近にも尺度を記入する．

【3】表題欄と部品欄（JIS Z 8311）

表題欄は図面の輪郭線の右下隅の内側に設ける．表題欄の形式は特に定められていないが，図面管理に必要な，図面番号，図面名称，製図者名，図面作成年月日，尺度，投影法などの項目を記入する．

部品欄は，その図面に含まれている部品の照合番号（品番）・部品名称・材質・製造個数，工程，備考などを記入するもので，表題欄の上に設ける．部品欄は，部品点数に応じて下から上へ書き上げる．部品数が多く，表題欄の上にスペースが取れない場合など，右上内側から下に向けて描いてもよい（**図 1.5**）．

組立図において，図面の対象物を構成する個々の部品を照合するために，照合番号を付けて部品を

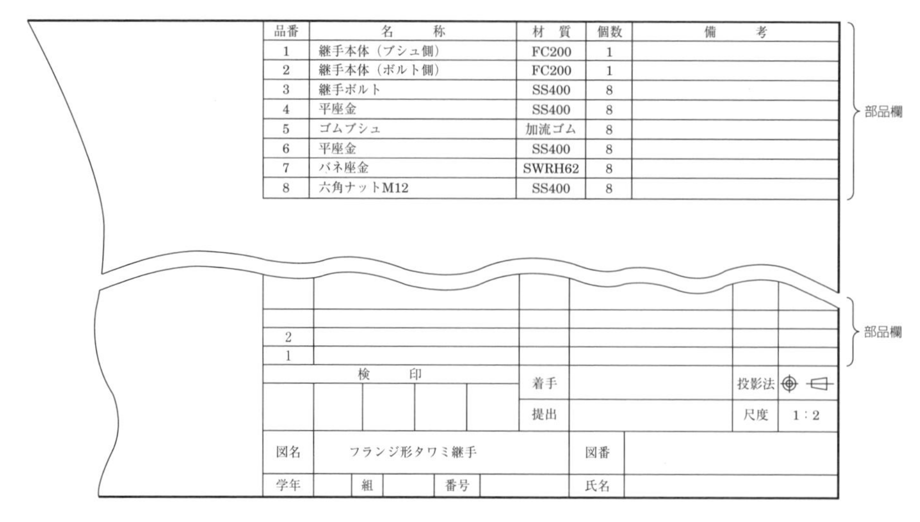

品番	名　称	材　質	個数	備　考
1	継手本体（ブシュ側）	FC200	1	
2	継手本体（ボルト側）	FC200	1	
3	継手ボルト	SS400	8	
4	平座金	SS400	8	
5	ゴムブシュ	加流ゴム	8	
6	平座金	SS400	8	
7	バネ座金	SWRH62	8	
8	六角ナットM12	SS400	8	

図 1.5　表題欄・部品欄の一例

表示する．部品欄には，照合番号順に部品の詳細を記入する．照合番号は一般に大きい部品から小さい部品の順に番号を付けるが，組立の順序，構成部品の重要度に従うとよい．

照合番号は**図 1.6** に示すように以下のルールで記入する．

① 直径 10 ～ 12 mm の円で番号を囲むか，明確に区別できるように記入する．

② 対象とする部品を表す図形から引出線を引いて記入する．引出線は見誤りを避けるため，互いに交差したり，水平および垂直方向に引き出さない．

③ 引出線の延長上に中心をおいて描く，円の大きさは同一図面では同じ大きさで書き，水平または垂直方向にそろえて配列する．

④ 図形からの引出線は，図形の外形線から引き出す場合は矢印を，図形内部から引き出す場合は黒丸印をつける．同一図面では同じ矢印または黒丸印を用い，混用しない．

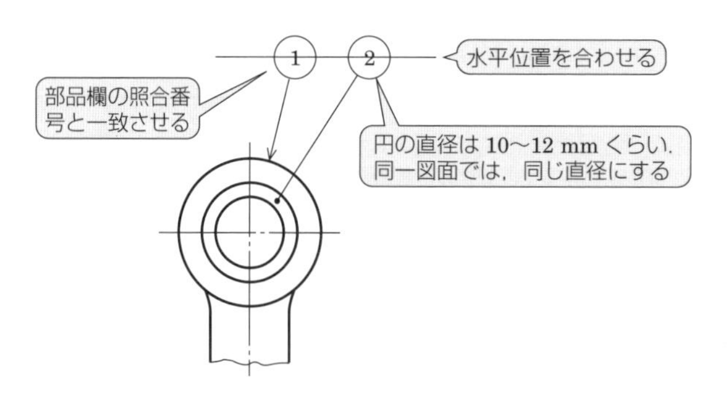

図 1.6　照合番号の描き方

1.2.2 線の種類とその利用法（JIS Z 8312：1999）

【1】線の種類とその使用法

線の基本形（線形）はJIS Z 8312に15種類規定されているが，図面でよく使用される線の種類は**図1.7**のように，実線，破線，一点鎖線，二点鎖線の4種類である．

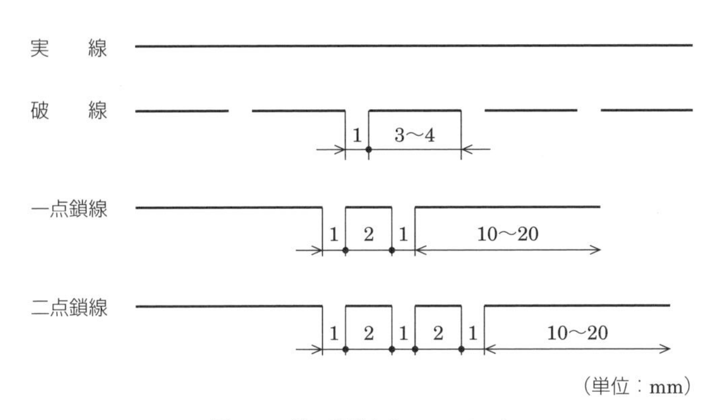

図1.7　線の種類（JIS Z 8312）

線の太さは，細線・太線・極太線の3種類に区別される．比率は1：2：4とし，線の太さの基準は0.13，0.18，0.25，0.35，0.5，0.7，1，1.4，2 mmとしている．通常，細線の太さは0.25〜0.35 mm，太線の太さは0.5〜0.7 mmとする．破線，一点鎖線などの線分やすき間の長さも太さに応じて規定されているが，実用的には図1.7に示す長さで描くとよい．**表1.5**に線の種類と用途を示す．なお，一点鎖線および二点鎖線の始まりと終わりは，長い方の線の要素で描く．

【2】線の優先順位

図面上の複数の線が同じ場所で重なる場合には，下記の優先順位に従って線を描く（**図1.8**）．

① 外形線　A（外形線・かくれ線・中心線）

② かくれ線　B（中心線・かくれ線）

③ 切断線　C（切断線・中心線）

④ 中心線　D（2本の中心線）

⑤ 重心線

⑥ 寸法補助線

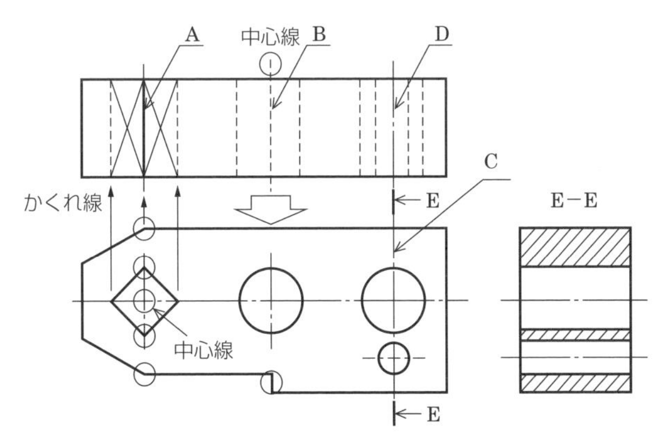

図1.8　線の優先順位

1章

機械製図の理解と準備

表 1.5　線の種類と用途（JIS B 0001）

線の種類		用途による名称	線の用途
太い実線		**外形線**	対象物の見える部分の形状を表すのに用いる
細い実線		**寸法線**	寸法を記入するのに用いる
		寸法補助線	寸法を記入するために図形から引き出すのに用いる
		引出線，参照線	記述・記号などを示すために引き出すのに用いる
		回転断面線	図形内にその部分の切り口を 90 度回転して表すのに用いる
		中心線	図形の中心線を簡略に表すのに用いる
		水準面線	水面，液面などの位置を表すのに用いる
細い破線または太い破線		**かくれ線**	対象物の見えない部分の形状を表すのに用いる
細い一点鎖線		**中心線**	(1) 図形の中心を表すのに用いる
			(2) 中心が移動する中心軌跡を表すのに用いる
		基準線	特に位置決定のよりどころであることを明示するのに用いる
		ピッチ線	図形のピッチを繰り返しとる基準を表すのに用いる
太い一点鎖線		**特殊指定線**	特殊な加工を施す部分など特別な要求事項を適用すべき範囲を表すのに用いる
細い二点鎖線		**想像線**	(1) 隣接する部分または工具，ジグなどの位置を参考に示すのに用いる
			(2) 可動部分を移動中の特定の位置または移動の限界の位置を表すのに用いる
		重心線	断面の重心を重ねた線を表すのに用いる
波形の細い実線またはジグザグ線		**破断線**	対象物の一部を覆った境界，または一部を取り去った境界を表すのに用いる
基本的に細い一点鎖線だが，端部および方向の変わる部分を太線にしたもの		**切断線**	断面図を描く場合，その切断位置を対応する図に表すのに用いる
細い実線で，規則的に並べたもの		**ハッチング**	図形の限定された特定の部分を他の部分と区別するために用いる．例えば，断面の切り口を表す
細い実線		**特殊な用途の線**	(1) 外形線およびかくれ線の延長を表すのに用いる (2) 平面であることを示すのに用いる (3) 位置を明示または説明するのに用いる
極太の実線			薄肉部の単線図示を明示するのに用いる

図 1.8 の例 A では，外形線，かくれ線，中心線，かくれ線，かくれ線が重なっているので，外形線を優先し太い実線で描くことになる．対象物の外側の細い線分は中心線であるので，本来細い一点鎖線で描くべきであるが，この例のように，対象物の外側の線分が短い場合には，中心線を細い実線で描くと良い．図 1.8 の例 B では中心線と外形部のかくれ線が重なっていて，例 C では二つの穴の中心線が重なっている．

【3】線の引き方と交差の注意

図 1.9 と**図 1.10** は図面を描くときの線の引き方の注意を示している．図 1.9 の悪い例のような線の交わり方では，図面の正確さが欠け，本来意図した形状と異なった解釈につながることがあるので注意が必要である．なお，線の交差の方法は JIS に規定されている．

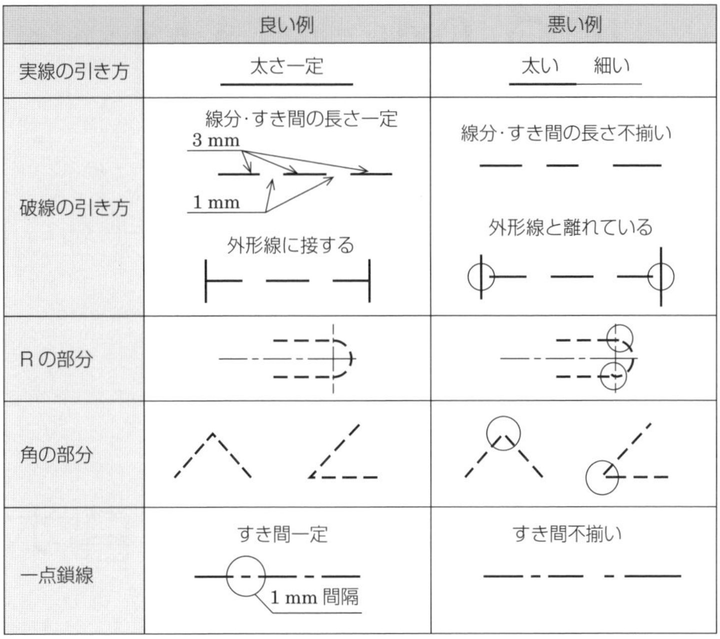

	良い例	悪い例
実線の引き方	太さ一定	太い　細い
破線の引き方	線分･すき間の長さ一定 3 mm 1 mm 外形線に接する	線分･すき間の長さ不揃い 外形線と離れている
Rの部分		
角の部分		
一点鎖線	すき間一定 1 mm 間隔	すき間不揃い

図 1.9　作図上注意する箇所

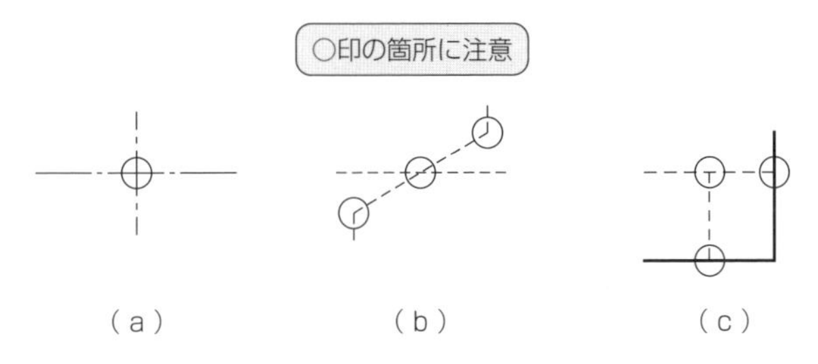

図 1.10　線の交わり，つながりに注意する箇所の例

1.2.3　文字および文章（JIS Z 8313：1998）

【1】文字の大きさと使い方

製図で使用する文字および文章は，JIS Z 8313 に規定されている．文字は主に平仮名，片仮名，漢字，ラテン文字，アラビア数字が使用される．漢字の大きさは，3.5，5，7，10，14，20 mm，仮名は 2.5，3.5，5，10，14，20 mm で，文字間隔とベースラインの最小ピッチは**図 1.11** のように規定されている．文字間隔 a は，文字の線の太さの 2 倍以上，ベースラインの最小ピッチ b は $(14/10)h$，文字の線の太さ d は文字の大きさ h に対して，

① 漢字：$(1/14)h$

② 仮名：$(1/10)h$

と規定されている．漢字書体は規定されていないが，製図文字の慣習として**図 1.12** に示すように枠に沿うような硬い書体を使用する．

また，仮名に小さく添える“ゃ”，“ゅ”，“ょ”のよう音，およびつまる音を表す“っ”の促音などの大きさは，この比率の 0.7 とする．使用する漢字は，常用漢字表による．16 画以上の漢字は，可能な限り仮名書きとする．仮名は平仮名または片仮名のいずれかを用いるが，同じ図面内では混用しない．外来語の表記に片仮名を用いることは認められている．

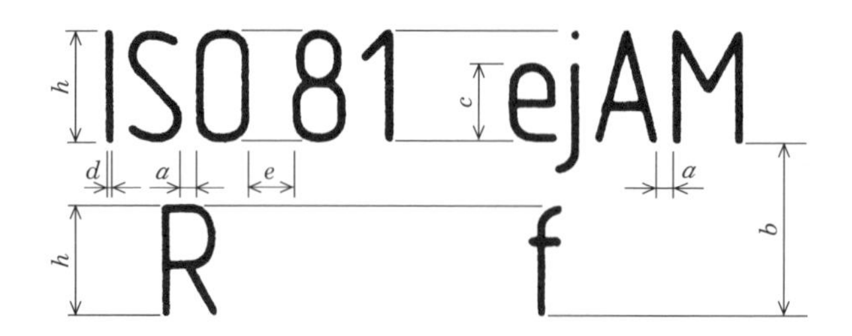

h：大文字の高さ　　c：小文字の高さ(7/10)h
a：文字間のすきま(2/10)h　　b：ベースラインの最小ピッチ(14/10)h
e：単語間の最小すきま(6/10)h　　d：文字の線の太さ(1/10)h

図 1.11　文字間隔と高さ（JIS Z 8313-1）

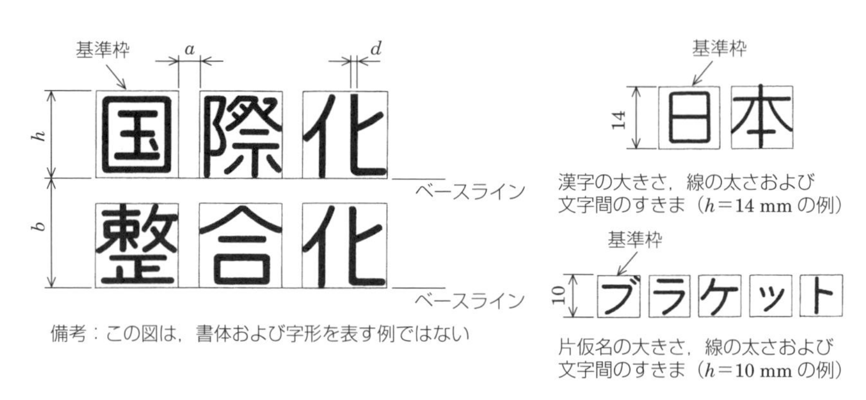

図 1.12　漢字と仮名（JIS Z 8313-10）

【2】アラビア数字およびラテン文字の表し方

書体は A 形書体，B 形書体を使用し，アラビア数字およびラテン文字の大きさは 2.5，3.5，5，7，10 mm とする．**図 1.13** は JIS Z 8313-1 に規定された B 形書体で，文字は図に示すように右へ 15° 傾けた斜体か，直立体のいずれでもよい．図面には直立体と斜体をいっしょに使用しない．

図 1.13　B 形書体の例（JIS Z 8313-1）

1.2.4 図面の種類

図 1.14 は図面の種類を示している．製品や部品を製作するために用意されるのが**製作図**であり，これを元にして目的に応じて使用される各種図面を用意する．その中心となるのが**組立図**と**部品図**である．組立図は，二つ以上の部品，部品組立品を組み立てた（または組み立てる）状態で，その相互関係，組立に必要な寸法などを示す図面である．図面中に部品欄を含むものと別に部品表を持つものがある（JIS Z 8114 製図用語）．組立図は一般に，製作しようとする機械や構造物全体がわかるように組み立てた状態を示している．組立図に記入するものとしては，

① 照合番号の指示

② 主要寸法（外形寸法，機能寸法，隣接部品の図示，組付け後加工に対する指示）

である．

部品図は，部品について，最終仕上がり状態で備えるべき事項を完全に表すために必要なすべての情報を示す図面（JIS Z 8114 製図用語）である．主として部品図に基づいて品物の加工や製作が行われるので，部品図は製作図の中で最も重要な図面でもある．部品図に記入しておくものは，

① 正面図（主投影図），平面図，側面図その他を必要に応じて描く．

② 照合番号

③ 各部の寸法（漏らさず，わかりやすいように記入する）．寸法はできるだけ主投影図に集中させる．

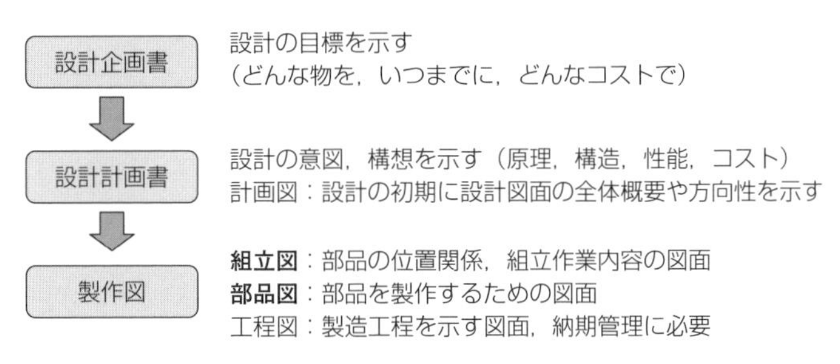

図 1.14　図面の種類

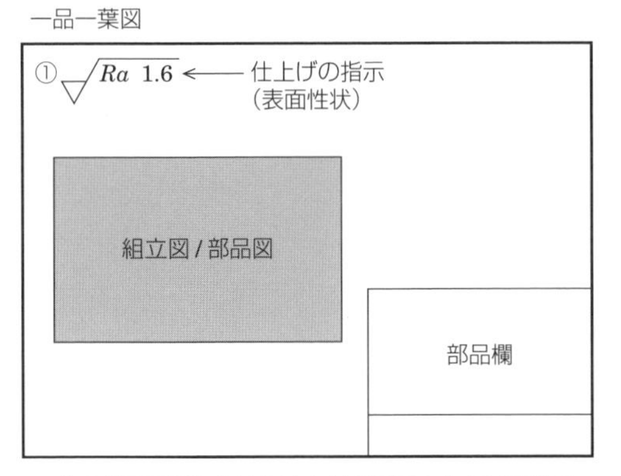

参考：一品多葉図：一つの部品または組立品を 2 枚以上の製図用紙に描いた図面

図 1.15　図面の体裁

組立図は一枚の製図用紙の中に描くのが基本である．部品図も加工作業を考慮し，部品ごとに図面を描くのがよいが，同じ用紙にいくつも部品図を描くこともある．この図面を多品一葉図面という．それに対して，部品または組立図をそれぞれ一枚の製図用紙に描いた図面を一品一葉図面という．

2章 立体を平面図に置き換える投影法

2.1 正投影法による第三角法・第一角法 (JIS Z 8315-2：1999, JIS B 0001：2019)

3次元の対象物を，2次元の平面上の図形に描き出すには投影を行う．投影には**図 2.1** (a) に示す写真で撮ったような視点が一点に集まる透視投影法と，(b) に示す無限遠の距離にある点から対象物を見るように視線が平行で対象物を撮し出す平行投影法があり，機械製図では平行投影法を用いる．

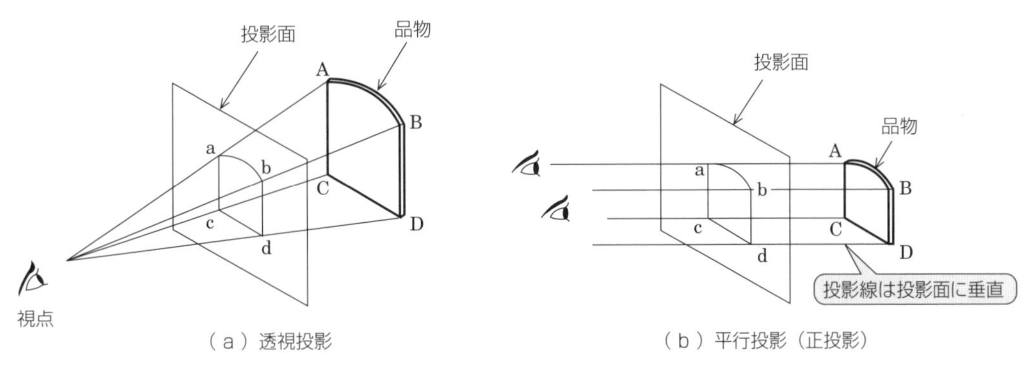

図 2.1　投影法

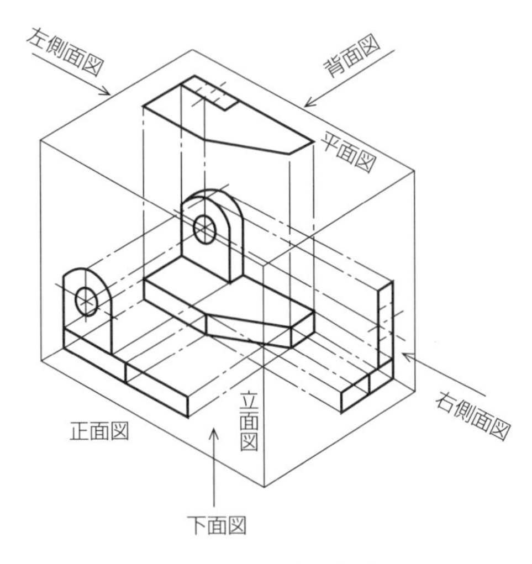

図 2.2　三角法の投影

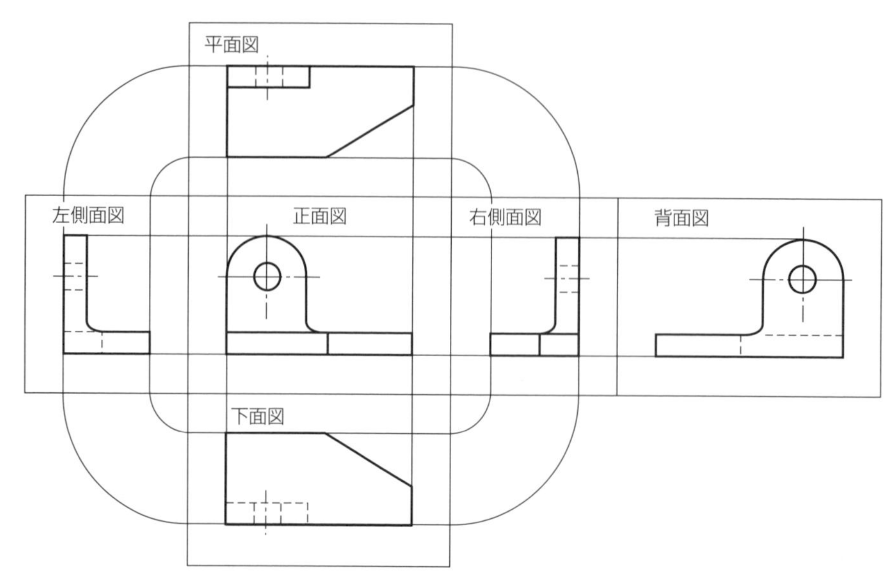

図 2.3　投影図の配置

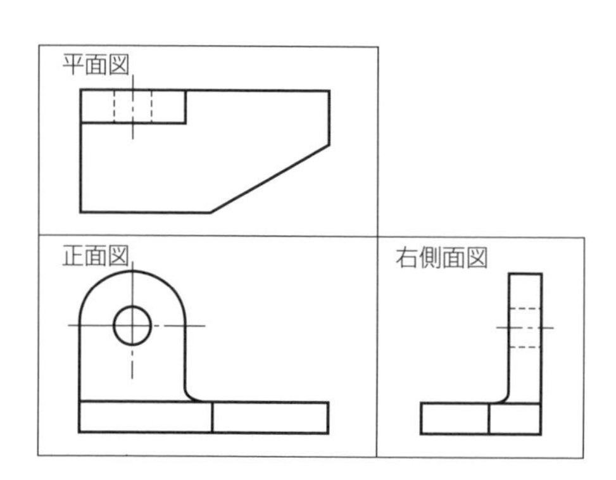

図 2.4　第三角法による投影図の配置（三面図）

2.1.1　第三角法・第一角法の表し方

対象物を第三角において，投影面に正投影して描く図形の表示方法を第三角法という．第三角法は**図 2.2** に示すようにガラスの箱の中に対象物を入れ，ガラスの表面に正投影される図形を描く方法で，**図 2.3** に示すように 6 面の図が描かれる．図示のように品物の正面とした方向からの投影図を正面図，正面図の真上に描かれる図を平面図，真下の図が下面図，右（左）に描かれる図を右（左）側面図，さらに側面図の隣に背面図が描かれる．実用上は，その品物の特徴を最もよく表す面を正面図（主投影図）とし，正面図だけで表せないところを平面図，側面図などを補足して描く．

図 2.2 の場合は**図 2.4** に示すように正面図，平面図，右側面図の三面図で品物の形を十分表現できる．

対象物を第一角において，奥の投影面に正投影して描く図形の表示方法を第一角法という．第一角法では，**図 2.5** のように，各投影図は対象物を見る側の奥の画面に描く．各投影図の配置は，正面図を基準として展開し，**図 2.6** のようになる．機械製図では主に第三角法を用いるが，ヨーロッパでは第一角法が利用されることもあるため知っておくとよい．

図 2.7 は図面が第三角法および第一角法であることを示す記号で，底面を右にした水平な回転軸を持つ円錐台をそれぞれの規格に従って描いたものである．表題欄の投影法を記述する欄に必ず記入する．

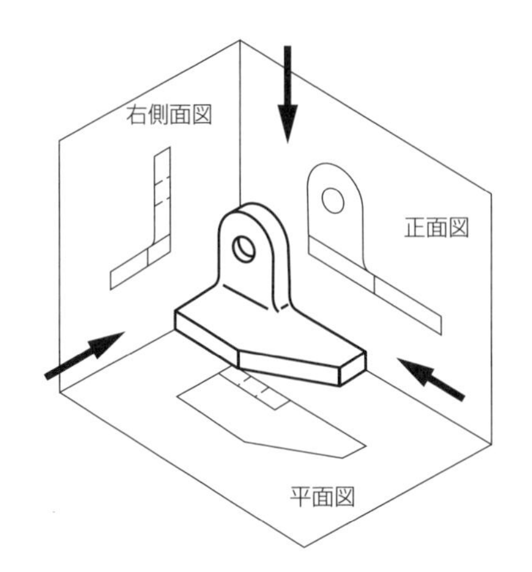

図 2.5　第一角法の投影法

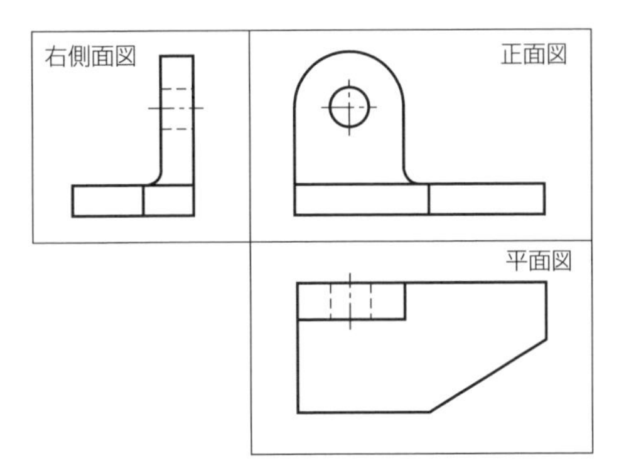

図 2.6　第一角法による投影図の配置

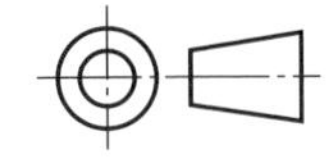

（a）第三角法の記号

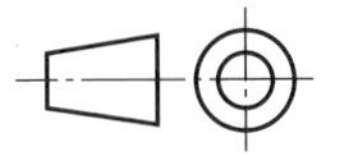
（b）第一角法の記号

図 2.7　第三角法と第一角法の記号

2.1.2　主投影図（正面図）の選び方

図形を選ぶには，その品物の特徴を最もよく表す面を主投影図（正面図）に選び，正面図だけで表せないところを側面図，平面図，下面図，背面図などで補う．

例えば，船は形から見れば横から見た図が側面図であり，前から見たものが正面図になるが，投影法としては**図 2.8** に示すように，横から見た図が形，大きさ，特徴を最もよく表現することができるので，投影法としては（b）を正面図，（a）を側面図とする．

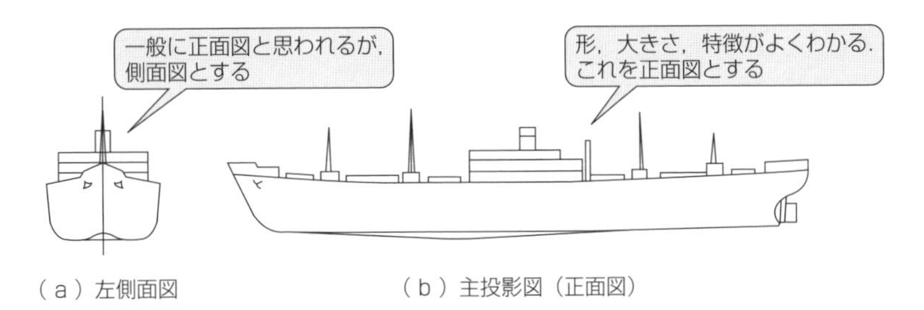

図 2.8　主投影図の選定

一般に，正面図の選定，描き方は以下の点に注意して決定する．

① 正面図には，品物の形状や機能を最も明確に表す面を選ぶ．

② 正面図を補足する他の投影図をできるだけ少なくする．

③ かくれ線ができるだけ少ない図面を考えて正面図を作成する．

④ 加工工程を考慮し，加工の際の部品が置かれる向き，加工手順を考慮して描く．

2.1.3　図形の数

品物を完全に表すのに必要な図面の数は，品物の形状により異なるが，一般には三面図以下で足りることが多い．図面の数は必要最低限とし，正面図だけで表せるものは，他の図を描かない．

① **一面図**：円筒，角柱，球，平板など正面図のみで表すことができる品物の場合，正面図のみの一面図となる．板の厚さなどは寸法記号で表し，側面図は省略する．

② **二面図**：平面形状や円筒形状などの品物は，正面図と平面図，または正面図と右側面図の二面図で表せる．特に加工工程を意識し，平削りの品物は，その長手方向を水平にし，加工面が図の表面になるように描き，丸削りのものは，その中心線を水平にし，かつ作業の重点が右方向に位置するように描く．

③ **三面図**：三つの投影図で示した図面．一般には，正面図，平面図，右側面図で表す．

●図面の制作手順 

図面はおおむね以下の順序で描き，用紙にバランスよく配置する．

① 紙の大きさ，図の精粗によって適切な尺度を選ぶ．
② 投影図の数と配置を決める．寸法，表題欄，部品欄のスペースを考慮すること．
③ 基準になる線や中心線を，水平線，垂直線の順に引く．
④ 各投影図の輪郭を軽く引く．
⑤ 外形線を大きな主要部分から細部へと，次の順に引く．
円，円弧，曲線，水平線，垂直線，斜線
⑥ かくれ線を外形線と同じ順に引く．
⑦ 寸法補助線，寸法線，引出線を引く．
⑧ 寸法線の矢を描き，寸法数字を記入する．
⑨ 加工方法記号，はめあい記号，部品番号などを記入する．
⑪ 説明事項を記入する．
⑫ 表題欄，部品欄に記入する．
⑬ 検図をする．

2.1.4 補助投影法

投影面に対して傾斜面を持つ対象物の場合，主投影面に現れる形状は実形でなくなる．傾斜面の実形を図示する必要がある場合には，傾斜面に平行な別の投影面を設け，必要な部分だけを描く．この投影法を補助投影法と呼び，描かれた投影図を補助投影図と呼ぶ（**図 2.9**）．

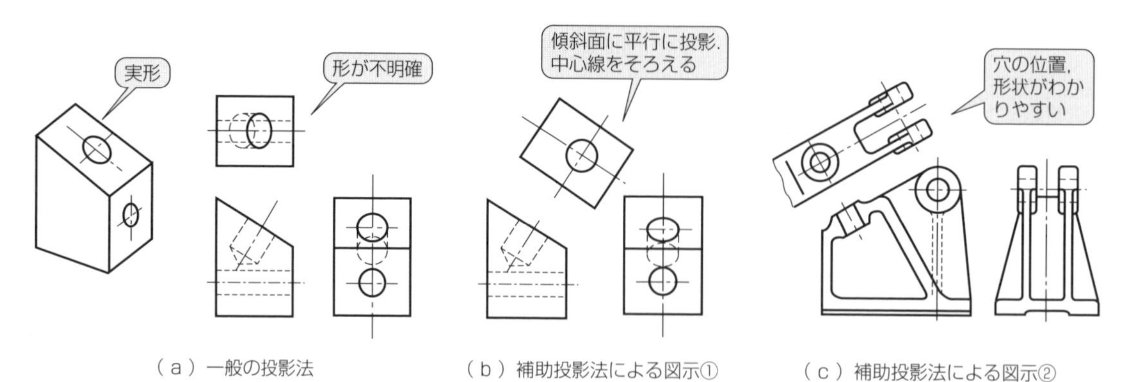

図 2.9　補助投影法

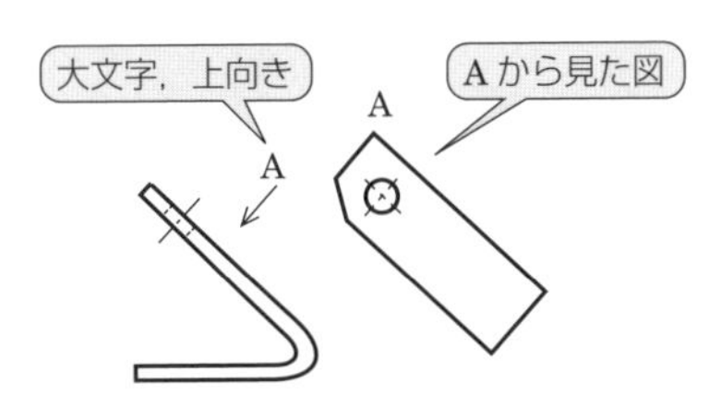

図 2.10　矢示法の例

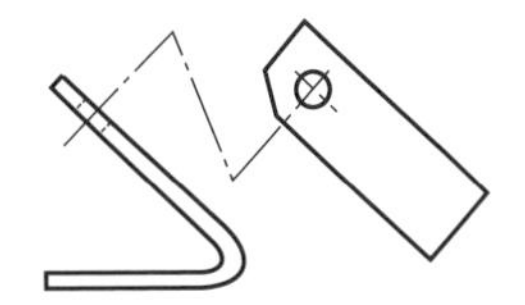

図 2.11　対向して表せない場合の補助投影図

補助投影図をその位置に表せない場合には，**図 2.10** のように矢示法（やしほう）を用い，その旨を矢印と縦書きのラテン文字（大文字）で示す．ただし，**図 2.11** のように，折り曲げた中心線でつなぎ，図の投影関係を示してもよい．

2.1.5　回転投影法

投影したい面がある角度を持っていて，実形が直接現れない場合，その部分を水平や垂直の中心線上まで回転させて図示させることができる．これを回転投影法と呼び，描かれた投影図を回転投影図という．読み誤るおそれがある場合には作図線を残してもよい（**図 2.12**）．

2.1.6　部分投影法

図の一部を図示すれば十分である場合には，必要な部分だけを部分投影図として表すことができる．省いた部分との境界は破断線で示す（**図 2.13**）．

2.1.7　局部投影法

対象物の穴や溝など，必要な部分だけを垂直な方向から見て図示する方法を局部投影法という．こ

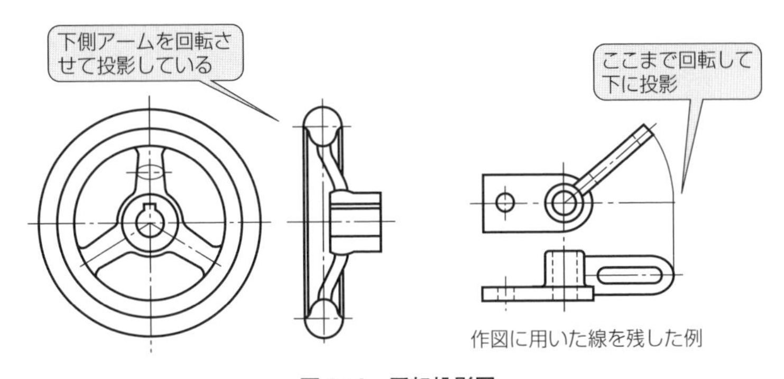

図 2.12　回転投影図

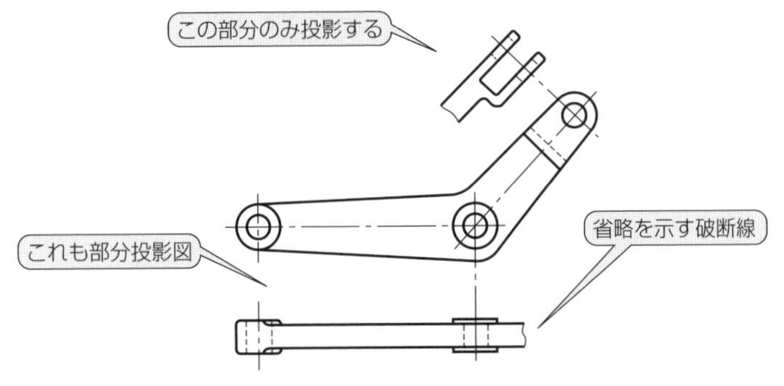

図 2.13　部分投影図の例

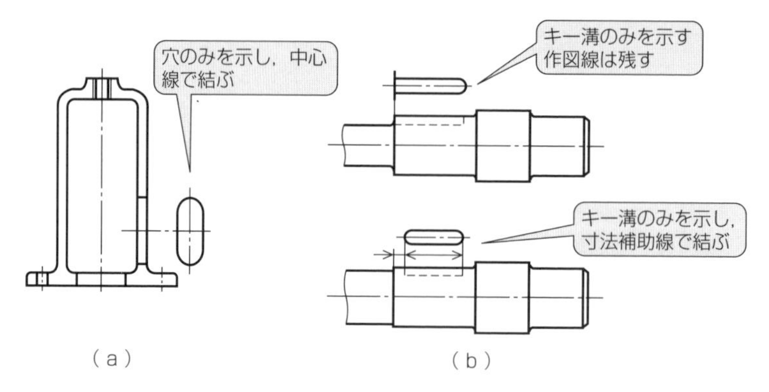

図 2.14　局部投影図

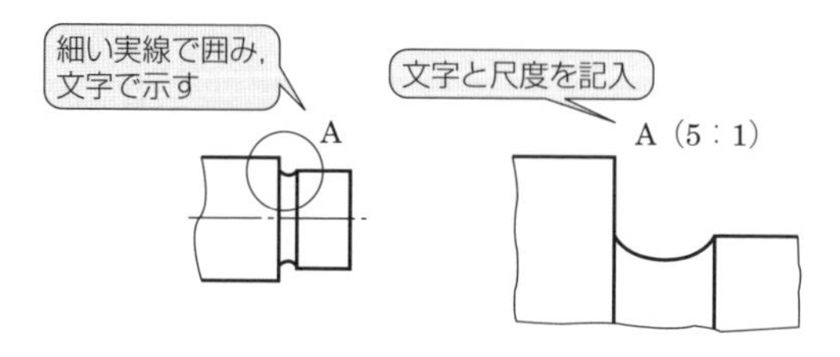

図 2.15　部分拡大図

の場合，必要な部分以外は省略し，投影の関係を明らかにするため，主となる図と中心線，基準線，寸法補助線などで結ぶ（**図 2.14**）.

2.1.8　部分拡大図

特定の部分について詳細な図示や寸法記入が困難な場合には，該当部分を細い実線で囲み，文字で示し，その部分を別の場所に文字と尺度を記入し，拡大して描くことができる．これを部分拡大図という（**図 2.15**）.

2.2　断面図法（JIS B 0001：2019）

品物の外部から見えない部分はかくれ線（破線）で示すことができる．しかし，内部の構造が複雑な部品はかくれ線を使うと図面が複雑になり，過ちを起こしやすい．そこで，品物の内部構造を明確に示す断面で仮想切断を行った断面図を描く．断面の切り口を際だたせるには，必要に応じて細い実線を等間隔に描くハッチングや赤鉛筆で塗るスマッジングを施す.

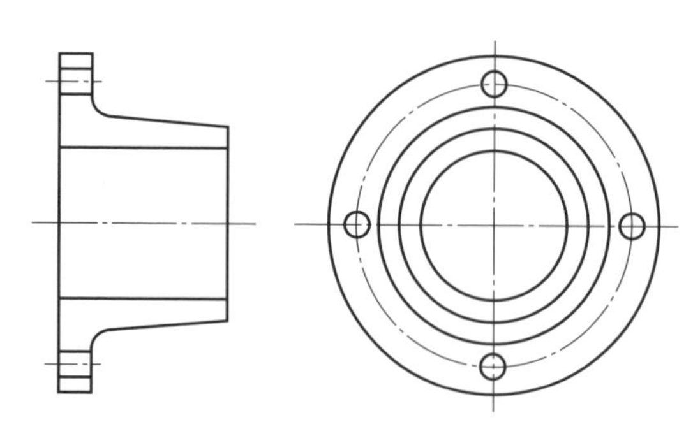
図 2.16　全断面図

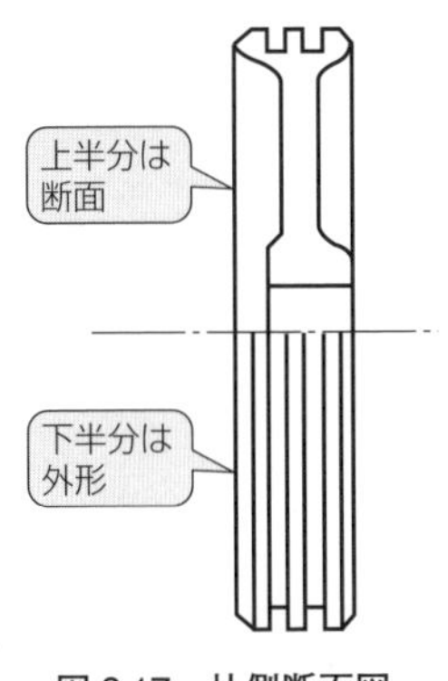

図 2.17　片側断面図

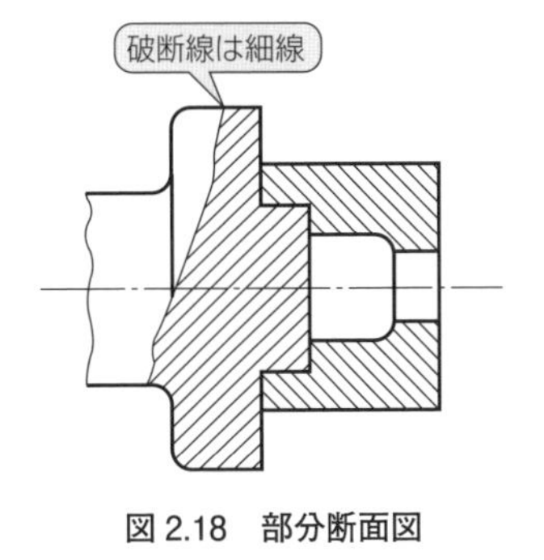

図 2.18　部分断面図

2.2.1　全断面図

図 2.16 のように，品物を一平面の切断面で切断して得られる断面図を全断面図という．

2.2.2　片側断面図（半断面図）

図 2.17 のように対称形状の品物を描くのに用いる．基本中心線の片側だけを切断した断面図を描き，残り半分は外形を表示する．なお，断面にする側は通常上側か右側とする．

2.2.3　部分断面図

品物の一部分を切断し，内部形状を描くのに用いる．破断部の境界は破断線（フリーハンドの細線）で描く（**図 2.18**）．

2.2.4　回転図示断面図

投影面に垂直な切断面によってできる切り口の断面形状を 90° 回転して投影面に図示したもので，投影面に垂直な奥行き形状を示すために用いられる．

【1】中間での断面図

切断個所の前後で破断してその間に描く．断面図の中心線が切断位置となる（**図 2.19**）．

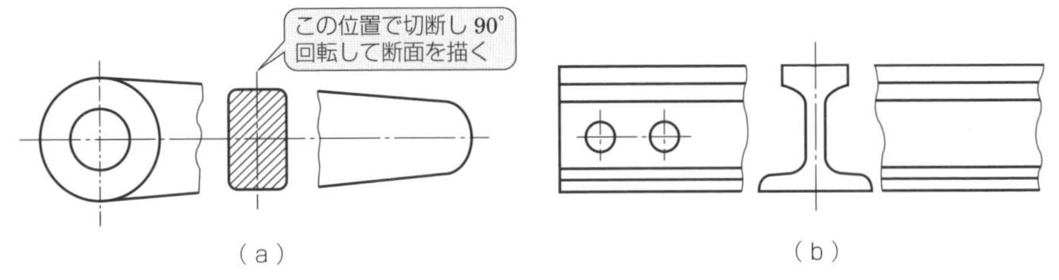

（a）　（b）

図 2.19　切断部分での回転図示断面図

【2】補助切断図

断面の変化が多く中間での断面図示が難しい場合，**図 2.20** のように，断面形状を切断線の延長上に描く．

2.2.5　鋭角断面図，直角断面図

対称形またはこれに近い形の品物の場合，屈曲した切断面（**図 2.21** の A-O-B）で切断した形状の

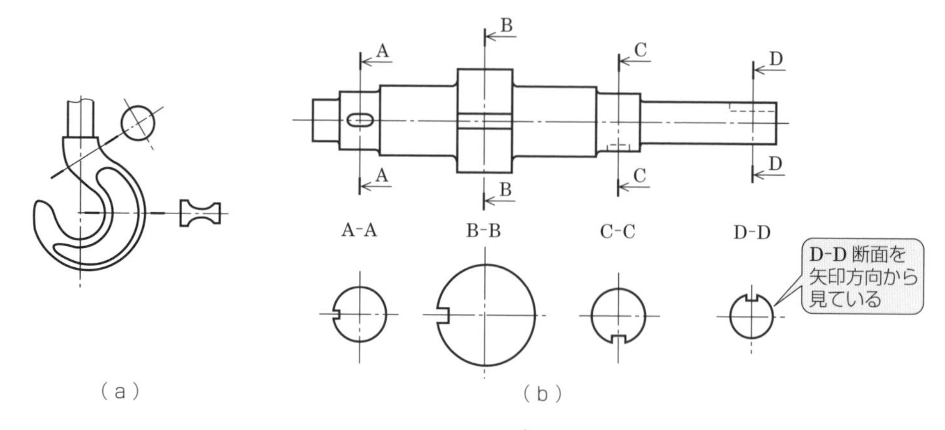

図 2.20　切断線の延長線上での回転図示断面図

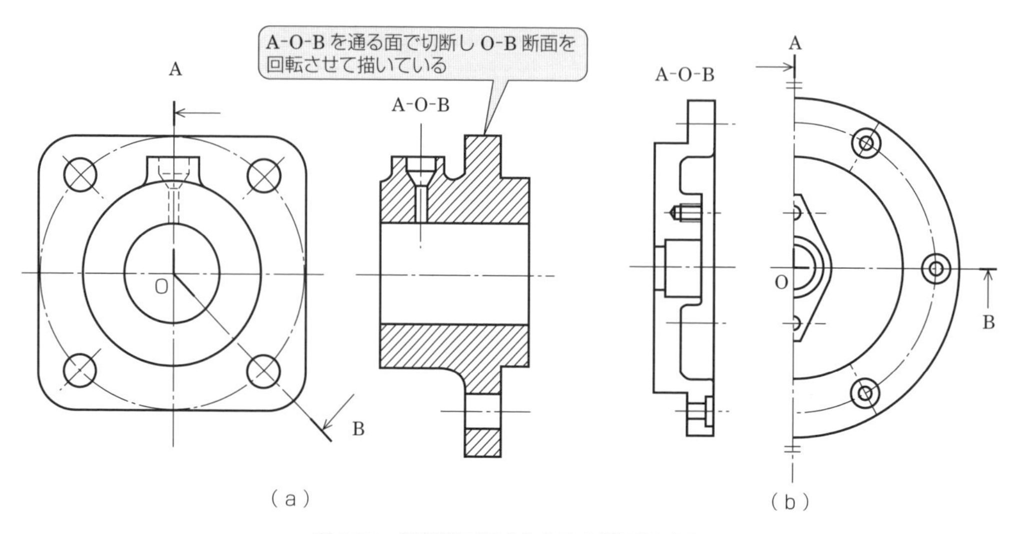

図 2.21　鋭角断面図 (a) と直角断面図 (b)

一部（O-B 断面）を投影面まで回転して図示することができる．ここで，切断線には切断面の両端と屈曲部を太線で示し，投影方向を示す矢印を付ける．切断面を回転させる角度が鋭角なものを鋭角断面図，直角なものを直角断面図と呼ぶ．

2.2.6　階段断面図

複雑な形状の対象物を表す場合，二つ以上の平面を階段状に組み合わせた面で切断して示すことができる．**図 2.22** のように，切断線の両端および屈曲部は太線とし，両端には投影方向を示す矢印と記号を描く．

2.2.7　曲面断面図

曲がった管などの断面を表す場合，曲がりの中心線に沿って切断し，投影面に垂直に投影した長さで描き断面図とする（**図 2.23**）．

2.2.8　組合せによる断面図

断面図は必要に応じて 2.2.1 ～ 2.2.6 項の方法を組み合わせて描くことができる（**図 2.24**）．

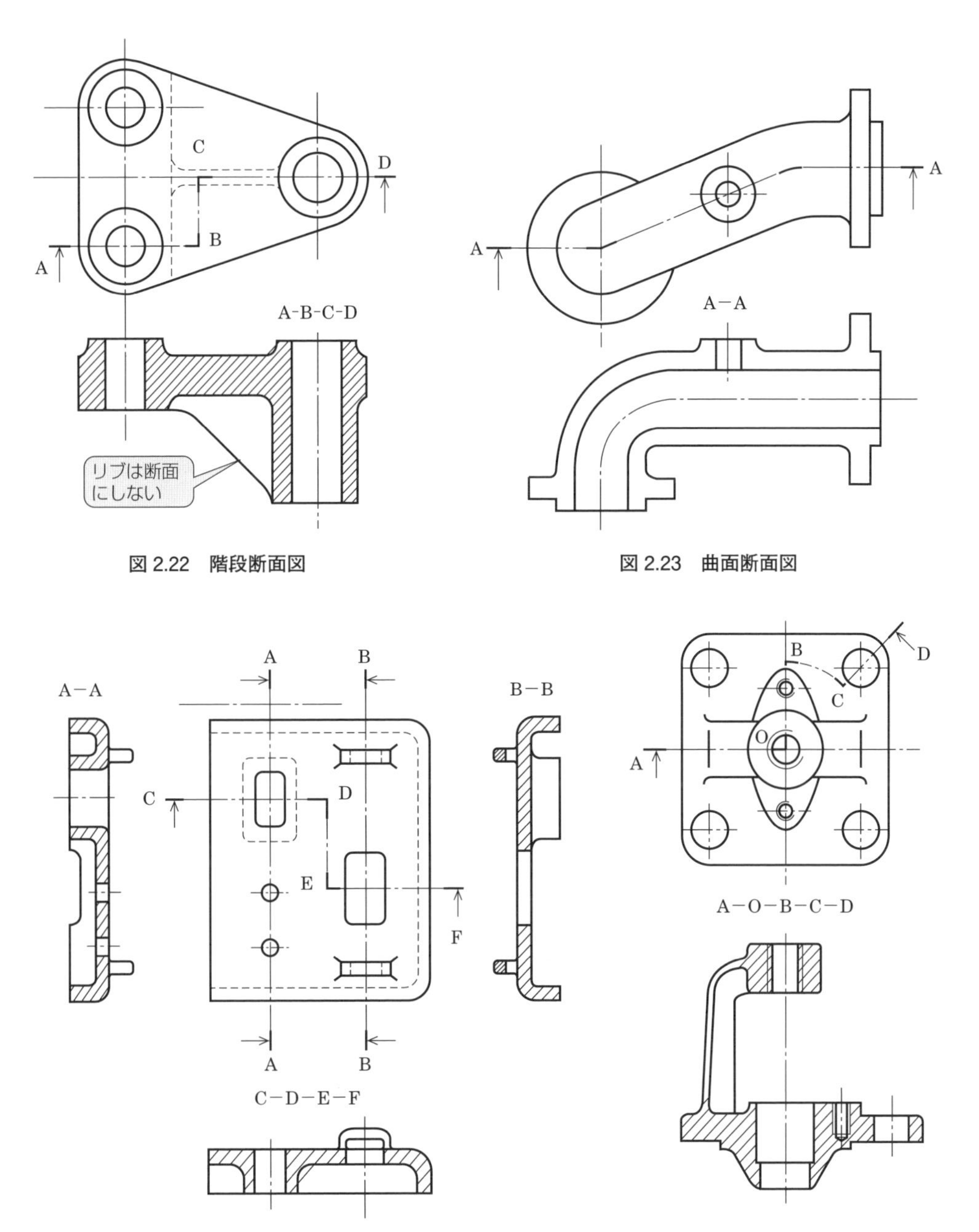

図 2.22　階段断面図

図 2.23　曲面断面図

図 2.24　組合せによる断面図

2.2.9　薄肉部の断面図

ガスケット，薄板，形鋼などで，切り口が薄い場合には，断面の切り口を黒く塗りつぶす，あるいは，実際の寸法に関係なく極太の実線で表す．いずれの場合も，切り口が隣接している場合には図形の間に 0.7 mm 以上のわずかな隙間をあける（**図 2.25**）．

2.2.10　切断してはいけないもの

切断により理解しがたくなる品物や，断面にしても意味のないものは，原則として断面にしない．

① **常に切断しないもの**：軸，ねじ部品（ボルト，ナット，座金など），キー，コッター，ピン類（平

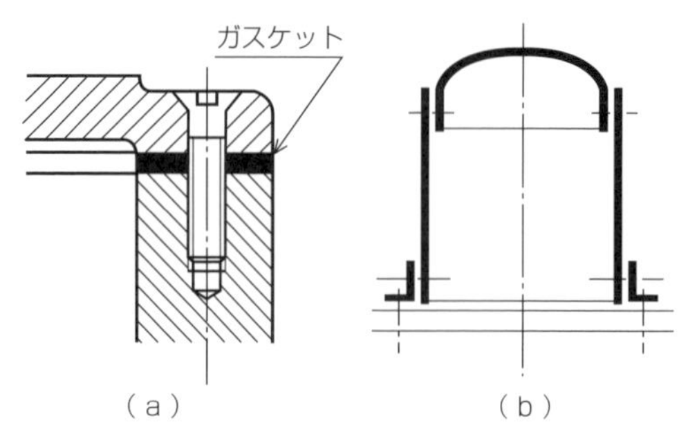

図 2.25　薄肉部の断面図

行ピン，テーパーピンなど），鋼球など

② **原則として長手方向に切断しないもの**：リブ，車のアーム，歯車の歯，羽根車の羽など

切断してはならない参考例を**図 2.26** に示す．

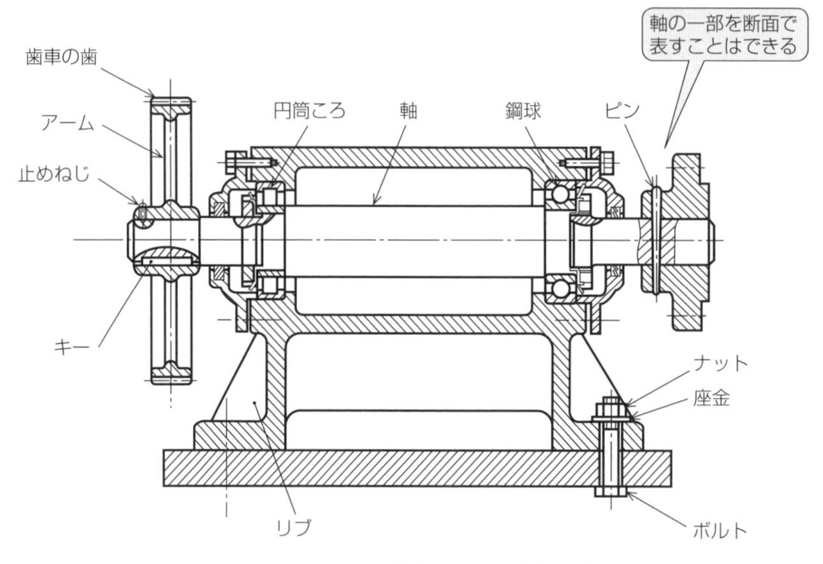

図 2.26　長手方向に切断しない部品の例

2.3　図面の省略（JIS B 0001：2019）

作図の作業能率を上げ，簡素に仕上げる目的で誤読のおそれのない限り，図面を省略化してさしつかえない．

2.3.1　対称図形の省略

次の方法で片側の図形を省略することができる．

【1】対称図示記号を用いる場合

対称中心線の片側の図形だけを描き，その対称中心線の両端部に短い 2 本の平行細線（対称図示記号，通称：トンボ記号）を付ける（**図 2.27**）．

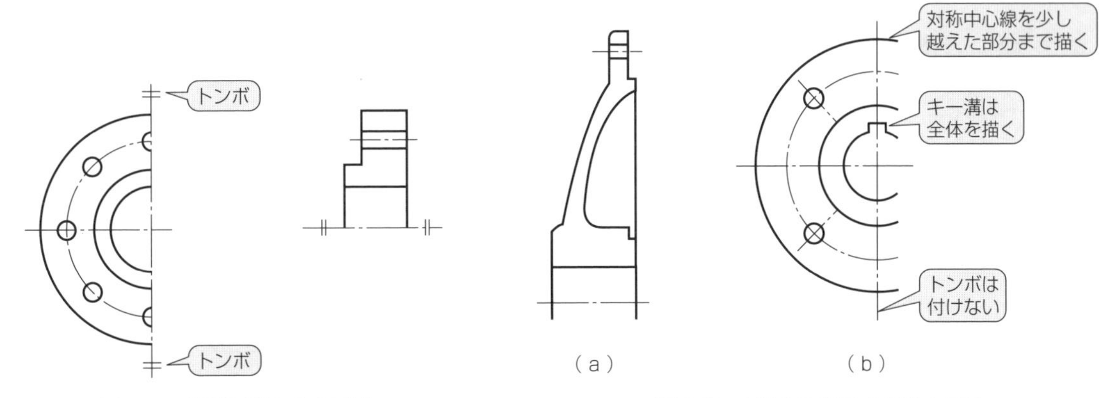

図 2.27　対称図形の省略図例

図 2.28　対称図示記号を省略する例

【2】対称図示記号を省く場合

対称中心線の片側の図形を描き，対称中心線を少し越した部分まで描く．キー溝など対称中心線付近にある小領域にある形状を表す図形だけは，完全な姿で現れる位置まで対称中心線を越えて描くようにする（**図 2.28**）．

2.3.2　繰返し図形の省略

同種のものが連続して多数並ぶ場合には，**図 2.29**，**図 2.30** のように両端または要所だけを図示し，他は中心線または中心線の交点で示すことができる．

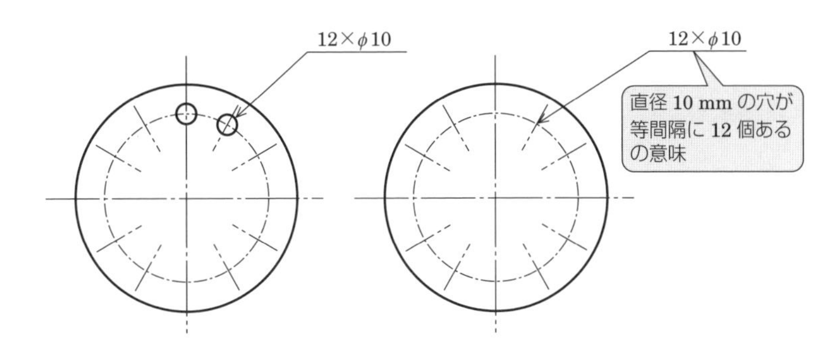

図 2.29　繰返し図形の省略（1）

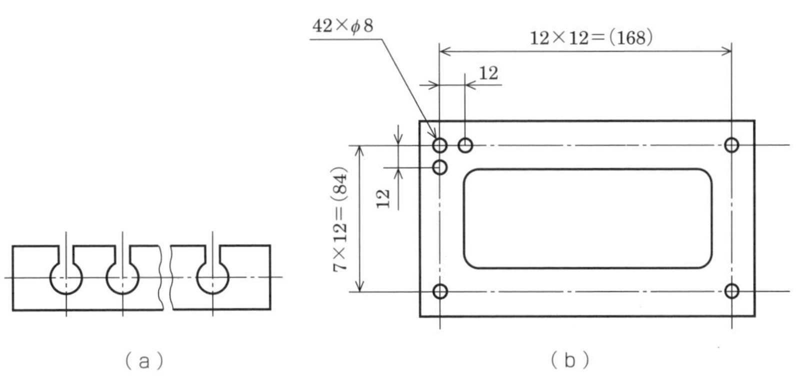

図 2.30　繰返し図形の省略（2）

2.3.3 中間部の省略

軸，棒，管，テーパ軸，その他同一断面の部分が長い場合には**図 2.31** のように中間部分を切り取り短縮して図示してよい．この場合，切り取った部分は破断線で示す．なお，要点だけを図示する場合には紛らわしくなければ破断線を省略してよい．

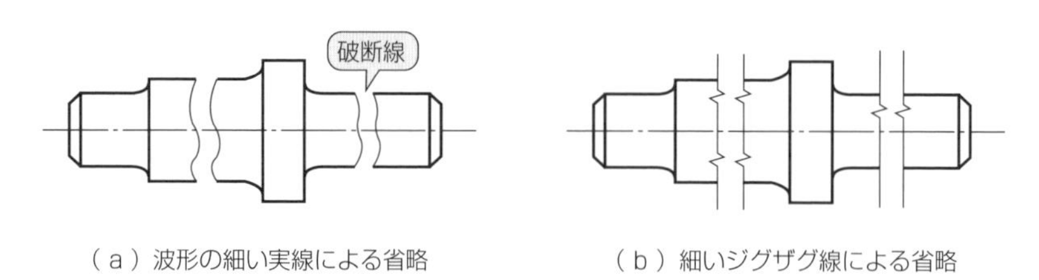

（a）波形の細い実線による省略　（b）細いジグザグ線による省略

図 2.31　中間部分の省略

長いテーパまたはこう配の中間を省略する場合には，**図 2.32** のように示し，傾斜が緩いものは実際の角度は図示しなくてもよい．

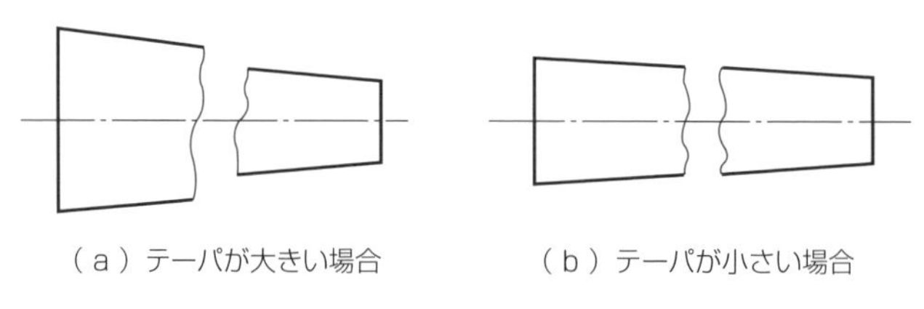

（a）テーパが大きい場合　（b）テーパが小さい場合

図 2.32　テーパ部の省略

2.4 特殊図示法（JIS B 0001：2019）

2.4.1 二つの面の交わり部

二つの面が交わる相貫部分は太い実線で図示する．交わり部が丸みを帯びる場合は，**図 2.33** のように 2 面を延長した交線を投影し，外形線と結ぶ．稜線に丸みがある場合は，(b) のように両端に丸みの半径程度の隙間を設けてもよい．

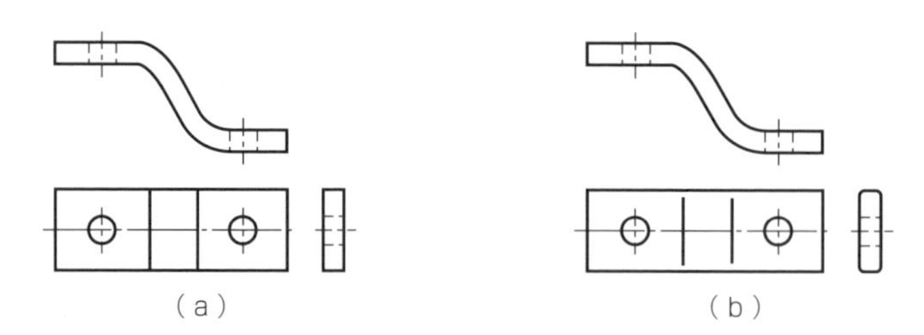

（a）　（b）

図 2.33　面の突き合わせ部

2.4.2 曲面とほかの曲面との交わり部

曲面相互または曲面と平面が交わる相貫部分の線は直線で表すか，正しい投影に近似させた円弧で表す（**図 2.34**）．

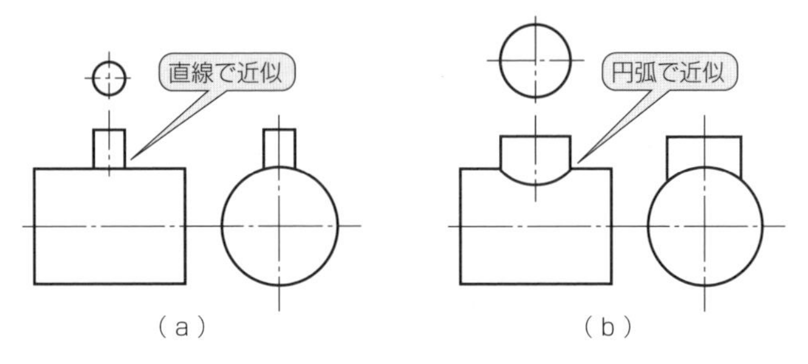

図 2.34　面と面の交わり部

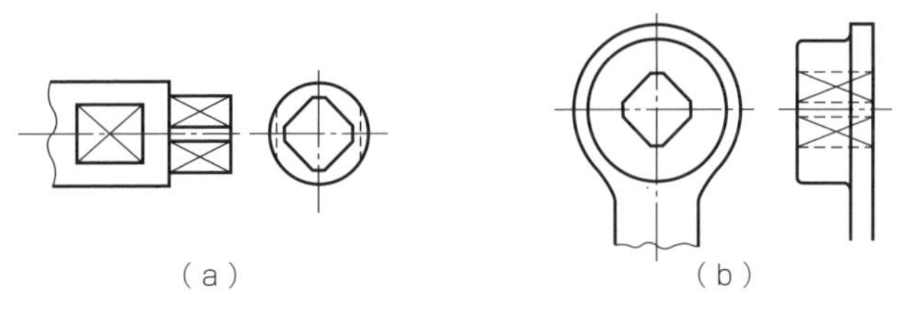

図 2.35　平面部分の表示

2.4.3 平面部分の表示

図形内の特定の部分が平面であることを示す必要がある場合には，細い実線で対角線を記入する．かくれた平面の場合も，同様に細い実線で対角線を記入する（**図 2.35**）．

2.4.4 リブの表し方

鋳造されたリブなどを表す線の端末は，**図 2.36** のように直線のまま止める．なお，丸みの半径が著しく異なる場合には，端末を外側または内側に曲げて止めてもよい．

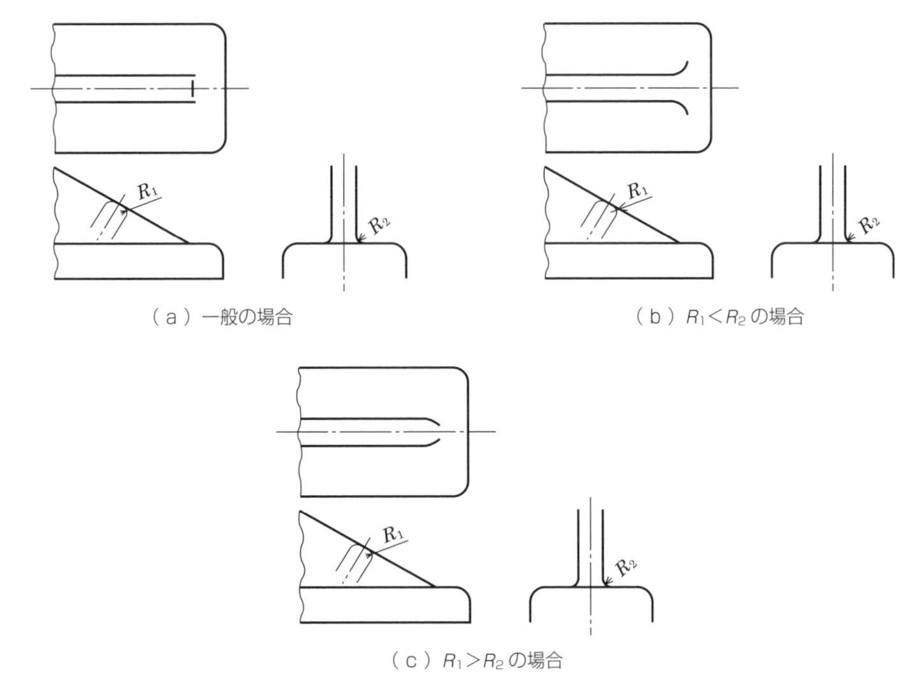

図 2.36　リブなどを表す線の端末

2.5 立　体　図

工業用に広く用いられる立体図として等角図とキャビネット図がある．

2.5.1 等角図（JIS Z 8315-3：1999）

投影線が平行で投影面と直角に交わり，対象物の三つの座標軸が互いに 120° となる投影を等角投影と呼ぶ．等角投影図では，三つの軸線の長さは実際の長さの 0.816 倍で表され，縮み率 ≒ 0.82 となる．このような縮尺を用いず，各軸の長さを実長（縮み率 = 1）にして描いた図を等角図と呼ぶ（図 2.37）．等角図は等角投影図と形は同じであるが，大きさは 1.22 倍に拡大されることなり，一般的には等角図を用いることが多い．等角図の作図には，斜眼紙を用いると便利である．

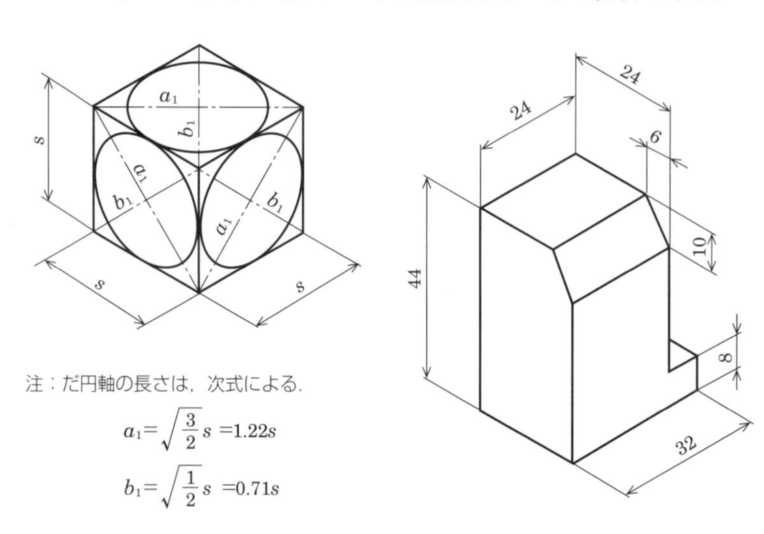

図 2.37　等角図

2.5.2 キャビネット図

対象物の正面の形を正投影で表し，奥行きだけを斜めに描いた図を斜投影図と呼び，奥行きの線を水平から 45° 傾け，奥行きの長さを実長の 1/2 に描いた図をキャビネット図と呼ぶ．奥行きを実長で描く（カバリエ図）と形状が著しくゆがめられるため，形状のつりあいがよいキャビネット図がよく用いられる（図 2.38）．

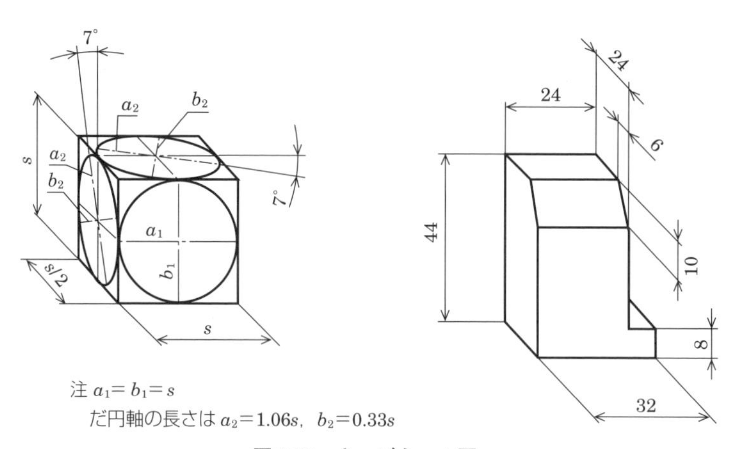

図 2.38　キャビネット図

2.6 寸法記入法（JIS B 0001：2019, JIS Z 8317-1：2008, JIS Z 8322：2003）

図面に描かれた図形は，その部品の形体（形状）を示しているだけである．この形体を描いた図面に，寸法，公差，表面性状などを記入することにより初めて設計者の意図を示すことになる．設計者の意図を確実に伝えるためには，使用者の立場に立って明確でわかりやすく，誤読を生じさせないことが重要であり，そのためJISに寸法記入に関する規格が設定されている．以下の各項で主要な項目を説明するが，原則事項として以下の項目がある．

・機能上必要な寸法は必ず記入し，一方で不必要な寸法は記入しない．

・寸法の重複記入は避ける．ただし，重複記入した方が図の理解を容易にする場合には，重複寸法を意味する記号について注記すれば，これを用いて指示することができる．JISでは，注記に“●は重複寸法を示す”と記入し，該当する寸法数値の前などに●を付けるとしている．なお，寸法数値に注記を付す場合には※，＊，★などが使用されることがある．

・寸法は計測可能な2点間から得られる数値で指示する．

・寸法，図示記号および注記は，図面の下側または右側から見て読むことができるように示す．

2.6.1 寸法記入の基本

寸法には，**図2.39**に示すように対象物のサイズ形体（長さ，幅，高さ，厚さなど）を示す“長さ寸法（大きさ寸法）”と，距離（穴の位置，穴の中心間距離など）を示す“位置寸法”と，角度または角度サイズ形体を示す“角度寸法”がある．これらの寸法を指示する方法が寸法記入法である．

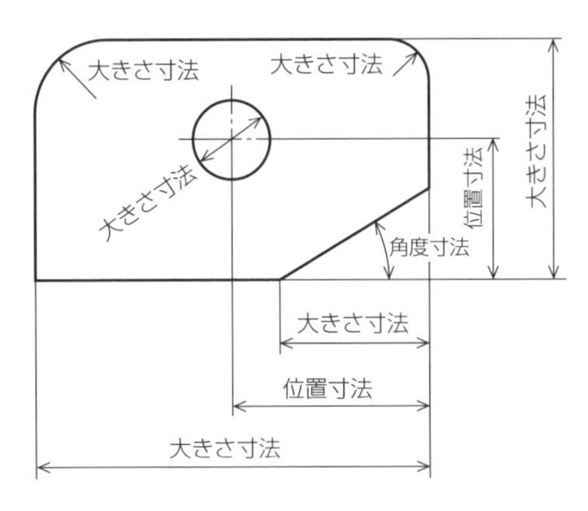

図2.39　寸法の種類

【1】寸法記入要素

寸法記入要素には，**図2.40**に示す寸法線，寸法補助線，端末記号，引出線，参照線，起点記号および寸法数値がある．

【2】寸法線，寸法補助線，端末記号

図2.41(a) に示すように寸法線は細い実線を用い，指示する長さを測定する方向に平行に同一長さで引き，その両端に描いた端末記号と寸法補助線により両端を明示する．寸法補助線は細い実線を用い，長さを示す箇所の両端に当たる図形上の点または線の中心を通り，寸法線に直角に，そして寸法線との接点より2～3 mm越えて延ばして引く．

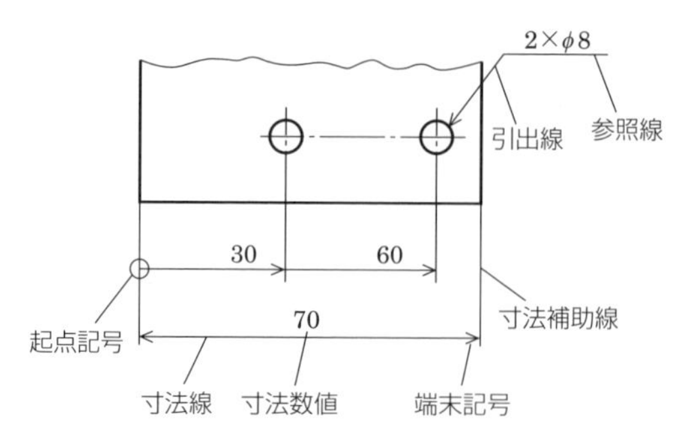

図 2.40　寸法記入要素

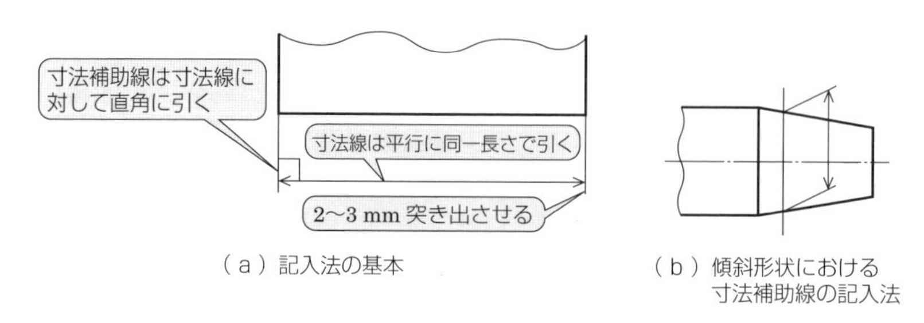

図 2.41　長さの記入法

寸法線は，中心線，外形線などの線で代用してはならない．なお，寸法線は他の寸法線や寸法補助線，外形線などと交差してはならないが，やむを得ぬ場合には寸法線を切断しないで引く．また，形体の中間部分を省略した破断表示の場合でも，寸法線は切断しない．

寸法補助線は，原則として長さを示す部分に対して垂直に引くものであるが，図 2.41（b）に示すようにテーパやこう配形体のように外形線と寸法補助線の区別がつきにくい場合には，寸法線に対して適当な角度を持つ平行線を寸法補助線とすることができる．なお，寸法補助線は，線のつながりにあいまいさがなければ切断してもよい．

寸法線の両端に描く端末記号には**図 2.42**（a）に示した 6 種類がある．

端末記号の矢印の先端および斜線または黒丸の中心は寸法補助線に一致させて描く．機械図面では図 2.42（b）に示す 30° 開き矢が多く使用され，矢の長さは 2 〜 3 mm に描き，フリーハンドでもよい．

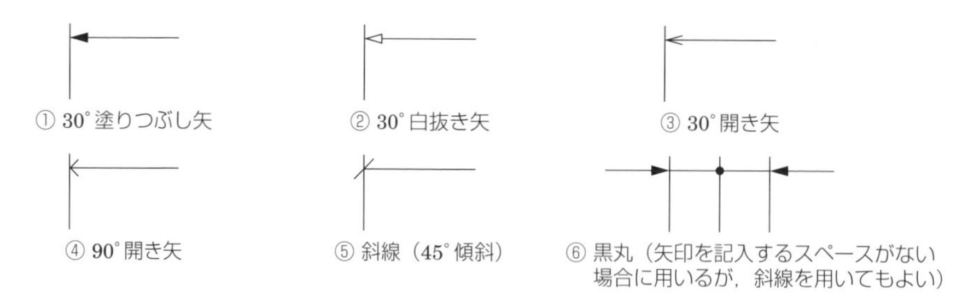

（a）端末記号の種類

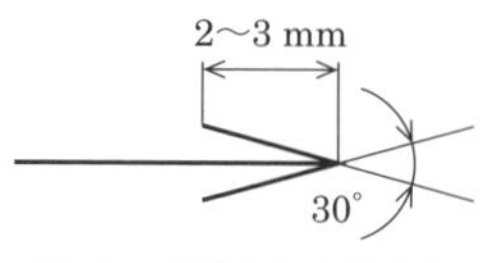

（b）30° 開き矢の描き方

図 2.42　端末記号の描き方

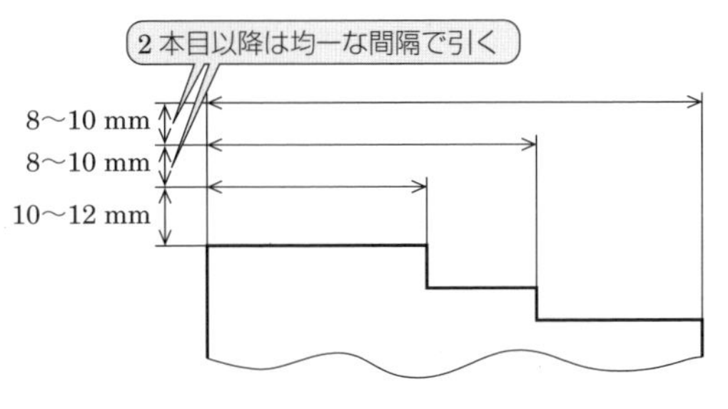

図 2.43　寸法線の間隔

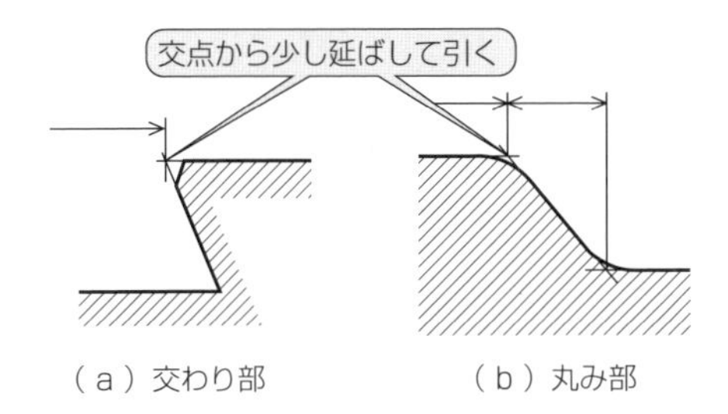

図 2.44　交わり部，丸み部の寸法記入法

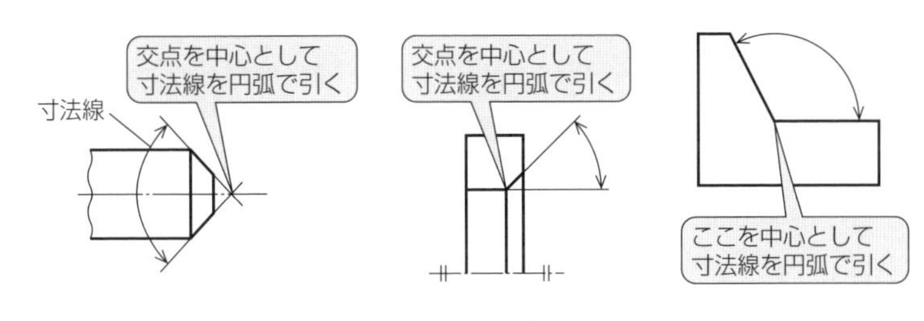

図 2.45　角度の記入法

端末記号は，一連の図面では同種類のものを使用するが，寸法補助線の間隔が狭く矢印が描けない場合には，その箇所のみ黒丸または斜線を用いてもよい．

寸法線は，**図 2.43** に示したように最も近い外形線から 10 〜 12 mm 離し，2 本以上並んで寸法線を引く場合は，その間隔を 8 〜 10 mm で描く．寸法線が複数並ぶ場合には，小さい寸法を内側に，大きい寸法を外側にする．

互いに傾斜している二つの面の間に，面取りあるいは丸み加工が施されている場合は，**図 2.44** に示すように加工を施す以前の形状を細い実線の延長線で示し，延長線は交点から 2 〜 3 mm 延ばして引く．寸法補助線は，この交点から引く．

角度を記入する寸法線は，**図 2.45** に示すように角度を構成する二辺またはその延長上に細い実線の寸法補助線を引き，その交点を中心として，両辺または寸法補助線の間に描いた細い実線の円弧で示す．寸法線の両端には端末記号を付ける．

【3】引出線，参照線

引出線，参照線は，見やすい寸法指示，狭い場所の寸法指示や加工方法，注記，照合番号などを記入するのに用いる．引出線は，細い実線によって描き，形体に対して斜めに引くが，ハッチングの線と区別できる傾きにする．その引出線の端から細い実線で水平に引いた参照線に沿って要求事項が指示される．参照線が適用できない場合には，これを省いてもよい．

図 2.46 に示すように外形線から引き出す場合には引き出される側に矢印を，内部から引き出す場合には黒丸を用い，寸法線から引き出す場合には何も付けない．円形状から引き出した引出線の矢印はその円の中心を指し示し，また，引出線の他端に照合番号を記入する円を描く場合には，円の中心が引出線の延長上にあるように引く．なお，複数の引出線を一点にまとめてもよい．

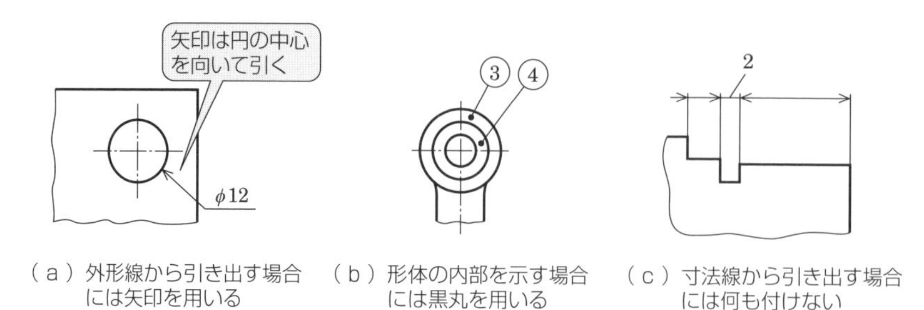

図 2.46　引出線，参照線の描き方

【4】寸法数値の記入法

寸法数値は，仕上がり寸法を記入する．長さの寸法数値は，ミリメートル単位で記入し，単位記号 mm は付けない．角度の寸法数値は，度単位で記入し，必要がある場合には，分および秒を併用することができる．単位記号としては，°，′，″を記入する．ラジアン単位を用いる場合は，単位記号 rad を記入する．

小数点の記入は，数字の間を適当にあけて，その中間に大きめに書く．

寸法数値は，**図 2.47** に示したように寸法線を中断しないで，寸法線のほぼ中央に記入し，寸法線の上側にわずかに離して平行に記入する．

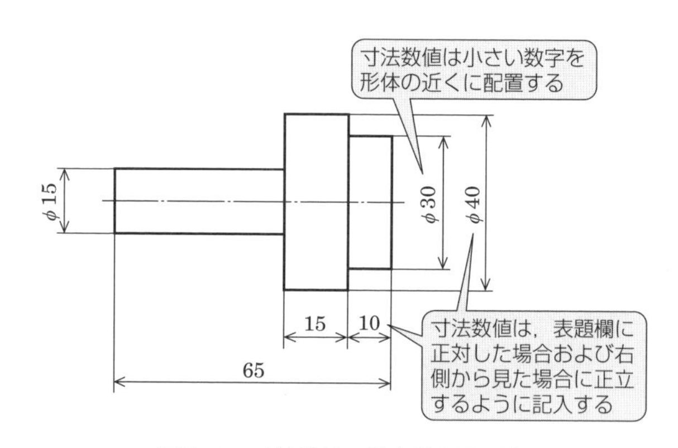

図 2.47　寸法数値の基本的な記入法

寸法数値は，原則として水平方向の寸法線に対しては図面下辺から，垂直方向の寸法線に対しては図面右辺から読めるように書く．斜めの寸法線に寸法数値を記入する場合は，**図 2.48**（a）にしたがい，数字の向きが間違えやすい領域への記入は避ける．やむを得ず，記入するときは図 2.48（b）に示すように引出線および参照線を活用する．

角度寸法の数値の向きは，**図 2.49** にしたがい，寸法数値の記入の位置は，水平中心線の上側にあるときは寸法線の弧の外側に，その下側にあるときは弧の内側に角度を示す数値を記入する．

寸法線の間隔が狭い場合には，**図 2.50**（b）に示すように寸法数値を対称中心線の両側に交互に記入

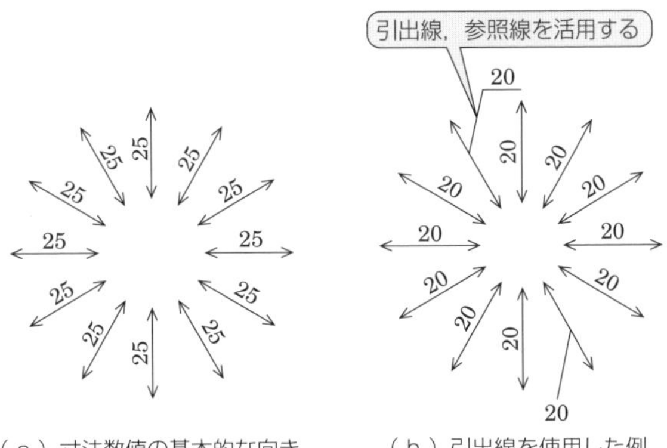

図 2.48　長さ寸法の寸法数値の向き

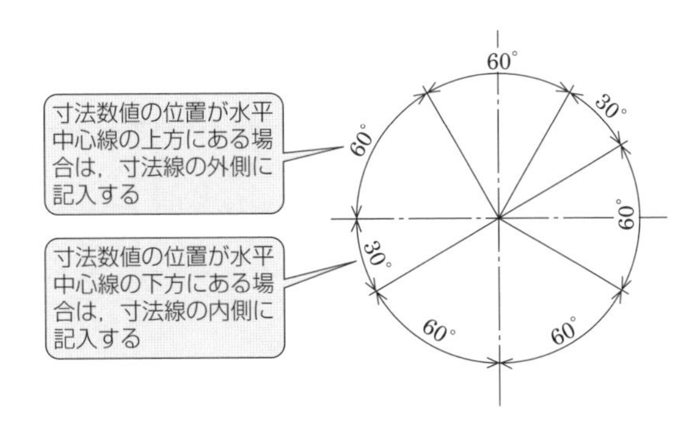

図 2.49　角度寸法の寸法数値の向き

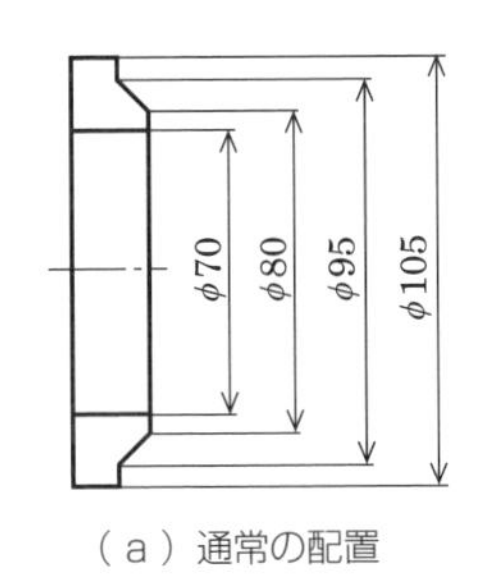

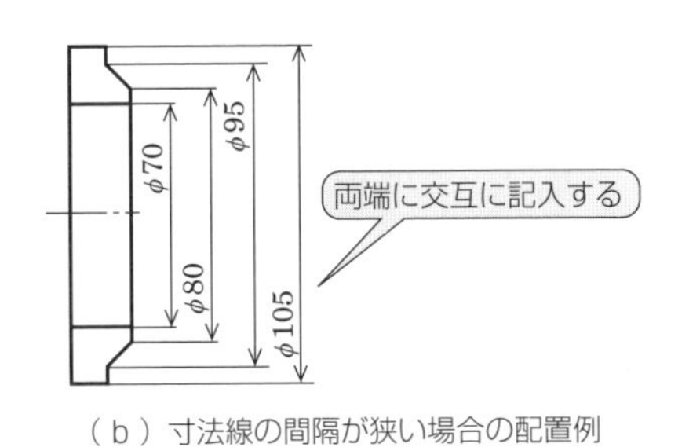

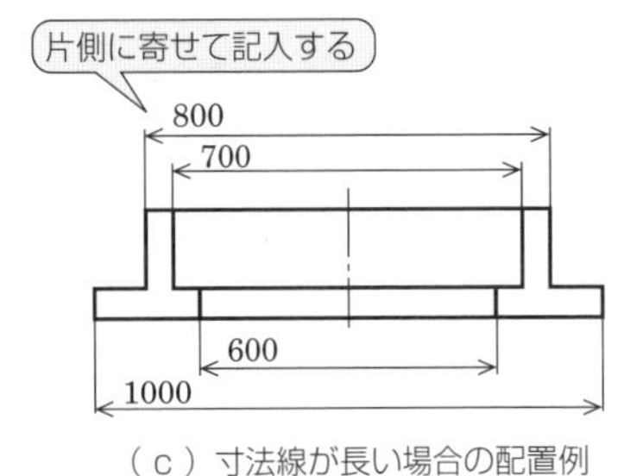

図 2.50　特殊な寸法数値の配置

してもよい．また，寸法線が長くて，その中央に寸法数値を記入するとわかりにくくなる場合には，図 2.50（c）に示すようにいずれか一方の端末記号の近くに寄せて記入することができる．

【5】寸法の配置

図 2.51 に示すように，基準となる共通の位置から各形体までのそれぞれの寸法を並列する寸法線または同心円弧の寸法線を用いて記入する方法が並列寸法記入法であり，並列に記入する個々のサイズ公差が，他の寸法の公差に影響を与えないという利点がある．

図 2.52 に示す累進寸法記入法は，基準となる位置から各形体までの寸法線を累進させて記入する方法である．サイズ公差に関して，並列寸法記入法と同じ意味を持ちながら，一本の連続した寸法線で簡便に表示でき，図面のスペースに制約がある場合，または判読に問題が生じない場合に用いることができる．寸法の起点の位置は，直径が約 3 mm の起点記号で示し，他端は矢印で示す．寸法数値は，

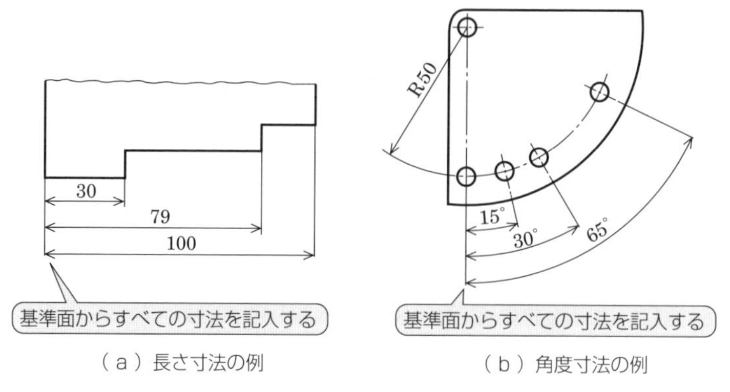

（ａ）長さ寸法の例　　（ｂ）角度寸法の例

図 2.51　並列寸法記入法

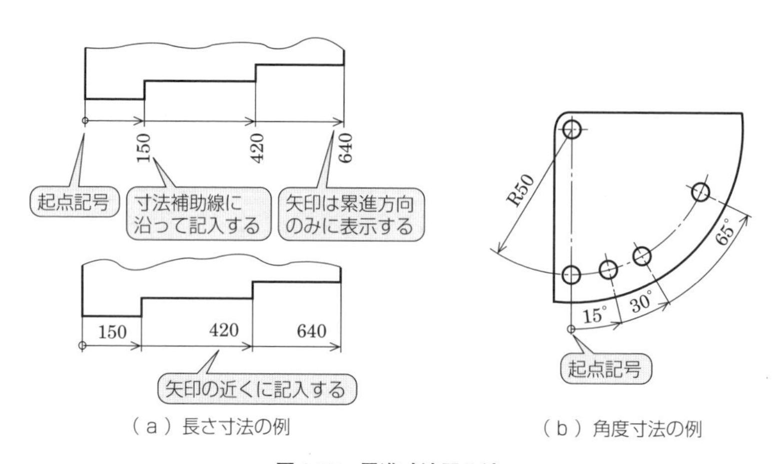

（ａ）長さ寸法の例　　（ｂ）角度寸法の例

図 2.52　累進寸法記入法

寸法補助線に並べて記入するか，矢印に近い寸法線の上側にやや離して平行に記入する．

【6】特殊な寸法記入法

溝の幅や数字の入らないような狭い箇所への寸法記入は，

① 部分拡大図を描いて記入する

② 端末記号に黒丸または斜線を用いる（**図 2.53**（a））

③ 寸法線から斜めに引出線，続けて水平に参照線を引き，寸法数値を記入する（図 2.53（b））

④ 寸法線を延長し，寸法補助線の外側に記入する（図 2.53（a），（b））

などの方法がある．

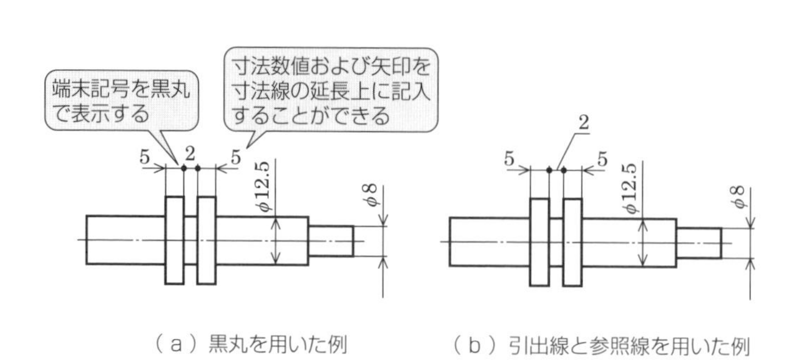

（ａ）黒丸を用いた例　　（ｂ）引出線と参照線を用いた例

図 2.53　狭い場所の寸法記入法

対称形体で片側を投影図，他の半分を断面図によって表した場合には，**図 2.54**（a）に示すように端末記号を付けた側の寸法線を中心線を越えて少し延長し，他端部には矢印は付けない．対称形体の中心線の片側だけを表した図面では，図 2.54（b）に示すように寸法線は中心線を越えて少し延長し，省略した側には矢印は付けない．ただし，読み誤りがないような場合には，図 2.54（c）に示すように寸法線は中心線を越えなくてもよい．

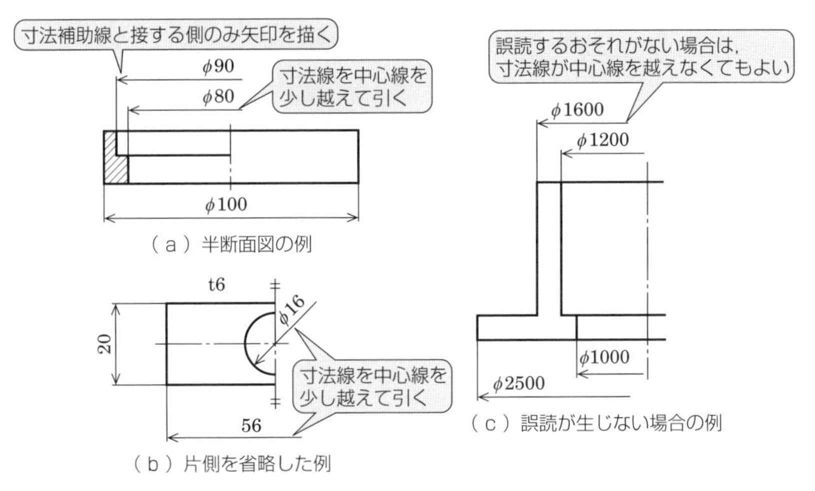

図 2.54　対称形体の寸法記入法

寸法補助線を引き出すと図面が見にくくなる場合は，**図 2.55**（a）に示すように外形線を寸法補助線の代わりに用いることができる．また，図 2.55（b）に示すように中心線（一点鎖線）の領域から出た部分を細い実線として寸法補助線の代わりとして用いることができる．

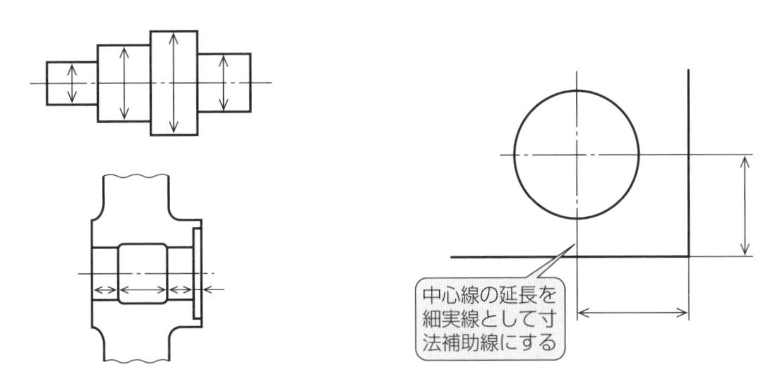

図 2.55　寸法補助線を用いない寸法記入法

【7】機能寸法，参考寸法

機能寸法とは，設計で要求される対象物の機能を満足させるために設計上考慮を必要とする寸法である．**図 2.56** に示す例では，ボルトと部品 A および部品 B が接する部分に関わる寸法がこれにあたる．また，機能上必ずしも必要ではないが，加工・組立・保守の容易さなどのために利用する寸法（非機能寸法と呼ばれる場合がある）がある．参考寸法とは，他の寸法から導かれる寸法で，設計の要求事項ではないが，情報提供を目的として参考のために記入する寸法であり，括弧内に入れて記入する．

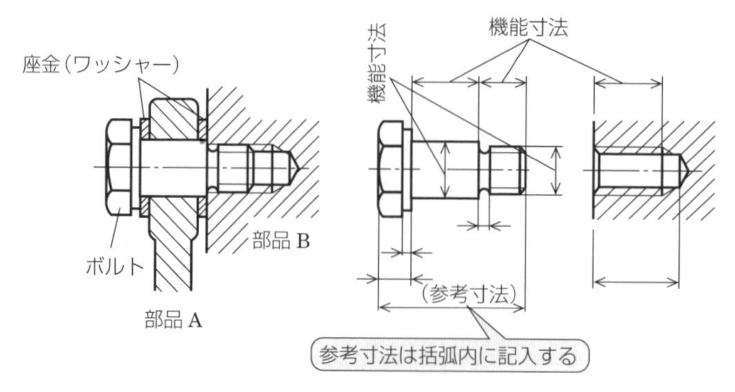

図 2.56　機能寸法と参考寸法

2.6.2　寸法補助記号とその使用法

表 2.1 に示す寸法補助記号は，これを寸法数値の前に寸法数値と同じ大きさで記入することにより，寸法が記入された形体の形状をより明確に識別できる便利な図示記号である．以下に寸法補助記号の適切な使用法を述べる．

表 2.1　寸法補助記号

寸法補助記号	意　味	呼び方
ϕ	180°を超える円弧の直径または円の直径	まる（ふぁい）
R	半径	あーる
CR	コントロール半径	しーあーる
□	正方形の辺	かく
Sϕ	180°を超える球の円弧の直径または球の直径	えすまる（えすふぁい）
SR	球の半径	えすあーる
⌒	円弧の長さ	えんこ
t	厚さ	てぃー
C	45°の面取り	しー
⌃	円すい（台）状の面取り	えんすい
⊔	ざぐり，深ざぐり	ざぐり，ふかざぐり
∨	皿ざぐり	さらざぐり
↧	穴深さ	あなふかさ

【1】直径の寸法記入法

直径記号 ϕ は，記入する場合と記入しない場合が明確に区別されており，熟知する必要がある．まず，直径記号 ϕ を記入する場合を述べる．

① 断面が円形で，その側面投影図に直径寸法を示す場合には，**図 2.57** (a) に示すように直径記号 ϕ を寸法数値の前に記入することにより円形であることを示し，円断面方向の投影図は不要となる．

② 引出線と参照線を用いて記入する場合には，図 2.57 (b) 中の＊1 に示すように直径記号 ϕ を記入する．引出線の矢印は円の中心を向くように引く．

③ 円形の一部を欠いた図形で端末記号が片側だけの場合には，図 2.57(b) 中の＊2 に示すように半径寸法とまちがえないように直径記号 ϕ を記入する．寸法線は中心線を少し越えたところまで引かなくてはならない．

次に，直径記号 ϕ を記入しない場合を述べる．

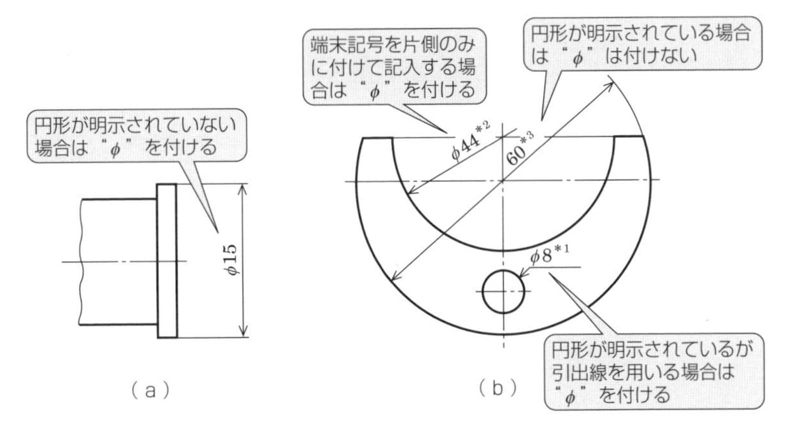

図 2.57　直径の寸法記入法

① 図面上で明らかな円形の図に直径寸法を示す場合には，直径記号 ϕ は記入しない．

② 弧を張る角度が 180° を超え，寸法線の両端に端末記号が付く場合には，図 2.57 (b) 中の＊3 に示すように直径記号 ϕ は記入しない．

③ 直径の寸法数値の後に明らかに円形になる加工方法が併記されている場合には，図 2.58 (b)，(c) に示すように直径記号 ϕ は記入しない．

【2】 穴の寸法記入法

穴の寸法記入法は，**図 2.58** に示すように直径の寸法記入法を基本とし，穴の加工方法を指示する場合は，工具の呼び寸法または図示サイズを示した後に，加工方法を記入する．加工方法の指示は“鋳放し”，“プレス抜き”，“きりもみ”，“リーマ仕上げ”またはそれぞれの簡略指示である“イヌキ”，“打ヌキ”，“キリ”，“リーマ”を用いて記入する．

止まり穴の深さを指示する場合は，**図 2.59** (b) に示すように引出線を用いて穴の直径を示す寸法数値の後に穴深さ記号“↧”を記入し，その後に深さの数値を記入する．“穴の深さ”とは，図 2.59 (c) に示すように，ドリルの先端の円錐部，リーマの先端の面取り部を含まない円筒部の深さである．な

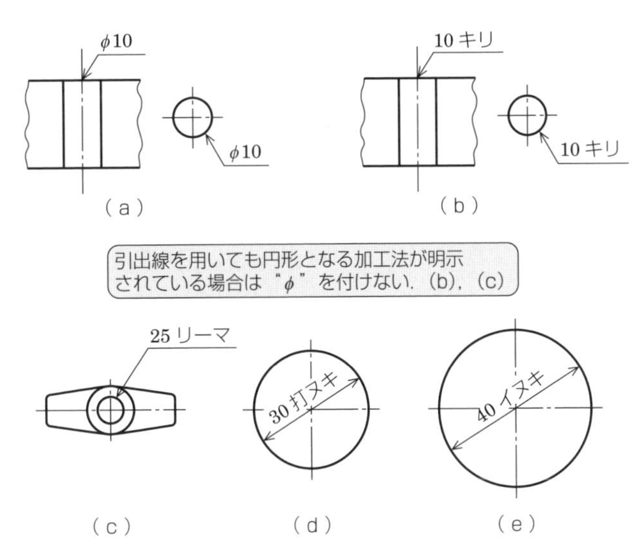

図 2.58　穴の寸法記入法

2章　立体を平面図に置き換える投影法

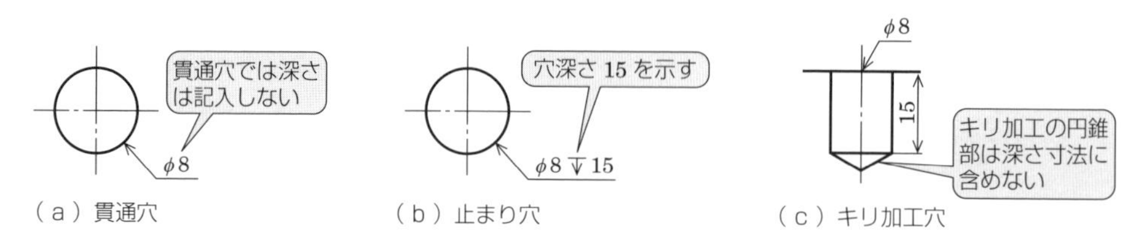

（a）貫通穴　（b）止まり穴　（c）キリ加工穴

図 2.59　穴深さの寸法記入法

お，貫通している穴（貫通穴）には，図 2.59（a）に示すように深さは記入しない．

【3】ざぐりの寸法記入法

ボルト，ナット，座金などのすわりをよくするために行う素材表面（黒皮）を削り取る程度のざぐり，およびボルトの頭を沈めるための深ざぐりは，**図 2.60**（a）および図 2.60（b1）に示すように穴の直径寸法表示の後に，ざぐりまたは深ざぐり記号“⌴”と直径記号を用いてざぐり直径寸法，そして穴深さ記号“↧”と深さ寸法を記入する．黒皮を取る程度のざぐりの場合でもその深さを指示する．ただし，ざぐりを表す図形は描かない．深ざぐりの底の位置を反対側の面からの寸法で指示する必要があるときは，寸法線を用いて表す．この場合には，深ざぐり記号とざぐりの直径寸法のみ記入する（図 2.60（b2））．

皿ねじの頭を沈めるための皿ざぐりは，図 2.60（c）に示すように穴の直径寸法表示の後に，皿ざぐり穴を示す記号“⌵”の後に，直径記号を用いて皿ざぐり穴の入り口の直径数値を記入するか，または，皿ざぐりの入り口直径表示の後に“×”を記入して，皿ざぐりの開き角度を記入する．なお，皿ざぐり穴の深さが重要な場合は，図面に皿ざぐりの開き角度と皿ざぐり穴の深さを記入する．

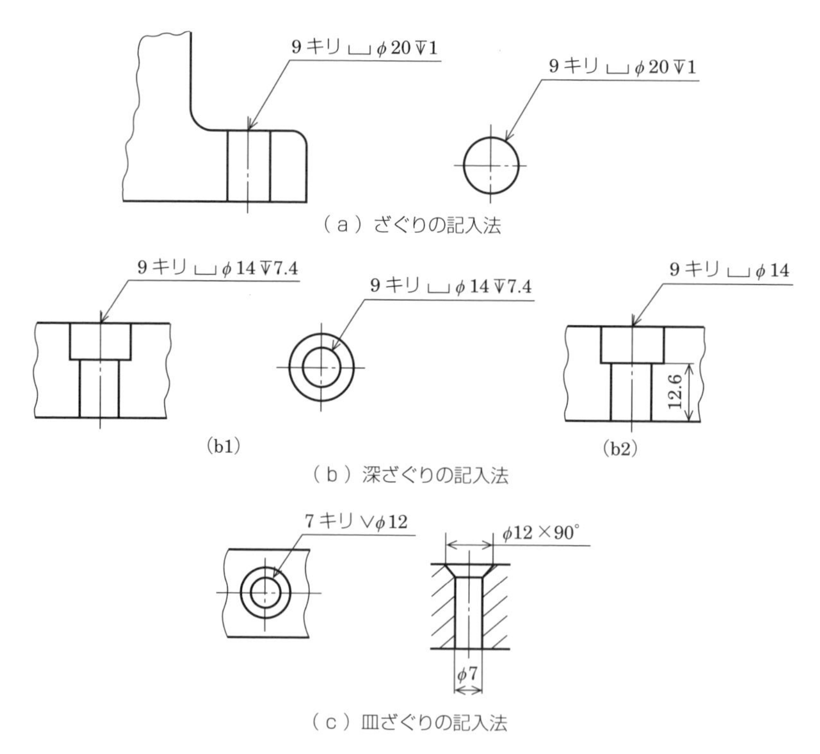

（a）ざぐりの記入法

（b）深ざぐりの記入法

（c）皿ざぐりの記入法

図 2.60　ざぐりの寸法記入法

【4】半径の寸法記入法

図 2.61 に示すように寸法線は，円弧の中心側から円弧に向かって引き，円弧の側だけに端末記号を付ける．なお，寸法線は，斜めに引き，垂直や水平には引かない．半径記号 R を寸法数値の前に寸法数値と同じ大きさで記入する．ただし，半径と同一長さの寸法線が引ける場合には，図 2.61（b）に示すようにこの半径記号 R を省略してもよい．

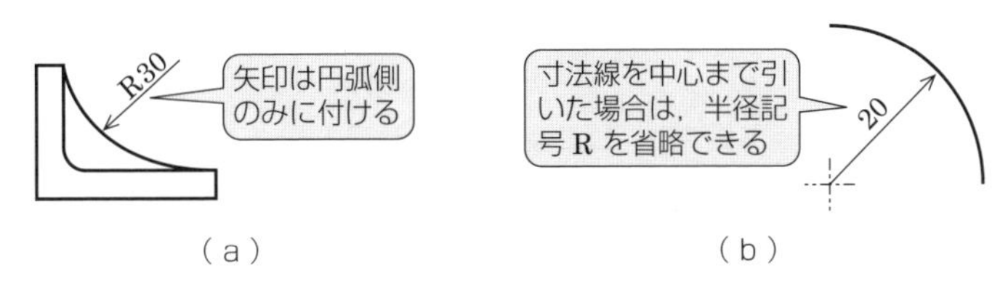

図 2.61　半径の基本的な寸法記入法

図 2.62 に示すように隅 R 半径および角 R 半径を通常の半径記号 R で指定すると，サイズ公差内であっても段差が生じる場合がある．この段差の発生が問題になる場合は，コントロール半径記号 CR を使用することにより，公差許容限界内の半径寸法で滑らかに結ぶように規制することができる．

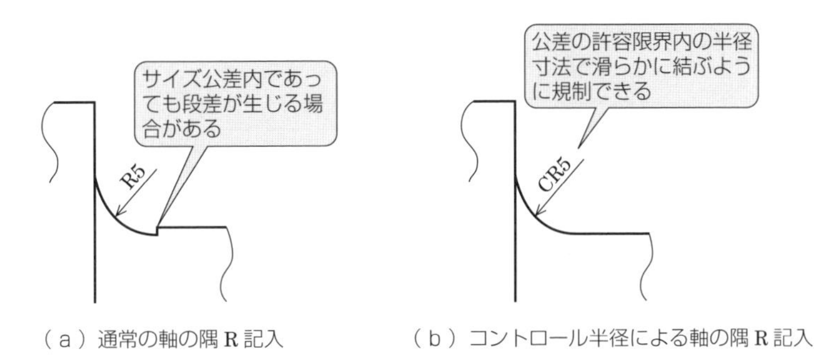

図 2.62　段差のない隅 R および角 R の寸法記入法

円弧の半径が小さく，端末記号や寸法数値が記入できないときは，**図 2.63** に示すように円弧の中心から円弧までの線分を描いた後に，これを延長して円弧の外に端末記号や寸法数値を記入することができる．

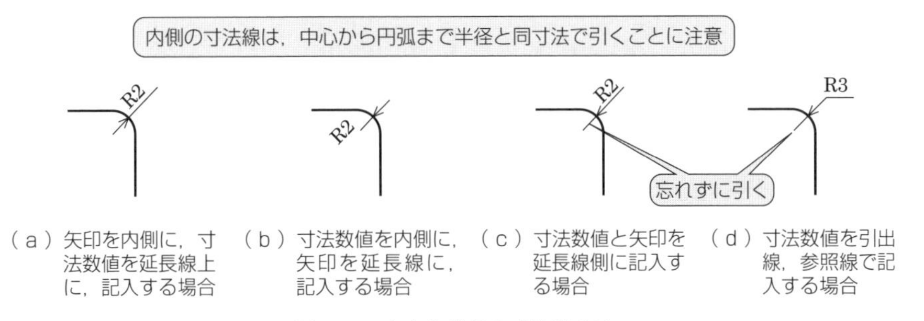

図 2.63　小さな半径の寸法記入法

紙面に制約があり，円弧の中心と円弧までの寸法線が表示できない場合には，**図 2.64** に示すように中心を円弧の近くの仮の点に移動させ，その半径の寸法線を折り曲げて示してもよい．この場合，寸法線の矢印が付いている部分は，本来の円弧の中心に正しく向いていなければならない．円弧の中心

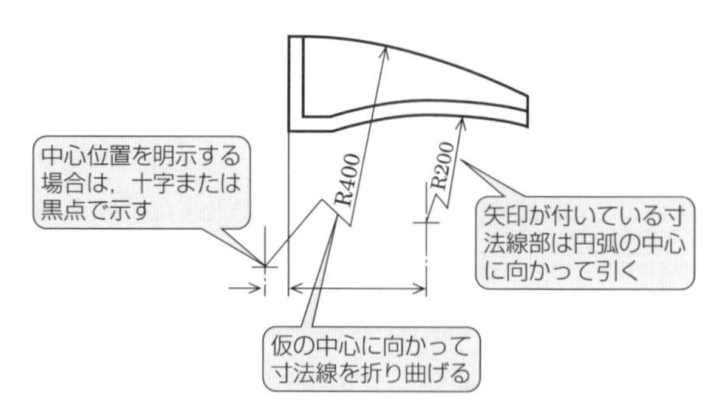

図 2.64　大きな半径の寸法記入法

の位置を示す必要がある場合には，十字または黒丸でその位置を示す．

半径が他の寸法（幅など）から導かれる場合には，**図 2.65** に示すように半径を示す寸法線と半径記号 R のみを括弧内に入れて参考寸法として指示する．

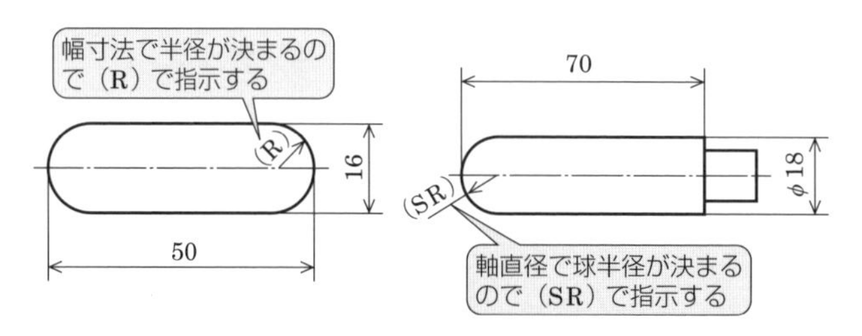

図 2.65　半径寸法を記入しない場合

【5】正方形の辺の寸法記入法

断面が正方形の形体の側面投影図に，その正方形の一辺の長さ寸法を示す場合には，**図 2.66**（a）に示すように，正方形記号□をその辺の長さを表す寸法数値の前に，寸法数値と同じ大きさで記入する．なお，正方形が図に表されている場合には，図 2.66（b）に示すように隣り合う二辺に同じ寸法数値を記入するか，正方形記号□を一辺に記入する．

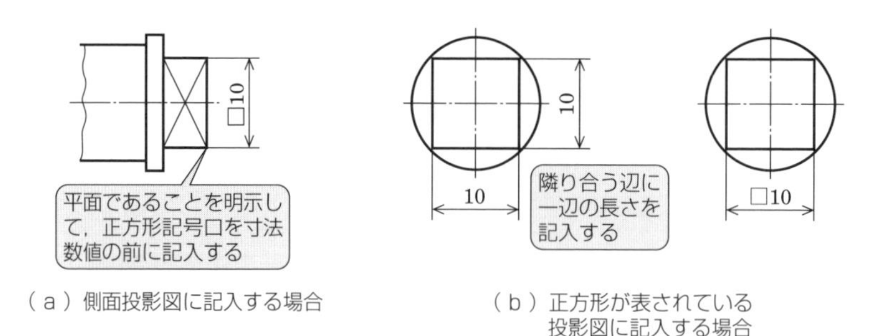

（a）側面投影図に記入する場合　（b）正方形が表されている投影図に記入する場合

図 2.66　正方形の辺の寸法記入法

【6】球の直径，半径の寸法記入法

球の直径または半径の寸法は，**図 2.67** に示すように，球の直径記号 Sϕ または球の半径記号 SR を寸法数値の前に，寸法数値と同じ大きさで記入することで示すことができる．

（a）球の直径の記入法

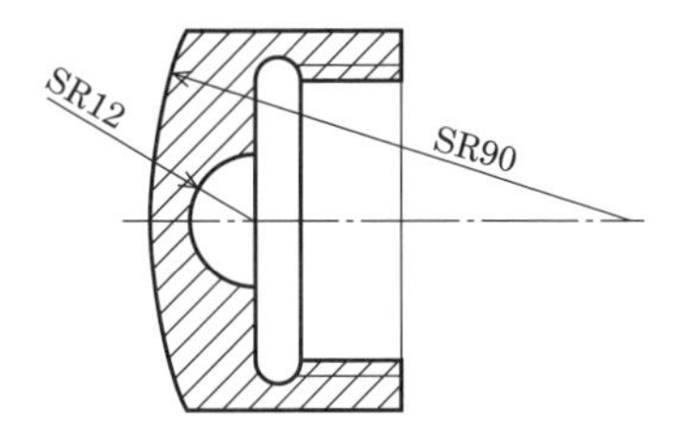

（b）球の半径の記入法

図 2.67　球の直径，半径の寸法記入法

【7】弦，円弧の寸法記入法

まず，弦，円弧に対応する中心角が180°未満の場合を述べる．弦の長さは，**図 2.68**（a）に示すように弦に直角に寸法補助線を引き，弦に平行な寸法線を描いて表す．円弧の長さは，図 2.68（b）に示すように寸法補助線をその円弧に対応する弦に対して直角に引き，その円弧と同心の円弧を寸法線として記入し，円弧記号⌒を寸法数値の前または上に寸法数値と同じ大きさで記入する．

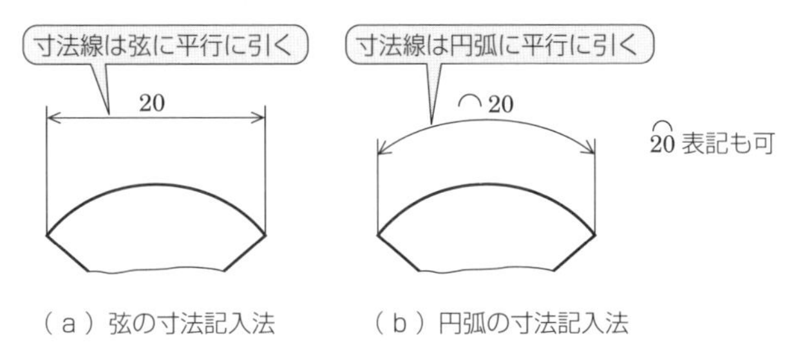

（a）弦の寸法記入法　（b）円弧の寸法記入法

図 2.68　弦，円弧の寸法記入法

連続した円弧の寸法記入において，基本通りに寸法指示すると図面が煩雑になることがある．このような場合には，**図 2.69** に示すように円弧の中心から放射状に引いた寸法補助線に寸法線を当て，寸法数値から明示したい円弧に向けて矢印を引き，寸法線と円弧形体の長さが一致しないことで生じる誤読を防ぐ．

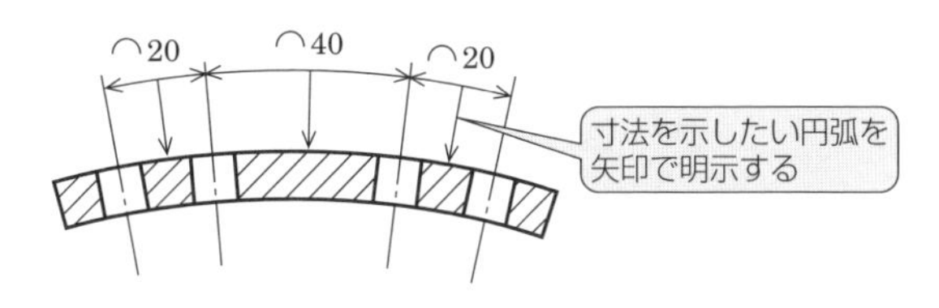

図 2.69　連続した円弧の寸法記入法

中心角が大きい場合には，寸法補助線は円弧の中心を向いていなくてはならない．**図 2.70**（a）に示すように円弧の中心から放射状に引いた寸法補助線に円弧中心から同心の寸法線を当て，前に円弧記号⌒を付けた円弧の寸法数値から明示したい円弧に向けて矢印を引く．または，図 2.70（b）に示すように円弧長さの寸法数値の後に，円弧の半径を括弧に入れて示す．この場合は，円弧記号⌒は用いない．

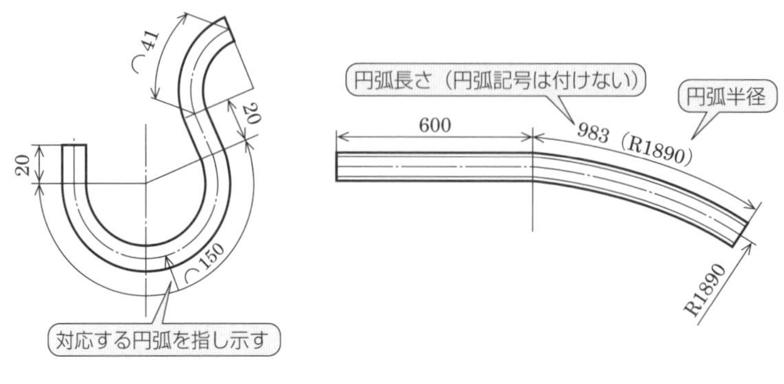

（a）円弧記号による記入法　　（b）円弧半径による記入法

図 2.70　角度が大きい円弧の寸法記入法

【8】円弧部の寸法記入法

図 2.71（a）に示すように円弧が 180° までは半径寸法で表し，図 2.71（b）に示すように 180° を超える場合は直径で表す．ただし，図 2.71（c）の A-A 断面に示すように円弧が 180° 以内であっても，機能上または加工上，特に直径寸法を必要とするものに対しては，直径寸法を記入する．

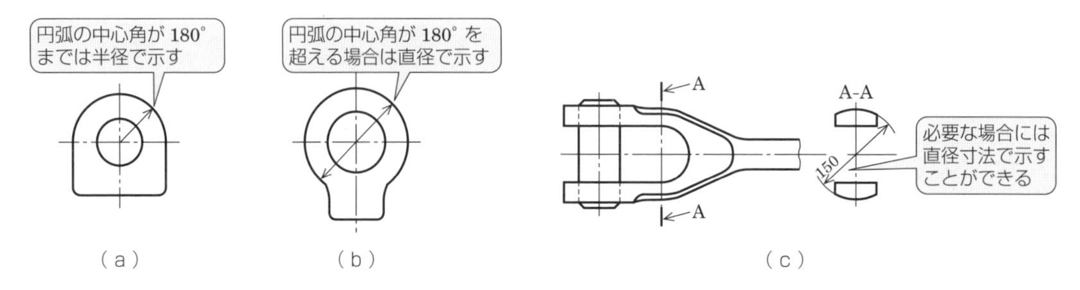

（a）　（b）　（c）

図 2.71　円弧部の寸法記入法

【9】板の厚さの寸法記入法

板などの薄い部品の均一な厚さを表す場合には，**図 2.72** に示すように主投影図の付近または図中の見やすい位置に，厚さ記号 t を寸法数値の前に寸法数値と同じ大きさで記入することで厚さ方向の投影図を省略できる．

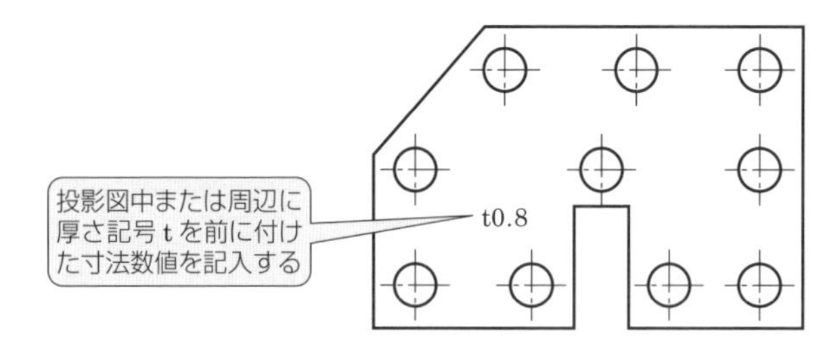

図 2.72　板の厚さの寸法記入法

【10】面取りの寸法記入法

二平面の交わり部の角を削り取ることを面取りといい，一般の面取りは，**図 2.73**（a）に示すように寸法数値およびその角度で指示する方法と，図 2.73（b）に示すように二方向の寸法数値で指示する方法がある．

一般的には，45° の面取りが多く用いられている．45° 面取りの場合，**図 2.74**（a）に示すように面取りの寸法数値（斜面の水平・垂直方向長さ）×45° と記入する方法と，面取り寸法が約 10 mm 以下の

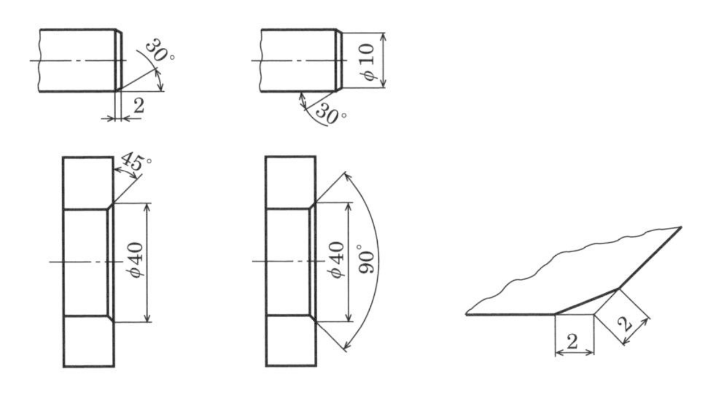

図 2.73　任意角度の面取りの寸法記入法

場合には，図 2.74（b）に示すように面取り記号 C を寸法数値の前に寸法数値と同じ大きさで記入する方法がある．なお，一般に 0.5 mm 以下の面取りでは，面取り部を図示しない．

円筒部品の端部を面取りして円すい台状の形状を作る場合は，寸法数値の前に記号“へ”を置く（例 へ120°）．円筒部品の先端形状の指示は，数値の後に×“円すいの頂角”を記載する（例 へφ10×120°）．

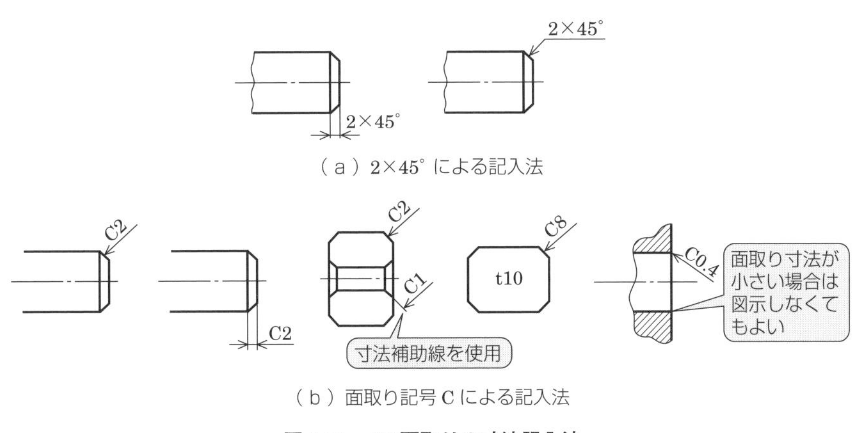

図 2.74　45°面取りの寸法記入法

2.6.3　便利な寸法記入法

ここでは図面が複雑にならずに，かつ正確で誤読のない読図を助ける，便利な寸法記入法について記述する．

【1】連続する形体の寸法記入法

一群の同一寸法の穴寸法の表示は，**図 2.75** 中の＊1 に示すように穴から引出線を引き，その総数を示す数字の次に“×”をはさんで穴の直径寸法を記入する．また，直線状および円弧状に配置された繰返し図形の間隔寸法の記入は，図 2.75 中の＊2 に示すように間隔の数と寸法数値（または角度）とを同様に“×”で区切って表すことができる．

【2】文字記号による寸法記入法

同じ形状が複数存在する図面では，**図 2.76** に示すように形体から引出線を用いて文字記号を記入

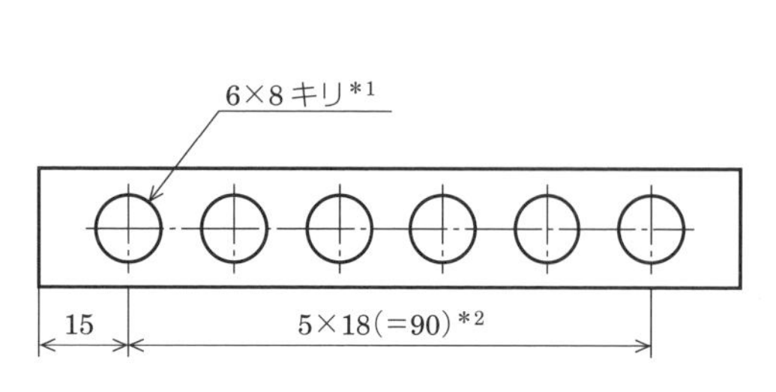

図 2.75　連続する形体の寸法記入法

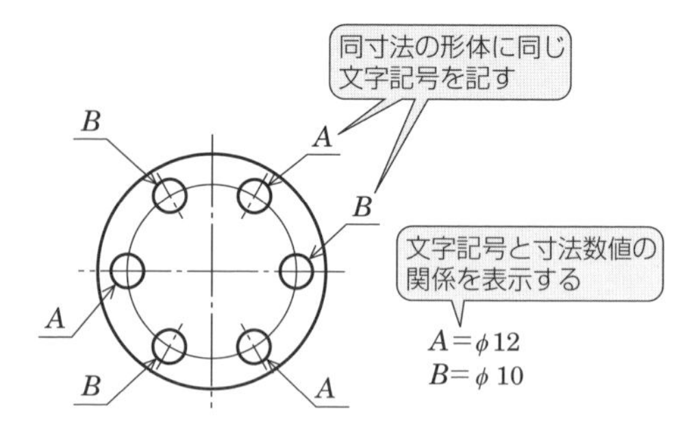

図 2.76　文字記号による寸法記入法

し，寸法数値の代わりにすることができる．この場合，その文字記号と寸法数値との関係を図中に別途表示する．

〔3〕表形式による寸法記入法

基本的な形状が同じで一部分の寸法だけが異なる場合には，**図 2.77** に示すように文字記号を用いて，寸法を数値表形式によって示すことができる．これを表形式寸法記入法という．

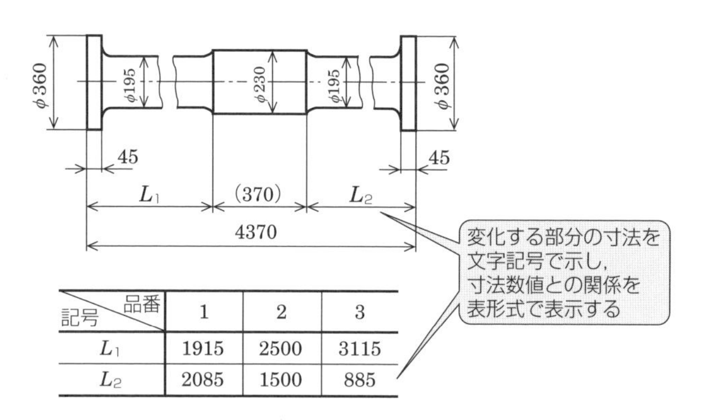

記号＼品番	1	2	3
L_1	1915	2500	3115
L_2	2085	1500	885

図 2.77　文字記号および表形式による寸法記入法

〔4〕正座標による寸法記入法

数多く点在する穴の位置および大きさなどの寸法は，**図 2.78** に示すように座標を用いて表にしてもよい．この場合は，原点からの長さ寸法を直交方向に定義し，その座標値を数値表にして図面に記載する．

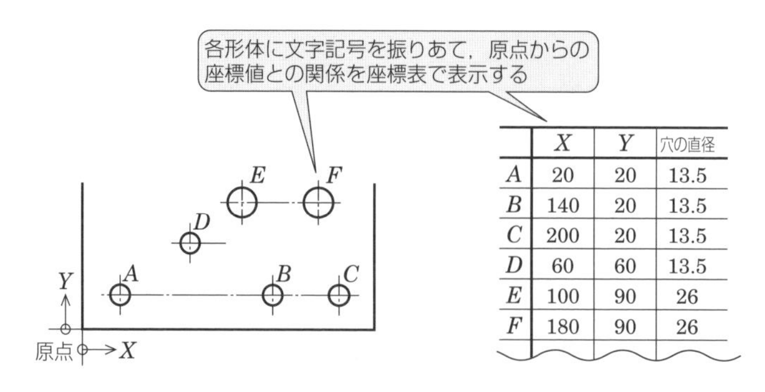

	X	Y	穴の直径
A	20	20	13.5
B	140	20	13.5
C	200	20	13.5
D	60	60	13.5
E	100	90	26
F	180	90	26

図 2.78　正座標による寸法記入法

【5】曲線の寸法記入法

円弧で構成する形体の寸法は，**図 2.79** に示すように円弧の半径とその中心または円弧の接線の位置で示す．

円弧で構成されない曲線の場合には，曲線上の任意の点の座標寸法で指示する．座標位置を表す方法としては，**図 2.80** (a) に示すように並列寸法記入法または図 2.80 (b) に示すように累進寸法記入法を使用する．

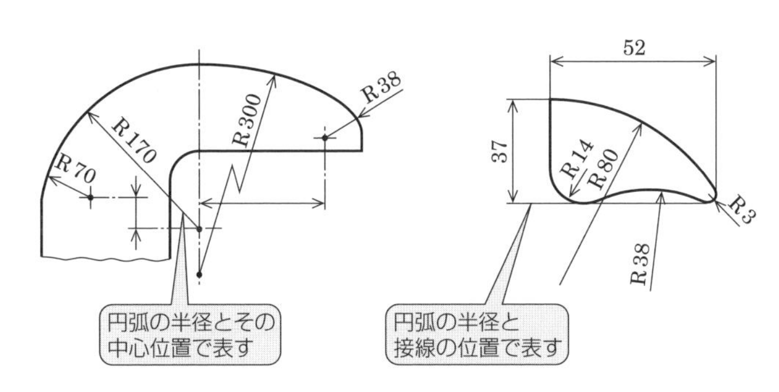

図 2.79　円弧で構成された形体の寸法記入法

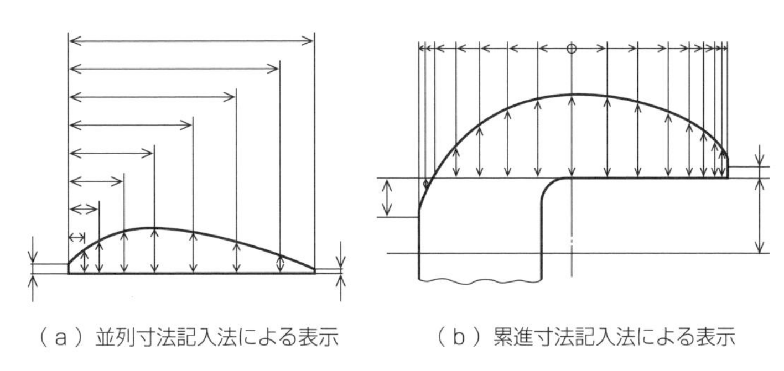

（a）並列寸法記入法による表示　　（b）累進寸法記入法による表示

図 2.80　一般的な曲線の寸法記入法

【6】長円の寸法記入法

長円の穴の寸法記入法は，**図 2.81** に示すように穴の機能または加工方法によって異なり，それに適した記入法を選択する．

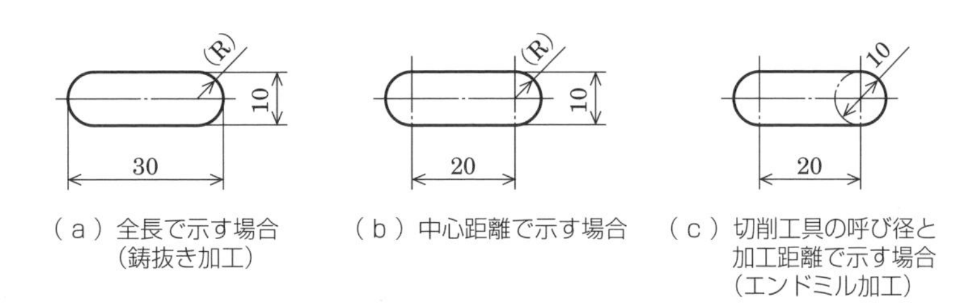

（a）全長で示す場合（鋳抜き加工）　（b）中心距離で示す場合　（c）切削工具の呼び径と加工距離で示す場合（エンドミル加工）

図 2.81　長円の寸法記入法

【7】テーパ，こう配の寸法記入法

図 2.82 に示すように両面の傾斜をテーパ，片面の傾斜をこう配という．

テーパの寸法記入は，図 2.82 (a) に示すように外形線のテーパ部分から引出線を引き出し，参照線はテーパを持つ形体の中心線に平行に引き，テーパを表す図示記号とテーパ比で示す．図示記号は

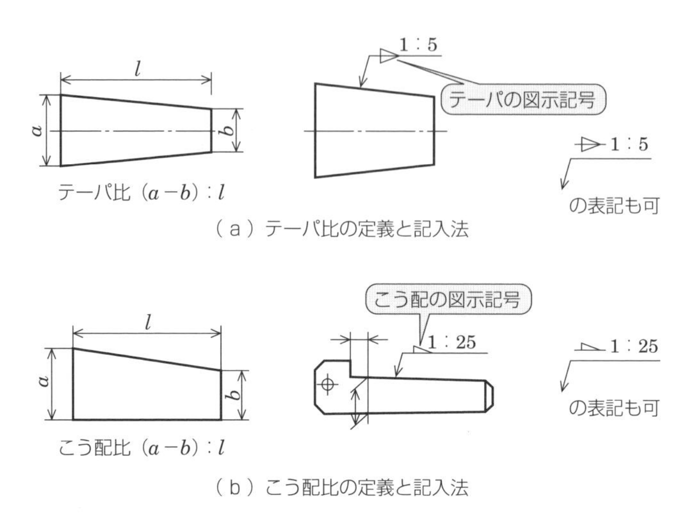

（a）テーパ比の定義と記入法

（b）こう配比の定義と記入法

図 2.82　テーパ，こう配の寸法記入法

テーパの方向と一致させて描くが，テーパ比が大きく，テーパの方向が明らかなときは図示記号を省略できる．

こう配の寸法記入は，図 2.82（b）に示すように傾斜している外形線から引出線を引き出し，参照線を水平に引き，こう配を表す図示記号をこう配の方向と一致させて描き，その後にこう配比を示す．こう配比が大きく，こう配の方向が明らかなときは図示記号を省略できる．

【8】薄肉部の寸法記入法

薄肉部品の断面は，一本の極太線で表す．この場合は，板の外側の寸法か内側の寸法かを明確にする必要がある．**図 2.83** に示すように，断面を表す極太線に沿って寸法を指示する側に細く短い実線を引き，この実線に半径寸法の記入をするか，または寸法補助線を引き，寸法線を用いて寸法を記入する．

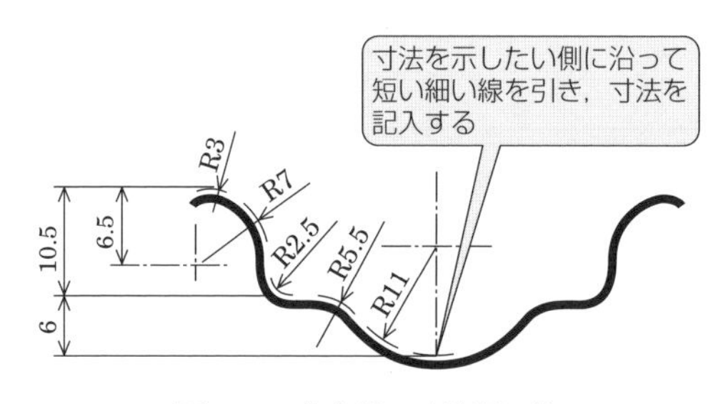

図 2.83　薄肉部の寸法記入法

【9】限定領域を指定する記入法

加工および表面処理などで処理範囲を限定する場合には，**図 2.84** に示すように処理を施す外形線に平行な太い一点鎖線を描き，その上に特殊加工の指示を行うとともに位置と範囲の寸法数値を指示する．ただし，位置と範囲が明確な場合は，寸法数値を省略できる．

【10】尺度に比例しない寸法の記入法

図形の一部がその寸法数値に比例しない場合には，**図 2.85** に示すように寸法数値の下に太い実線

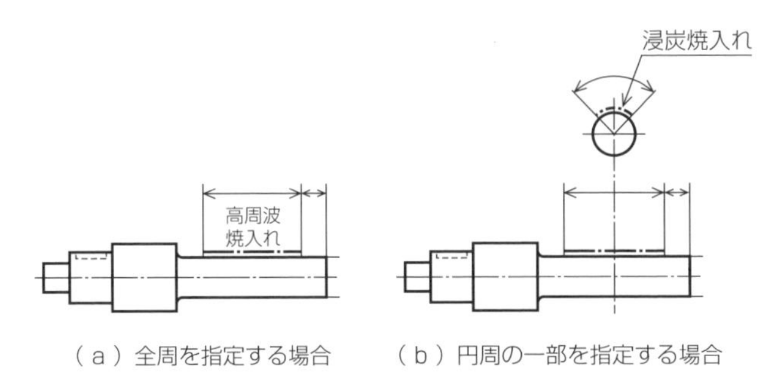

図 2.84　限定領域を指定する記入法

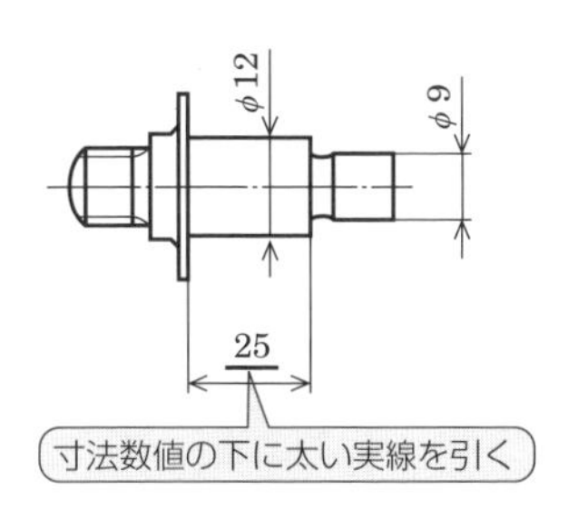

図 2.85　尺度に比例しない寸法の記入法

を引いてこれを示す．ただし，形体の一部が切断省略されていて，図形と寸法が比例しないことが明確であるときは，下線を引く必要はない．

2.6.4　寸法記入において考慮する項目

見やすく誤読のない図面にするために，寸法記入においては以下の項目に考慮すべきである．

・寸法はできるだけ主投影図（正面図）に集中して記入し，記入できない場合のみ他の投影図に記入する．そして，二つの投影図に関係する寸法は，その投影図間に記入する．
・基準箇所をもとにして寸法を記入する．
・関連する寸法はまとめて記入する．
・加工工程を考えて寸法を記入する．
・計算の必要がないように寸法を記入する．
・隣り合う寸法の位置はそろえて記入する．
・見やすく，見誤るおそれのないように寸法を記入する．

以下に，主要な項目について具体例を記述する．

【1】主投影図（正面図）に集中した寸法記入

図 2.86 に示すように，部品の形体が最も明瞭に示される面を主投影図（正面図）に選び，寸法はなるべくこれに集中して記入し，正面図に表せない寸法は平面図および側面図に記入する．なお，寸法は関連する投影図間に配置して対照しやすいようにする．

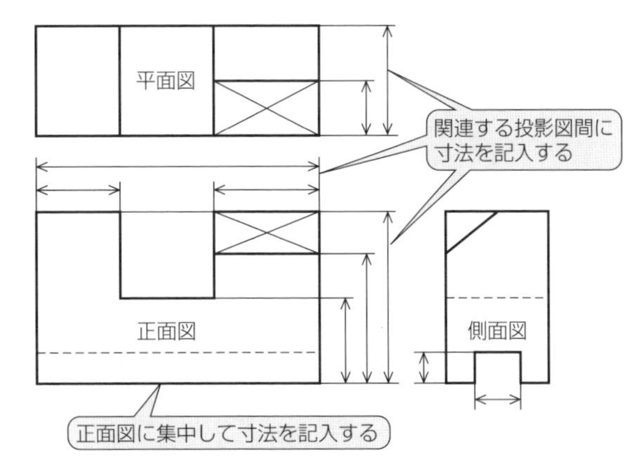

図 2.86　正面図に寸法を集中させた記入例

【2】基準箇所をもとにした寸法記入

加工や組立に必要な基準となる箇所がある場合には，**図 2.87** に示すようにその箇所をもとにして寸法を記入する．基準であることを示す必要がある場合には，図 2.87（b）に示すように“基準面”を明記する．

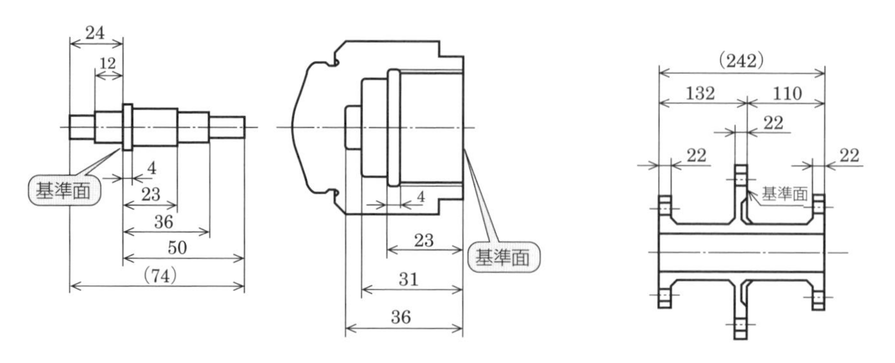

（a）基準面をもとにした記入法　（b）“基準面”を直接図面に明示した例

図 2.87　基準箇所をもとにした寸法記入例

【3】関連する寸法は集中して記入

一つの部品の中にまったく同一寸法の部分が複数ある場合には，そのうちの一つに関連する寸法を集中して記入し，他の箇所の寸法記入は省略し，同一寸法であることを注意書きする．**図 2.88** にフランジの例を示す．ボルト穴のピッチ円直径，穴の寸法および穴の配置を一方にまとめて記入し，他方には同一寸法であることを記入する．

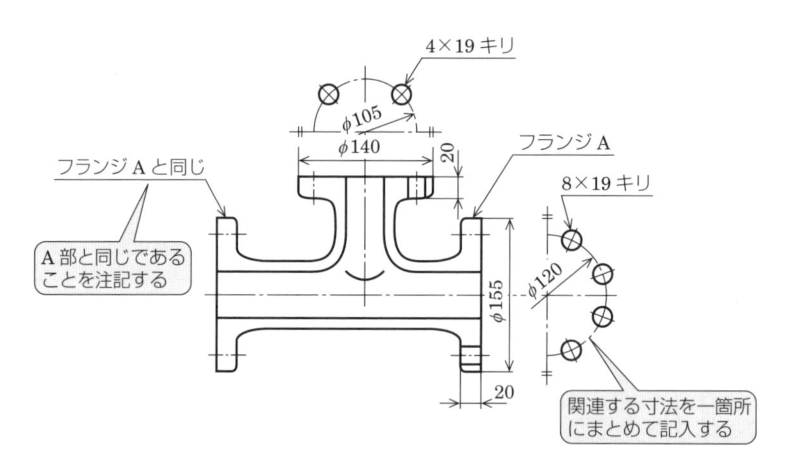

図 2.88　同一寸法の部分が複数ある場合の記入例

また，いくつかの加工工程からなる部品は，**図 2.89** に示すように各加工工程で必要な寸法を工程別に分けて記入する．

【4】計算の必要のない寸法記入

加工や寸法測定において作業者の効率，計算ミスの防止を考慮して，作業者に計算させることのないように，必要な寸法がすぐ読み取れるように寸法を記入する．例えば，**図 2.90**（a）に示すように寸法は記入し，図 2.90（b）に示す記入法は避けなくてはならない．

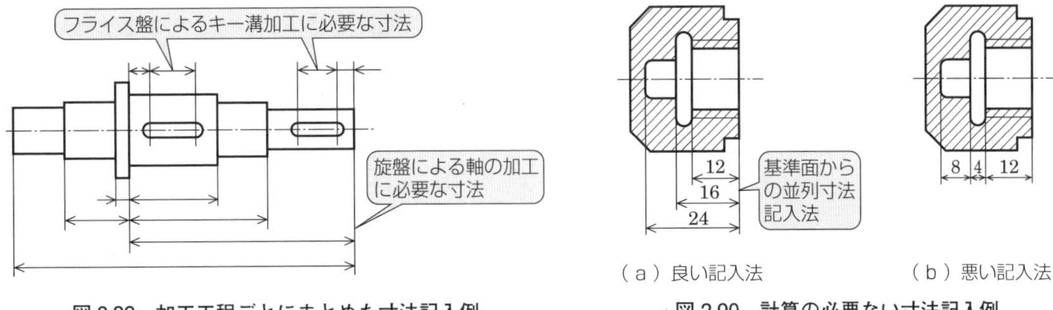

図 2.89　加工工程ごとにまとめた寸法記入例

図 2.90　計算の必要ない寸法記入例

【5】隣り合って連続する寸法の記入

寸法線が隣接して連続する場合には，**図 2.91**（a）に示すように寸法線は一直線上にそろえて記入する．また，正面図と他の投影図の互いに関連する部分の寸法に関する寸法線は，図 2.91（b）に示すように同一直線上にそろえて記入する．

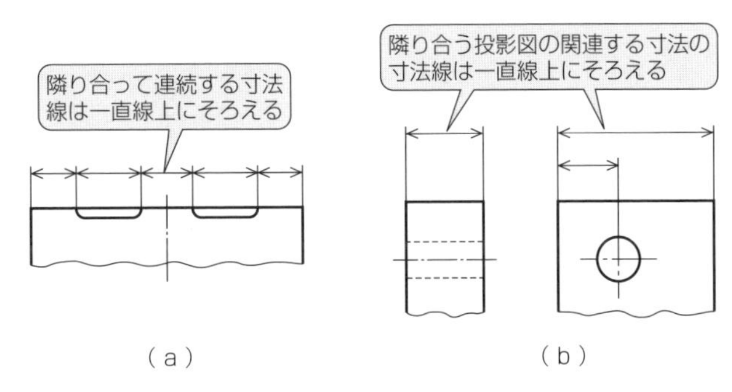

図 2.91　隣り合って連続する寸法の記入例

【6】見誤るおそれのない寸法記入

寸法数値は，**図 2.92**（a）に示すように図面に描かれた線（外形線，寸法線，寸法補助線など）で分割される位置および線に重なる位置を避けて記入する．難しい場合には，図 2.92（b）に示すように引出線を活用して記入する．

また，ハッチングを施した箇所に文字や記号を記入する場合は，図 2.92（c）に示すように寸法数値を記入する部分だけハッチングをしない．

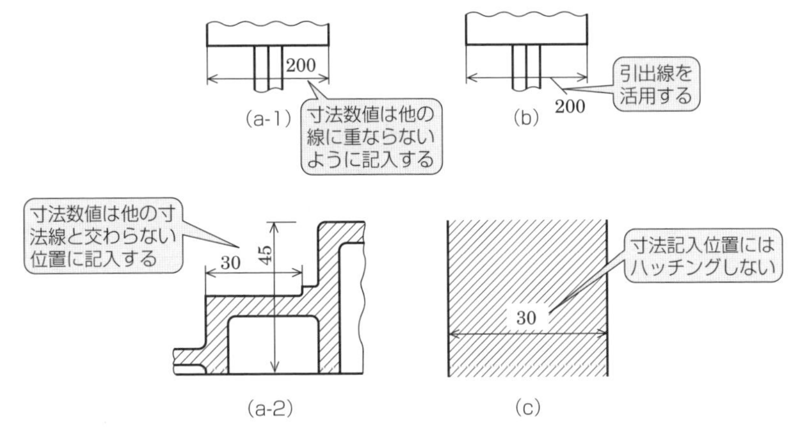

図 2.92　見誤るおそれのない寸法記入例

2.7 サイズ公差とはめあい（JIS B 0401：2016）

2.7.1 許容差とサイズ公差

2.6 節までに製図の基本知識から寸法の記入要領などを説明してきたが，これだけでは設計者の希望どおりの形状・寸法の物をつくることはできない．許容差を図示することで，はじめて物の寸法が決まり，加工できるのである．

図 4.27 を見ると，全長 195，直径 ϕ35 などの寸法が記入されている．これは，各図示サイズ（呼び寸法：195 mm，ϕ35 mm）に加工するように，という指示であるが，この寸法をぴったりに仕上げるのはほぼ不可能である．実際の加工では，必ずごくわずかな誤差が生じる．したがって，図面には上記の図示サイズとともに許容できる誤差，すなわち許容差も指定することが重要となる．以下，詳細を説明する．

図示サイズに対してこの誤差を含めた寸法を許容限界サイズという．これは，大きい側の誤差と小さい側の誤差に対応した二つがあり，それぞれを上の許容サイズ，下の許容サイズ，両者の差をサイズ公差と呼ぶ．

上の許容サイズ，または下の許容サイズから図示サイズを差し引いた値を，それぞれ上の許容差，下の許容差と呼ぶ．これは，正または負の記号が付いた値となる．図面には，図示サイズとともにこの上下の許容差の値を記入して，許容できる誤差を示している．

図 2.93，**図 2.94** は軸および穴の許容差を図解したものであり，図 2.98（b）は軸および穴の直径を図示サイズと許容差で表したものである．

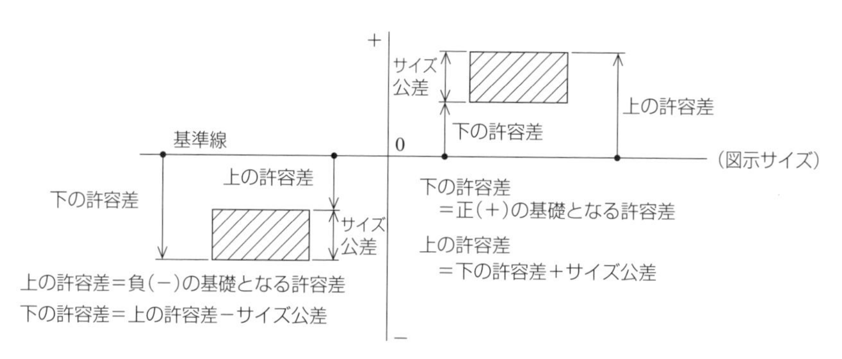

図 2.93　軸の許容差

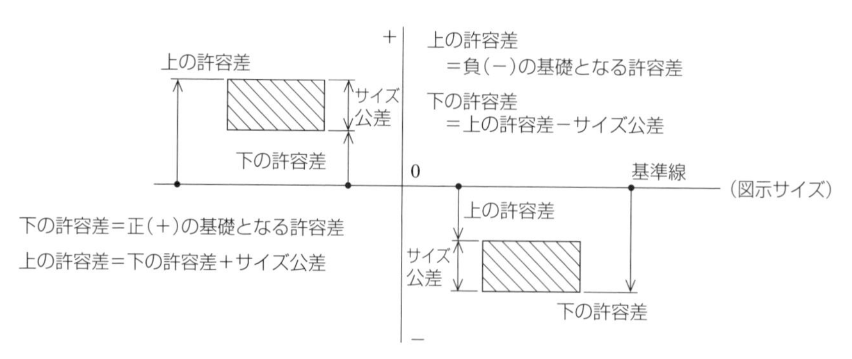

図 2.94　穴の許容差

2.7.2 はめあい

機械部品は，軸と穴，溝と突起，インロー構造（表5.41参照）による同心合わせなど，二つ以上の部品がはめあわされる構造と部品がはめあわされない構造のものとがある．これらを分類すると次のようになる．

- ISO はめあい方式
  - はめあわされる部品
    - しまりばめ：一度組み付けたらほとんど分解しない場所
    - 中間ばめ　：組立，分解時には容易に組込み取外しができるが，使用時には硬く組み合わされる場所
    - すきまばめ：分解・組立が頻繁に行われる場所
  - はめあわされない部品＝普通公差

JIS B 0401では，**図2.95**に示す3種類のはめあいを規定している．

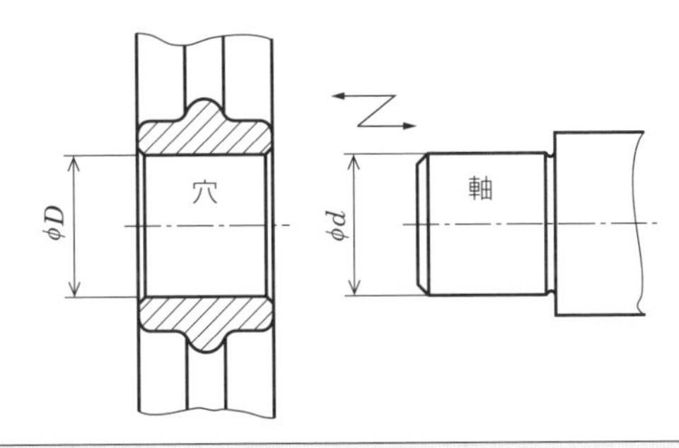

$\phi D < \phi d$ しまりばめ：穴と軸の間にしめしろがあり，かたく組み合わされる
$\phi D = \phi d$ 中 間 ば め：加工によってしめしろができたり，すきまのできることもある
$\phi D > \phi d$ すきまばめ：穴と軸の間にすきまがあり，ゆるく組み合わされる

図2.95　穴と軸とのはめあい

はめあいにおけるすきまやしめしろの大きさは，二つの部品のはめあい部分それぞれの上の許容サイズ，下の許容サイズの複合で決まる．すなわち，図2.93，図2.94（図の左側）を参考に軸と穴のはめあいのすきまを考えると，軸の下の許容差と穴の上の許容差（各絶対値）の加算が最大すきまであり，軸の上の許容差と穴の下の許容差（各絶対値）の加算が最小すきまとなる．この場合，軸と穴の図示サイズは同じと仮定しているが，はめあいの検討では通常，この値を同じにする．同図から明らかに，すきまの大きさは軸と穴のサイズ公差の加算分だけ変化することになり，相当大きくなる．

正しいはめあいとは，このすきまやしめしろを適正にする意味であるが，これを適正にするためには，軸や穴のサイズ公差をかなり押さえ込む必要があることになる．これが，一般的なサイズ公差の理論と，はめあい理論を分けて検討する一つの理由である．

2.7.3 サイズ許容区間・基本サイズ公差等級

【1】サイズ許容区間と基本サイズ公差等級の位置

サイズ許容区間とは，サイズ公差を設定できる領域のことで，図2.93などの斜線で示す部分をおくことができる領域である．

サイズ許容区間の位置は，A ～ ZC および a ～ zc のようにアルファベット記号で区分され，その値が変わる．H および h はサイズ許容区間の位置と基準線が一致していて値は 0 である．A は＋側に，ZC は－側にサイズ許容区間と基準線が最も離れていることを示す（**図 2.99** 参照）．

アルファベット大文字は穴を，小文字は軸を示す．図示サイズの大きさとサイズ許容区間の位置区分，対応する基準となる許容差の値は**表 2.3**，**表 2.4** に示される．

【2】基本サイズ公差等級

ϕ30H7，ϕ30m6 など，はめあい記号の 7，6 の数字は基本サイズ公差等級，すなわち IT 等級を表すものである．基本サイズ公差等級は，サイズ公差をその精度によってランク分けし，標準化したもので，IT の数字が小さいほどサイズ公差の値も小さくなる（精度は高くなる）．

また，同一 IT 等級でも図示サイズの大きさによってサイズ公差の値は変わる．当然，図示サイズが大きいほどサイズ公差も大きくなる．

図示サイズの大きさ（区分）と IT 等級，対応するサイズ公差の値の一覧表が**表 2.5** である．

はめあい部分の寸法は，図示サイズとサイズ許容区間の位置の区分（アルファベットの記号）と IT 等級（等級ランクの数字）を決めることで決定される．穴と軸の寸法をこのはめあい記号だけで表示したものが図 2.98（a）である．

しかし，この表示では実際に加工する場合，そのつど表 2.3 などの数値表で許容差などの実数値を求めないと，加工ができない．したがって，図 2.98（c）のようにはめあい記号と許容差の数値を併記するのが望ましい．

【3】普通公差

図面中の寸法を見ると，目標寸法だけしか表示されていないものが多い．これは，はまりあう相手がなく，構造上特に他のものによって寸法的制約を受けない場所である．このような寸法にいちいち公差を付記することは図面を煩雑にしてしまうこととなる．このため，これらのサイズ差については，一括して図面に表示したり，工場全体で統一した公差を決めておいて，個々の図面にはサイズ公差を指示しない方法がとられている．この場合に対する規格として，普通公差（**表 2.2**）が決められている．

表 2.2　普通公差（JIS B 0405　個々に公差の指示がない長さ寸法に対する公差）

（単位：mm）

基本サイズ公差等級		図示サイズの区分							
記号	説明	0.5 [(1)] 以上 3 以下	3 を超え 6 以下	6 を超え 30 以下	30 を超え 120 以下	120 を超え 400 以下	400 を超え 1000 以下	1000 を超え 2000 以下	2000 を超え 4000 以下
		許容差							
f	精級	±0.05	±0.05	±0.1	±0.15	±0.2	±0.3	±0.5	－
m	中級	±0.1	±0.1	±0.2	±0.3	±0.5	±0.8	±1.2	±2
c	粗級	±0.2	±0.3	±0.5	±0.8	±1.2	±2	±3	±4
v	極粗級	－	±0.5	±1	±1.5	±2.5	±4	±6	±8

注：[(1)] 0.5 mm 未満の図示サイズに対しては，その図示サイズに続けて許容差を個々に指示する．

2.7.4　許容差の求め方

ϕ30H7，ϕ30m6 などのはめあい記号から許容差やサイズ公差を求めるには，**図 2.99**，**表 2.3**，**表 2.4**，**表 2.5** を用いる．これらの表の使い方は，次の**【1】**～**【5】**に示すとおりである．

表 2.3 軸の場合の基礎となる許容差の数値

基礎となる許容差の数値 — 上の許容差 es（すべての基本サイズ公差等級）

図示サイズ〔mm〕を超え	以下	a[1]	b[1]	c	cd	d	e	ef	f	fg	g	h	js
−	3	−270	−140	−60	−34	−20	−14	−10	−6	−4	−2	0	許容差＝±ITn/2，ここで，n は IT の番号
3	6	−270	−140	−70	−46	−30	−20	−14	−10	−6	−4	0	
6	10	−280	−150	−80	−56	−40	−25	−18	−13	−8	−5	0	
10	14	−290	−150	−95	−70	−50	−32	−23	−16	−10	−6	0	
14	18												
18	24	−300	−160	−110	−85	−65	−40	−28	−20	−12	−7	0	
24	30												
30	40	−310	−170	−120	−100	−80	−50	−35	−25	−15	−9	0	
40	50	−320	−180	−130									
50	65	−340	−190	−140		−100	−60		−30		−10	0	
65	80	−360	−200	−150									
80	100	−380	−220	−170		−120	−72		−36		−12	0	
100	120	−410	−240	−180									
120	140	−460	−260	−200		−145	−85		−43		−14	0	
140	160	−520	−280	−210									
160	180	−580	−310	−230									
180	200	−660	−340	−240		−170	−100		−50		−15	0	
200	225	−740	−380	−260									
225	250	−820	−420	−280									
250	280	−920	−480	−300		−190	−110		−56		−17	0	
280	315	−1050	−540	−330									
315	355	−1200	−600	−360		−210	−125		−62		−18	0	
355	400	−1350	−680	−400									
400	450	−1500	−760	−440		−230	−135		−68		−20	0	
450	500	−1650	−840	−480									
500	560					−260	−145		−76		−22	0	
560	630												
630	710					−290	−160		−80		−24	0	
710	800												
800	900					−320	−170		−86		−26	0	
900	1000												
1000	1120					−350	−195		−98		−28	0	
1120	1250												
1250	1400					−390	−220		−110		−30	0	
1400	1600												
1600	1800					−430	−240		−120		−32	0	
1800	2000												
2000	2240					−480	−260		−130		−34	0	
2240	2500												
2500	2800					−520	−290		−145		−38	0	
2800	3150												

基礎となる許容差の数値 — 下の許容差 ei

図示サイズ〔mm〕を超え	以下	j（IT5 および IT6）	j（IT7）	j（IT8）	k（IT4 ～ IT7）	k（IT3 以下および IT7 を超える場合）	m	n	p	r	s	t	u	v	x	y	z	za	zb	zc
							すべての基本サイズ公差等級													
−	3	−2	−4	−6	0	0	+2	+4	+6	+10	+14		+18		+20		+26	+32	+40	+60
3	6	−2	−4		+1	0	+4	+8	+12	+15	+19		+23		+28		+35	+42	+50	+80
6	10	−2	−5		+1	0	+6	+10	+15	+19	+23		+28		+34		+42	+52	+67	+97
10	14	−3	−6		+1	0	+7	+12	+18	+23	+28		+33		+40		+50	+64	+90	+130
14	18													+39	+45		+60	+77	+108	+150
18	24	−4	−8		+2	0	+8	+15	+22	+28	+35		+41	+47	+54	+63	+73	+98	+136	+188
24	30											+41	+48	+55	+64	+75	+88	+118	+160	+218
30	40	−5	−10		+2	0	+9	+17	+26	+34	+43	+48	+60	+68	+80	+94	+112	+148	+200	+274
40	50											+54	+70	+81	+97	+114	+136	+180	+242	+325
50	65	−7	−12		+2	0	+11	+20	+32	+41	+53	+66	+87	+102	+122	+144	+172	+226	+300	+405
65	80									+43	+59	+75	+102	+120	+146	+174	+210	+274	+360	+480
80	100	−9	−15		+3	0	+13	+23	+37	+51	+71	+91	+124	+146	+178	+214	+258	+335	+445	+585
100	120									+54	+79	+104	+144	+172	+210	+254	+310	+400	+525	+690
120	140	−11	−18		+3	0	+15	+27	+43	+63	+92	+122	+170	+202	+248	+300	+365	+470	+620	+800
140	160									+65	+100	+134	+190	+228	+280	+340	+415	+535	+700	+900
160	180									+68	+108	+146	+210	+252	+310	+380	+465	+600	+780	+1000
180	200	−13	−21		+4	0	+17	+31	+50	+77	+122	+166	+236	+284	+350	+425	+520	+670	+880	+1150
200	225									+80	+130	+180	+258	+310	+385	+470	+575	+740	+960	+1250
225	250									+84	+140	+196	+284	+340	+425	+520	+640	+820	+1050	+1350
250	280	−16	−26		+4	0	+20	+34	+56	+94	+158	+218	+315	+385	+475	+580	+710	+920	+1200	+1550
280	315									+98	+170	+240	+350	+425	+525	+650	+790	+1000	+1300	+1700
315	355	−18	−28		+4	0	+21	+37	+62	+108	+190	+268	+390	+475	+590	+730	+900	+1150	+1500	+1900
355	400									+114	+208	+294	+435	+530	+660	+820	+1000	+1300	+1650	+2100
400	450	−20	−32		+5	0	+23	+40	+68	+126	+232	+330	+490	+595	+740	+920	+1100	+1450	+1850	+2400
450	500									+132	+252	+360	+540	+660	+820	+1000	+1250	+1600	+2100	+2600
500	560				0	0	+26	+44	+78	+150	+280	+400	+600							
560	630									+155	+310	+450	+660							
630	710				0	0	+30	+50	+88	+175	+340	+500	+740							
710	800									+185	+380	+560	+840							
800	900				0	0	+34	+56	+100	+210	+430	+620	+940							
900	1000									+220	+470	+680	+1050							
1000	1120				0	0	+40	+66	+120	+250	+520	+780	+1150							
1120	1250									+260	+580	+840	+1300							
1250	1400				0	0	+48	+78	+140	+300	+640	+960	+1450							
1400	1600									+330	+720	+1050	+1600							
1600	1800				0	0	+58	+92	+170	+370	+820	+1200	+1850							
1800	2000									+400	+920	+1350	+2000							
2000	2240				0	0	+68	+110	+195	+440	+1000	+1500	+2300							
2240	2500									+460	+1100	+1650	+2500							
2500	2800				0	0	+76	+135	+240	+550	+1250	+1900	+2900							
2800	3150									+580	+1400	+2100	+3200							

（1）基礎となる許容差 a および b を 1mm 未満の図示サイズに使用しない．

（単位：μm）

表 2.4　穴の場合の基礎となる許容差の数値

図示サイズ〔mm〕		基礎となる許容差の数値																				
		下の許容差 EI												上の許容差 ES								
		すべての基本サイズ公差等級												IT6	IT7	IT8	IT8以下	IT8を超える場合	IT8以下	IT8を超える場合	IT8以下	IT8を超える場合	IT7以下
を超え	以下	A[1]	B[1]	C	CD	D	E	EF	F	FG	G	H	JS	J			K[2]		M[2][3]		N[2][4]		P〜ZC[2]
−	3	+270	+140	+60	+34	+20	+14	+10	+6	+4	+2	0	許容差＝±ITn/2，ここで，nはITの番号	+2	+4	+6	0	0	−2	−2	−4	−4	IT7を超える基本サイズ公差等級については，Δを加えた値
3	6	+270	+140	+70	+46	+30	+20	+14	+10	+6	+4	0		+5	+6	+10	−1+Δ		−4+Δ	−4	−8+Δ	0	
6	10	+280	+150	+80	+56	+40	+25	+18	+13	+8	+5	0		+5	+8	+12	−1+Δ		−6+Δ	−6	−10+Δ	0	
10	14	+290	+150	+95	+70	+50	+32	+23	+16	+10	+6	0		+6	+10	+15	−1+Δ		−7+Δ	−7	−12+Δ	0	
14	18																						
18	24	+300	+160	+110	+85	+65	+40	+28	+20	+12	+7	0		+8	+12	+20	−2+Δ		−8+Δ	−8	−15+Δ	0	
24	30																						
30	40	+310	+170	+120	+100	+80	+50	+35	+25	+15	+9	0		+10	+14	+24	−2+Δ		−9+Δ	−9	−17+Δ	0	
40	50	+320	+180	+130																			
50	65	+340	+190	+140		+100	+60		+30		+10	0		+13	+18	+28	−2+Δ		−11+Δ	−11	−20+Δ	0	
65	80	+360	+200	+150																			
80	100	+380	+220	+170		+120	+72		+36		+12	0		+16	+22	+34	−3+Δ		−13+Δ	+13	−23+Δ	0	
100	120	+410	+240	+180																			
120	140	+460	+260	+200		+145	+85		+43		+14	0		+18	+26	+41	−3+Δ		−15+Δ	+15	−27+Δ	0	
140	160	+520	+280	+210																			
160	180	+580	+310	+230																			
180	200	+660	+340	+240		+170	+100		+50		+15	0		+22	+30	+47	−4+Δ		−17+Δ	+17	−31+Δ	0	
200	225	+740	+380	+260																			
225	250	+820	+420	+280																			
250	280	+920	+480	+300		+190	+110		+56		+17	0		+25	+36	+55	−4+Δ		−20+Δ	+20	−34+Δ	0	
280	315	+1050	+540	+330																			
315	355	+1200	+600	+360		+210	+125		+62		+18	0		+29	+39	+60	−4+Δ		−21+Δ	+21	−37+Δ	0	
355	400	+1350	+680	+400																			
400	450	+1500	+760	+440		+230	+135		+68		+20	0		+33	+43	+66	−5+Δ		−23+Δ	+23	−40+Δ	0	
450	500	+1650	+840	+480																			
500	560					+260	+145		+76		+22	0					0		−26		−44		
560	630																						
630	710					+290	+160		+80		+24	0					0		−30		−50		
710	800																						
800	900					+320	+170		+86		+26	0					0		−34		−56		
900	1000																						
1000	1120					+350	+195		+98		+28	0					0		−40		−66		
1120	1250																						
1250	1400					+390	+220		+110		+30	0					0		−48		−78		
1400	1600																						
1600	1800					+430	+240		+120		+32	0					0		−58		−92		
1800	2000																						
2000	2240					+480	+260		+130		+34	0					0		−68		−110		
2240	2500																						
2500	2800					+520	+290		+145		+38	0					0		−76		−135		
2800	3150																						

図示サイズ〔mm〕		上の許容差 ES												Δの数値					
		IT7を超える基本サイズ公差等級												基本サイズ公差等級					
を超え	以下	P	R	S	T	U	V	X	Y	Z	ZA	ZB	ZC	IT3	IT4	IT5	IT6	IT7	IT8
−	3	−6	−10	−14		−18		−20		−26	−32	−40	−60	0	0	0	0	0	0
3	6	−12	−15	−19		−23		−28		−35	−42	−50	−80	1	1.5	1	3	4	6
6	10	−15	−19	−23		−28		−34		−42	−52	−67	−97	1	1.5	2	3	6	7
10	14	−18	−23	−28		−33		−40		−50	−64	−90	−130	1	2	3	3	7	9
14	18						−39	−45		−60	−77	−108	−150						
18	24	−22	−28	−35		−41	−47	−54	−63	−73	−98	−136	−188	1.5	2	3	4	8	12
24	30				−41	−48	−55	−64	−75	−88	−118	−160	−218						
30	40	−26	−34	−43	−48	−60	−68	−80	−94	−112	−148	−200	−274	1.5	3	4	5	9	14
40	50				−54	−70	−81	−97	−114	−136	−180	−242	−325						
50	65	−32	−41	−53	−66	−87	−102	−122	−144	−172	−226	−300	−405	2	3	5	6	11	16
65	80		−43	−59	−75	−102	−120	−146	−174	−210	−274	−360	−480						
80	100	−37	−51	−71	−91	−124	−146	−178	−214	−258	−335	−445	−585	2	4	5	7	13	19
100	120		−54	−79	−104	−144	−172	−210	−254	−310	−400	−525	−690						
120	140	−43	−63	−92	−122	−170	−202	−248	−300	−365	−470	−620	−800	3	4	6	7	15	23
140	160		−65	−100	−134	−190	−228	−280	−340	−415	−535	−700	−900						
160	180		−68	−108	−146	−210	−252	−310	−380	−465	−600	−780	−1000						
180	200	−50	−77	−122	−166	−236	−284	−350	−425	−520	−670	−880	−1150	3	4	6	9	17	26
200	225		−80	−130	−180	−258	−310	−385	−470	−575	−740	−960	−1250						
225	250		−84	−140	−196	−284	−340	−425	−520	−640	−820	−1050	−1350						
250	280	−56	−94	−158	−218	−315	−385	−475	−580	−710	−920	−1200	−1550	4	4	7	9	20	29
280	315		−98	−170	−240	−350	−425	−525	−650	−790	−1000	−1300	−1700						
315	355	−62	−108	−190	−268	−390	−475	−590	−730	−900	−1150	−1500	−1900	4	5	7	11	21	32
355	400		−114	−208	−294	−435	−530	−660	−820	−1000	−1300	−1650	−2100						
400	450	−68	−126	−232	−330	−490	−595	−740	−920	−1100	−1450	−1850	−2400	5	5	7	13	23	34
450	500		−132	−252	−360	−540	−660	−820	−1000	−1250	−1600	−2100	−2600						
500	560	−78	−150	−280	−400	−600													
560	630		−155	−310	−450	−660													
630	710	−88	−175	−340	−500	−740													
710	800		−185	−380	−560	−840													
800	900	−100	−210	−430	−620	−940													
900	1000		−220	−470	−680	−1050													
1000	1120	−120	−250	−520	−780	−1150													
1120	1250		−260	−580	−840	−1300													
1250	1400	−140	−300	−640	−960	−1450													
1400	1600		−330	−720	−1050	−1600													
1600	1800	−170	−370	−820	−1200	−1850													
1800	2000		−400	−920	−1350	−2000													
2000	2240	−195	−440	−1000	−1500	−2300													
2240	2500		−460	−1100	−1650	−2500													
2500	2800	−240	−550	−1250	−1900	−2900													
2800	3150		−580	−1400	−2100	−3200													

（単位：μm）

(1) 基礎となる許容差 A および B は，1mm 以下の図示サイズに使用しない．
(2) IT8 以下の基本サイズ公差等級に対応する値 K，M および N，ならびに IT8 以下の基本サイズ公差等級に対応する許容差 P〜ZC を決定するには，右側の欄から Δ の数値を用いる．
　18〜30mm の範囲の K7 は Δ＝8 μm，すなわち ES＝−2＋8＝＋6 μm となる．
　18〜30mm の範囲の S7 は Δ＝4 μm，すなわち ES＝−35＋4＝−31 μm となる．
(3) 特殊な場合：250〜315mm の範囲の公差クラス M6 の場合，ES は（−11μm の代わりに）−9 μm となる．
(4) IT8 を超える基本サイズ公差等級に対応する基礎となる許容差を 1 mm 以下の図示サイズに使用してはならない．

表 2.5　図示サイズに対する基本サイズ公差等級 IT の数値

図示サイズ〔mm〕		基本サイズ公差等級																			
		IT01	IT0	IT1	IT2	IT3	IT4	IT5	IT6	IT7	IT8	IT9	IT10	IT11	IT12	IT13	IT14	IT15	IT16	IT17	IT18
を超え	以下	基本サイズ公差値																			
		〔μm〕													〔mm〕						
	3	0.3	0.5	0.8	1.2	2	3	4	6	10	14	25	40	60	0.1	0.14	0.25	0.4	0.6	1	1.4
3	6	0.4	0.6	1	1.5	2.5	4	5	8	12	18	30	48	75	0.12	0.18	0.3	0.48	0.75	1.2	1.8
6	10	0.4	0.6	1	1.5	2.5	4	6	9	15	22	36	58	90	0.15	0.22	0.36	0.58	0.9	1.5	2.2
10	18	0.5	0.8	1.2	2	3	5	8	11	18	27	43	70	110	0.18	0.27	0.43	0.7	1.1	1.8	2.7
18	30	0.6	1	1.5	2.5	4	6	9	13	21	33	52	84	130	0.21	0.33	0.52	0.84	1.3	2.1	3.3
30	50	0.6	1	1.5	2.5	4	7	11	16	25	39	62	100	160	0.25	0.39	0.62	1	1.6	2.5	3.9
50	80	0.8	1.2	2	3	5	8	13	19	30	46	74	120	190	0.3	0.46	0.74	1.2	1.9	3	4.6
80	120	1	1.5	2.5	4	6	10	15	22	35	54	87	140	220	0.35	0.54	0.87	1.4	2.2	3.5	5.4
120	180	1.2	2	3.5	5	8	12	18	25	40	63	100	160	250	0.4	0.63	1	1.6	2.5	4	6.3
180	250	2	3	4.5	7	10	14	20	29	46	72	115	185	290	0.46	0.72	1.15	1.85	2.9	4.6	7.2
250	315	2.5	4	6	8	12	16	23	32	52	81	130	210	320	0.52	0.81	1.3	2.1	3.2	5.2	8.1
315	400	3	5	7	9	13	18	25	36	57	89	140	230	360	0.57	0.89	1.4	2.3	3.6	5.7	8.9
400	500	4	6	8	10	15	20	27	40	63	97	155	250	400	0.63	0.97	1.55	2.5	4	6.3	9.7
500	630			9	11	16	22	32	44	70	110	175	280	440	0.7	1.1	1.75	2.8	4.4	7	11

【1】ϕ30 H 7 の場合

- 7：基本サイズ公差等級（IT）が 7 級
- H：穴のサイズ許容区間の位置（穴の種類）が H
- 30：直径の図示サイズが 30 mm

① 図 2.99 より，穴の許容区間の位置 H は，下の許容差が規定されていることがわかる．

② 表 2.4 を用いて図示サイズ 30 mm に対する H の値を求めると，下の許容差が 0 となる．

③ 次に，表 2.5 を用いて図示サイズ 30 mm に対する IT7 の値を求めると 21 μm となるので，下の許容差 0 に IT7 の値 21 μm を＋した値が上の許容差の値＋0.021 mm となる．

④ したがって，ϕ30H7 は，$\phi 30^{+0.021}_{\ 0}$ の穴であることがわかる．

図 2.96，**図 2.97** は，以上の説明に対応して表 2.4，表 2.5 の見方を図解したものである．

図示サイズ〔mm〕		基礎となる許容差の数値																						
		下の許容差 EI												上の許容差 ES										
		すべての基本サイズ公差等級												IT6	IT7	IT8	IT8以下	IT8を超える場合	IT8以下	IT8を超える場合	IT8以下	IT8を超える場合	IT7以下	
を超え	以下	A[1]	B[1]	C	CD	D	E	EF	F	FG	G	H	JS[2]	J			k[3]		M[3][4]		N[3][5]		P~ZC[3]	P
–	3[1][5]	+270	+140	+60	+34	+20	+14	+10	+6	+4	+2	0	許容差＝±n は IT の番号	+2	+4	+6	0	0	−2	−2	−4	0		−6
3	6	+270	+140	+70	+46	+30	+20	+14	+10	+6	+4	0		+5	+6	+10	−1+Δ		−4+Δ	−4	−8+Δ	0		−12
6	10	+280	+150	+80	+56	+40	+25	+18	+13	+8	+5	0		+5	+8	+12	−1+Δ		−6+Δ	−6	−10+Δ	0	は，Δを加えた値	−15
10	14	+290	+150	+95		+50	+32		+16		+6	0		+6	+10	+15	−1+Δ		−7+Δ	−7	−12+Δ	0		−18
14	18																							
18	24	+300	+160	+110		+65	+40		+20		+7	0		+8	+12	+20	−2+Δ		−8+Δ	−8	−15+Δ	0		−22
24	30																							
30	40	+310	+170	+120		+80	+50		+25		+9	0		+10	+14	+24	−2+Δ		−9+Δ	−9	−17+Δ	0		−26
40	50	+320	+180	+130																				

図 2.96　穴の場合の基礎となる許容差（表 2.4 参照）

図示サイズ〔mm〕		基本サイズ公差等級																	
		IT1 (2)	IT2 (2)	IT3 (2)	IT4 (2)	IT5 (2)	IT6	IT7	IT8	IT9	IT10	IT11	IT12	IT13	IT14 (3)	IT15 (3)	IT16 (3)	IT17 (3)	IT18 (2)
を超え	以下	基本サイズ公差値 〔μm〕											〔mm〕						
	3 (3)	0.8	1.2	2	3	4	6	10	14	25	40	60	0.1	0.14	0.25	0.4	0.6	1	1.4
3	6	1	1.5	2.5	4	5	8	12	18	30	48	75	0.12	0.18	0.3	0.48	0.75	1.2	1.8
6	10	1	1.5	2.5	4	6	9	15	22	36	58	90	0.15	0.22	0.36	0.58	0.9	1.5	2.2
10	18	1.2	2	3	5	8	11	18	27	43	70	110	0.18	0.27	0.43	0.7	1.1	1.8	2.7
18	30	1.5	2.5	4	6	9	13	21	33	52	84	130	0.21	0.33	0.52	0.84	1.3	2.1	3.3
30	50	1.5	2.5	4	7	11	16	25	39	62	100	160	0.25	0.39	0.62	1	1.6	2.5	3.9

図 2.97　図示サイズに対する基本サイズ公差等級 IT の数値（表 2.5 参照）

【2】ϕ30 m 6 の場合

- 6：基本サイズ公差等級（IT）が 6 級
- m：軸のサイズ許容区間の位置（軸の種類）が m
- 30：直径の図示サイズが 30 mm

① 図 2.99 より，軸のサイズ許容区間の位置 m は，下の許容差が規定されていることがわかる．

② 表 2.3 を用いて，図示サイズ 30 mm に対する m の値を求めると，下の許容差が＋8 μm となる．

③ 次に，表 2.5 を用いて図示サイズ 30 mm に対する IT6 の値を求めると 13 μm となるので，下の許容差＋8 μm に IT6 の値 13 μm を＋した値が上の許容差の値＋0.021 mm となる．

④ したがって，ϕ30m6 は，$\phi 30^{+0.021}_{+0.008}$ の軸であることがわかる．

【3】ϕ30H7/m6 の場合

H7 の穴に m6 の軸がはめ合わされている場合である（図 2.99 参照）．前の二つの例のとおり，穴は $\phi 30^{+0.021}_{0}$，軸は $\phi 30^{+0.021}_{+0.008}$ であるから

穴の最大値－軸の最小値＝＋0.021－(＋0.008)＝＋0.013（最大すきま）

穴の最小値－軸の最大値＝0－(＋ 0.021)＝－0.021（最大しめしろ）

したがって，このはめあいは中間ばめである．

【4】ϕ14H7/g6 の場合

図 2.99，表 2.3，表 2.4，表 2.5 を用いて同様に求めると，穴は $\phi 14^{+0.018}_{0}$，軸は $\phi 14^{-0.006}_{-0.017}$ となる．したがって，

穴の最大値－軸の最小値＝＋0.018－(－0.017)＝＋0.035（最大すきま）

穴の最小値－軸の最大値＝0－(－0.006)＝＋0.006（最小すきま）

となり，いずれにおいてもすきまが生じているので，このはめあいは，すきまばめである．

【5】ϕ24H7/x6 の場合

図 2.99，表 2.3，表 2.4，表 2.5 を用いて同様に求めると，穴は $\phi 24^{+0.021}_{0}$，軸は $\phi 24^{+0.067}_{+0.054}$ となる．したがって，

穴の最大値－軸の最小値＝＋0.021－(＋0.054)＝－0.033（最小しめしろ）

穴の最小値－軸の最大値＝0 －(＋0.067)＝－0.067（最大しめしろ）

となり，いずれにおいてもしめしろが生じているので，このはめあいは，しまりばめである．

また，常用される軸と穴のサイズ公差の数値を早見表として**表 2.6**，**表 2.7** に示す．

表 2.6　軸の公差域（JIS B 0401-2：2016）

図示サイズ〔mm〕		軸の公差域クラス〔μm〕																								
を超え	以下	e7	e8	e9	f6	f7	f8	g5	g6	h6	h7	h8	h9	h10	js5	js6	js7	j5	j6	j7	k5	k6	m5	m6	n5	n6
–	3	−24	−14 −28	−39	−12	−6 −16	−20	−6	−2 −8	−6	−10	−0 −14	−25	−40	±2	±3	±5	±2	+4 −2	+6 −4	+4	+6 0	+6	+8 +2	+8	+10 +4
3	6	−32	−20 −38	−50	−18	−10 −22	−28	−9	−4 −12	−8	−12	−0 −18	−30	−48	±2.5	±4	±6	+3 −2	+6 −2	+8 −4	+6	+9 +1	+9	+12 +4	+13	+16 +8
6	10	−40	−25 −47	−61	−22	−13 −28	−35	−11	−5 −14	−9	−15	0 −22	−36	−58	±3	±4.5	±7.5	+4 −2	+7 −2	+10 −5	+7	+10 +1	+12	+15 +6	+16	+19 +10
10	18	−50	−32 −59	−75	−27	−16 −34	−43	−14	−6 −17	−11	−18	0 −27	−43	−70	±4	±5.5	±9	+5 −3	+8 −3	+12 −6	+9	+12 +1	+15	+18 +7	+20	+23 +12
18	30	−61	−40 −73	−92	−33	−20 −41	−53	−16	−7 −20	−13	−21	0 −33	−52	−84	±4.5	±6.5	±10.5	+5 −4	+9 −4	+13 −8	+11	+15 +2	+17	+21 +8	+24	+28 +15
30	50	−75	−50 −89	−112	−41	−25 −50	−64	−20	−9 −25	−16	−25	0 −39	−62	−100	±5.5	±8	±12.5	+6 −5	+11 −5	+15 −10	+13	+18 +2	+20	+25 +9	+28	+33 +17
50	80	−90	−60 −106	−134	−49	−30 −60	−76	−23	−10 −29	−19	−30	0 −45	−74	−120	±6.5	±9.5	±15	+6 −7	+12 −7	+18 −12	+15	+21 +2	+24	+30 +11	+33	+39 +20
80	120	−107	−72 −126	−159	−58	−36 −71	−90	−27	−12 −34	−22	−35	0 −54	−87	−140	±7.5	±11	±17.5	+6 −9	+13 −9	+20 −15	+18	+25 +3	+28	+35 +13	+38	+45 +23
120	180	−125	−85 −148	−185	−68	−43 −83	−106	−32	−14 −39	−25	−40	0 −63	−100	−160	±9	±12.5	±20	+7 −11	+14 −11	+22 −18	+21	+28 +3	+33	+40 +15	–	+52 +27
180	250	−146	−100 −172	−215	−79	−50 −96	−122	−35	−15 −44	−29	−46	0 −72	−115	−185	±10	±14.5	±23	+7 −13	+16 −13	+25 −21	+24	+33 +4	+37	+46 +17	–	+60 +31
250	315	−162	−110 −191	−240	−88	−56 −108	−137	−40	−17 −49	−32	−52	0 −81	−130	−210	±11.5	±16	±26	+7 −16	±16	±26	+27	+36 +4	+43	+52 +20	–	+66 +34
315	400	−182	−125 −214	−265	−98	−62 −119	−151	−43	−18 −54	−36	−57	0 −89	−140	−230	±12.5	±18	±28.5	+7 −18	±18	+29 −28	+29	+40 +4	+46	+57 +21	–	+73 −37

表 2.7　穴の公差域（JIS B 0401-2：2016）

図示サイズ〔mm〕		穴の公差域クラス〔μm〕																	
を超え	以下	E7	E8	F6	F7	G6	G7	H6	H7	H8	H9	JS6	JS7	K6	K7	M6	M7	N6	N7
−	3	+24	+28	+12	+16	+8	+12	+6	+10	+14	+25	±3	±5	0	0	−2	+6	−4	−4
		+14		+6		+2		0						−6	−10	−8	−4	−10	−14
3	6	+32	+38	+18	+22	+12	+16	+8	+12	+18	+30	±4	±6	+2	+3	−1	+8	−5	−4
		+20		+10		+4		0						−6	−9	−9	−4	−13	−16
6	10	+40	+47	+22	+28	+14	+20	+9	+15	+22	+36	±4.5	±7.5	+2	+5	−3	+10	−7	−4
		+25		+13		+5		0						−7	−10	−12	−5	−18	−19
10	18	+50	+59	+27	+34	+17	+24	+11	+18	+27	+43	±5.5	±9	+2	+6	−4	+12	−9	−5
		+32		+16		+6		0						−9	−12	−15	−6	−20	−23
18	30	+61	+73	+33	+41	+20	+28	+13	+21	+33	+52	±6.5	±10.5	+2	+6	−4	+13	−11	−7
		+40		+20		+7		0						−11	−15	−17	−8	−24	−28
30	50	+75	+89	+41	+50	+25	+34	+16	+25	+39	+62	±8	±12.5	+3	+7	−4	+15	−12	−8
		+50		+25		+9		0						−13	−18	−20	−10	−28	−33
50	80	+90	+106	+49	+60	+29	+40	+19	+30	+46	+74	±9.5	±15	+4	+9	−5	+18	−14	−9
		+60		+30		+10		0						−15	−21	−24	−12	−33	−39
80	120	+107	+126	+58	+71	+34	+47	+22	+35	+54	+87	±11	±17.5	+4	+10	−6	+20	−16	−30
		+72		+36		+12		0						−18	−25	−28	−15	−38	−45
120	180	+125	+148	+68	+83	+39	+54	+25	+40	+63	+100	±12.5	±20	+4	+12	−8	+22	−20	−12
		+85		+43		+14		0						−21	−28	−33	−18	−45	−52
180	250	+146	+172	+79	+96	+44	+61	+29	+46	+72	+115	±14.5	±23	+5	+13	−8	+25	−22	−14
		+100		+50		+15		0						−24	−33	−37	−21	−51	−60
250	315	+162	+191	+88	+108	+49	+69	+32	+52	+81	+130	±16	±26	+5	+16	−9	±26	−25	−14
		+110		+56		+17		0						−27	−36	−41		−57	−66
315	400	+182	+214	+98	+119	+54	+75	+36	+57	+89	+140	±18	±28.5	+7	+17	−10	+29	−26	−16
		+125		+62		+18		0						−29	−40	−46	−28	−62	−73

2.7.5 はめあいの表示

図 2.98 は，軸および穴の直径を図示サイズと許容差で示した例である．

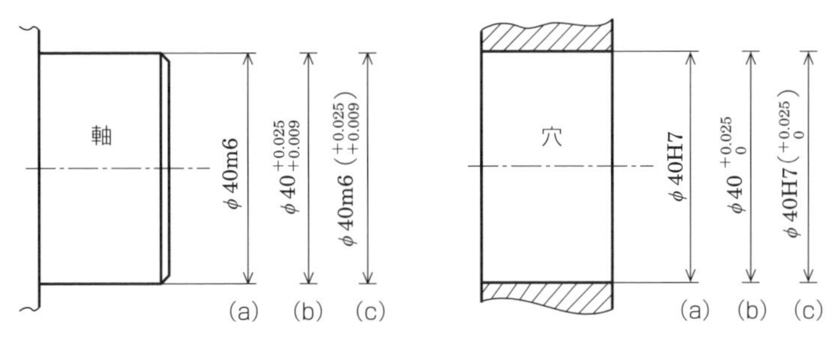

図 2.98　穴と軸に対する許容差の表示

図面上に記入されている寸法には，はめあわされる寸法とはめあわされない寸法があるが，いずれの場合も必ず許容差を表示しなければならない．その記入寸法については，はめあいの場合には，図 2.98 (a) で示される表示，あるいは (b)，(c) のように表示する．製作者の手数や加工ミスを防ぐことを考えれば，(c) のように表示すると適切である．はめあいでない場合，すなわち構造上特に他の部品によって寸法的制約を受けることがないような場合でも，寸法のばらつきを規制することが必要となる．この場合の図面表示は (b) の形となるが，図面上の煩雑さを防ぐことから，直接許容限界サイズを記入しないで一括して図面に公差値を表示するか，規格に定められた普通許容差に従うようにする．

2.7.6 常用するはめあい

はめあいは，2.7.4 項の説明の ϕ30H7/m6 や ϕ14H7/g6 などのような，軸と穴の組合せの意味であり，その組合せの適切性（すきまやしめしろの適切性）を検討するものである．

しかし，同程度のすきまやしめしろを得る組合せの数は非常に多く，実際には使用するはめあいをかなり絞り込んでいるが，それでも実用的には十分である．**表 2.8** および**表 2.9** は，実用上広く使用されている組合せの一覧表である．

表 2.8 および表 2.9 は，それぞれ穴基準はめあい方式，軸基準はめあい方式としてあるが，これらについて説明しておく．

表 2.8 から明らかに，常用する穴基準はめあい方式は穴の公差の位置を「H」のみに限定し，基本サイズ公差等級も IT6 から IT10 に絞っている．そして，すきまばめ，中間ばめ，しまりばめなどのはめあいの種類は，軸のサイズ許容区間の位置を種々変えることで選択し調整する考え方である．これに対し軸基準は，軸のサイズ許容区間の位置を「h」のみとし，はめあいの種類を穴のサイズ許容区

表 2.8　推奨する穴基準はめあい方式でのはめあい状態

穴基準	軸の公差クラス																
	すきまばめ							中間ばめ			しまりばめ						
H6						g5	h5	js5	k5	m5	n5	p5					
H7					f6	g6	h6	js6	k6	m6	n6	p6*	r6*	s6	t6	u6	x6
H8				e7	f7		h7	js7	k7	m7				s7		u7	
			d8	e8	f8		h8										
H9			d8	e8	f8		h8										
H10	b9	c9	d9	e9			h9										

＊これらのはめあいは，寸法の区分によっては例外を生じる．

表 2.9　推奨する軸基準はめあい方式でのはめあい状態

軸基準	穴の公差クラス																
	すきまばめ							中間ばめ			しまりばめ						
h5						G6	H6	JS6	K6	M6	N6*	P6*					
h6					F7	G7	H7	JS7	K7	M7	N7	P7*	R7	S7	T7	U7	X7
h7				E8	F8		H8										
h8			D9	E9	F9		H9										
h9				E8	F8		H8										
			D9	E9	F9		H9										
	B11	C10	D10				H10										

＊これらのはめあいは，寸法の区分によっては例外を生じる．

間の位置を変えることで選択するものである．

はめあいの精度（すきまなどの誤差）は基本サイズ公差等級で決まるが，同表からもわかるとおり，穴の基本サイズ公差等級に比べて軸の基本サイズ公差等級を同等ないし1ランク上に設定している．これは一般に，穴加工に比べて軸のほうが精度を上げやすく，測定も容易なためである．

さらに，加工を考えると穴の寸法を先に決めておいて，これにあわせて軸を加工するほうが容易な意味があり，穴基準はめあい方式のほうが一般的である．

図 2.99 に示されるように，穴および軸について，各々の図示サイズに対する上・下の許容差の関係によって各々の種類に分けられている．

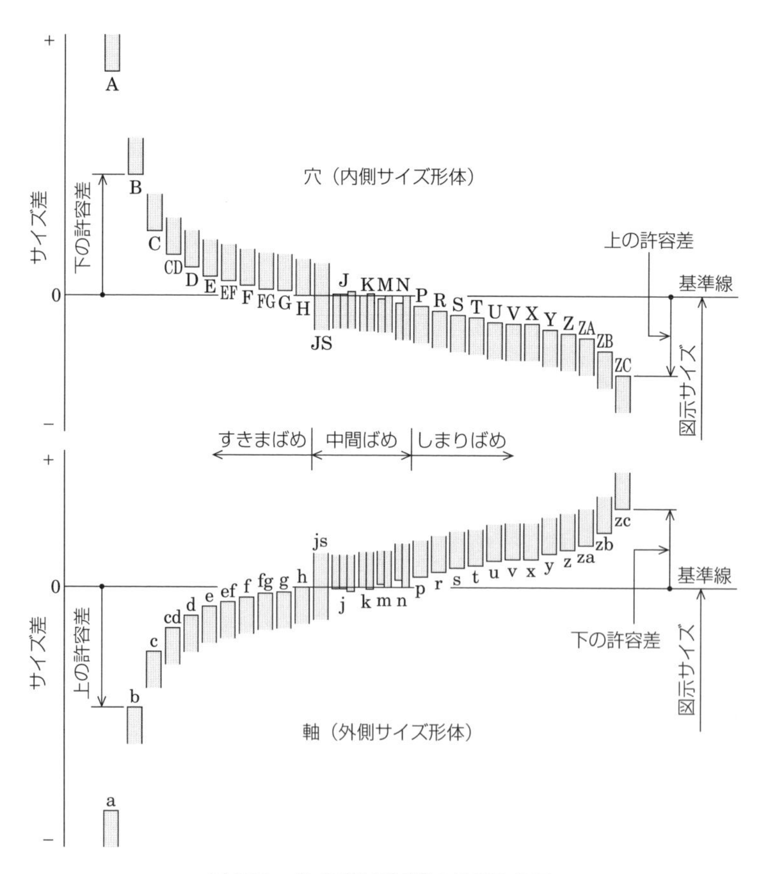

図 2.99　サイズ許容区間の位置と記号

2.7.7 はめあいの図面表示

図 2.100, **図 2.101** は図面におけるはめあいの表示例である.

図 2.98 で, はめあい記号による軸や穴の寸法の表示例を示したが, 同図のような穴や軸個別の図面では, はめあい記号を使用する利点はあまりよくわからない. しかし, 図 2.100 のような軸と穴の組合せ図面の場合, はめあい記号を使えば, 穴と軸個々の寸法がわかるわけで, はめあい記号による寸法表記の合理性が理解できる.

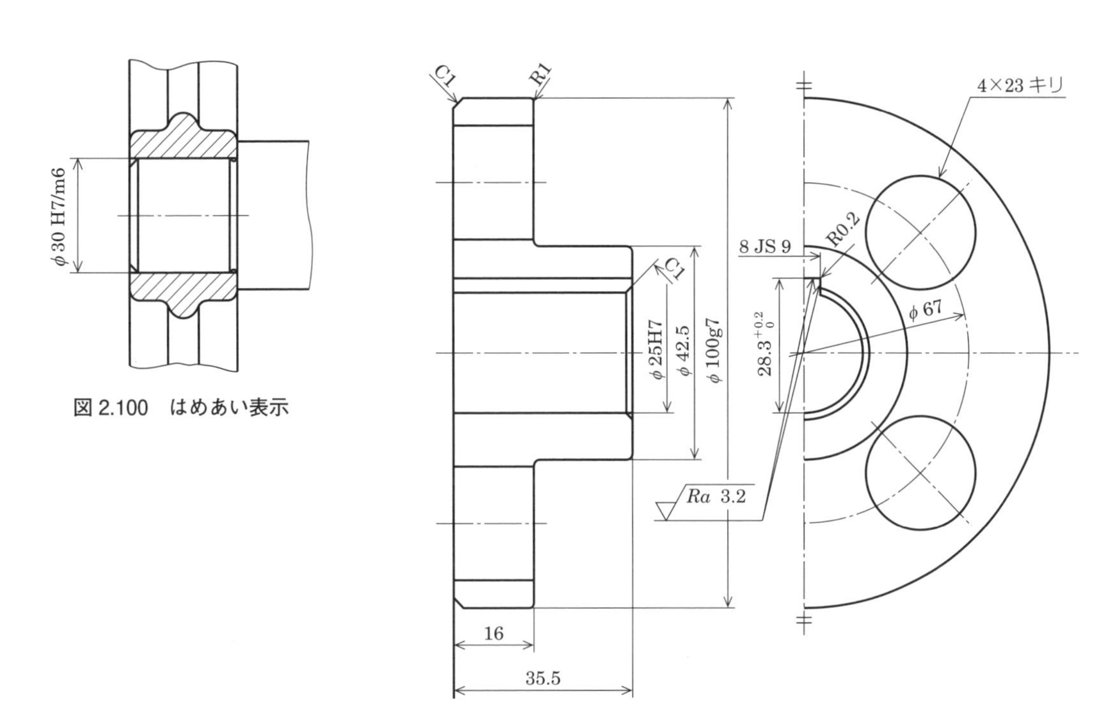

図 2.100 はめあい表示

図 2.101 フランジ図に示した許容差の表示

2.7.8 はめあいの選定方法

【1】 精度要求と加工コスト

加工精度が高すぎると, 加工箇所の形状や工作機械の種類によっては, 加工が不可能になる場合がある. また, 高い精度を出すには時間がかかり, その他の面でもコストがかかる. 製品の使用目的によっては不経済なものとなる. したがって, 公差の決定にあたっては不必要な精度要求は避けるべきである.

【2】 各種はめあいの適用法

表 2.10 は, 加工形状と対応する加工方法, その方法でどの程度の基本サイズ公差等級の加工ができるかを表記したものである. 各種のはめあいと, はめあわせるときの方法や状況, 機械のどのような部分に適用するか, 公差を決めるときの参考とされたい.

図 2.102 は, はめあいの適用例を示す油圧ポンプの構造図である. はめあいを検討するときの参考にされたい. また, 工作箇所の形状と工作機械の種類による工作精度の標準の例を参考のため表 5.53 に示す.

表 2.10　穴基準はめあい方式の活用例

(a) 穴基準（H6）の場合

はめあいの種類	しまりばめ	中間ばめ			すきまばめ	
	H6/p5, H6/n5	H6/m5	H6/k5	H6/js5	H6/h5	H6/g5
組立・分解時の状況	プレス・ジャッキなどを使用する	手槌などで打ち込む			潤滑油の使用で容易に手で移動できる	
適用例	各種計器類，航空発動機およびその他の付属品，ころ軸受，その他，精密機械類の主要部品					

(b) 穴基準（H7）の場合

はめあいの種類	しまりばめ		中間ばめ		すきまばめ		
	H7/x6～H7/t6	H7/t6～H7/p6	H7/n6～H7/k6	H7/js6	H7/h6	H7/g6	H7/f6
組立・分解時の状況	焼ばめまたは水圧機などによる強力な圧入	水圧機，プレスなどによる軽圧入	鉄槌による打込み抜出し	木槌や鉛槌による打込み抜出し	潤滑油を供給し手で動かせる	すきまが僅少で，潤滑油の使用で互いに運動する	すきまが小さく，潤滑油の使用で互いに運動する
適用例	軸と軸心，大型電機の発電子と軸，鉄道車輪の軸心とタイヤなどのはめあい	圧入弁座，段付軸と歯車，かみあいクラッチ，フェザーキー軸継手，リング弁座などのはめあい	あまり分解しない軸と歯車，ハンドル車，フランジ継手，はずみ車，球軸受などのはめあい	キーまたは押ねじで固定する部分のはめあい，軸カラー，替歯車と軸などのはめあい	長い軸へ通すキー止め調車と軸カラー，たわみ軸継手と軸，油ブレーキのピストンと筒などのはめあい	精密工作機械などの主軸と軸受，変速機における軸と軸受，研磨機のスピントル軸受などのはめあい	クランク軸，クランクピンとそれらの軸受などのはめあい

(c) 穴基準（H8）の場合

はめあいの種類	すきまばめ			
	H8/h8	H8/f8	H8/e8	H8/d8
組立・分解時の状況	らくにはめはずしや滑動できる	小さいすきま，潤滑油の使用で互いに運動する	やや大きなすきま	大きなすきま，潤滑油の使用で互いに運動する
適用例	軸カラー，滑動するハブと軸などのはめあい	内燃機関のクランク軸受，案内車と軸，渦巻ポンプ送風機などの軸と軸受などのはめあい	小型発動機の軸と軸受，多少下級な軸と軸受などのはめあい	

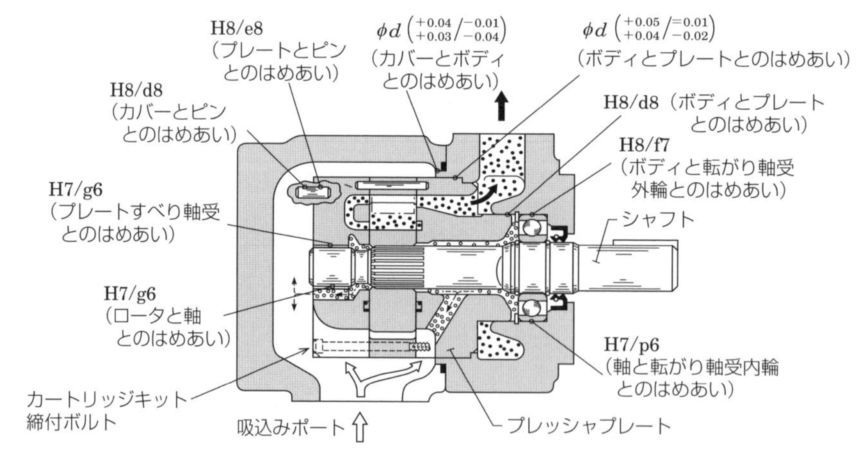

図 2.102　油圧ポンプはめあいの具体例

3章 図面に必要な他の表示事項

3.1 表面性状（JIS B 0031：2003, JIS B 0601：2013）

今日，除去加工（粗材から実質部分を除去し，分離し，所望の形状をつくる加工）においては，石器時代からの長い歴史を持つ切削，研削および研磨加工などの超精密化や，エッチングのさらなる微細化などが，次世代産業の基盤技術として重要になっている．

図 3.1 は各加工法を加工単位および加工エネルギーの観点から整理したものである．加工単位とは材料がどのくらいの寸法の大きさ・かたまりを単位として除去されるのかの尺度であり，バイトや砥粒など工具先端に働く加工応力の広がりの範囲にも関連している．その加工単位が原子オーダの大きさであるか，点欠陥の平均分布間隔の大きさであるか，マイクロクラックや可動転位欠陥の平均の分

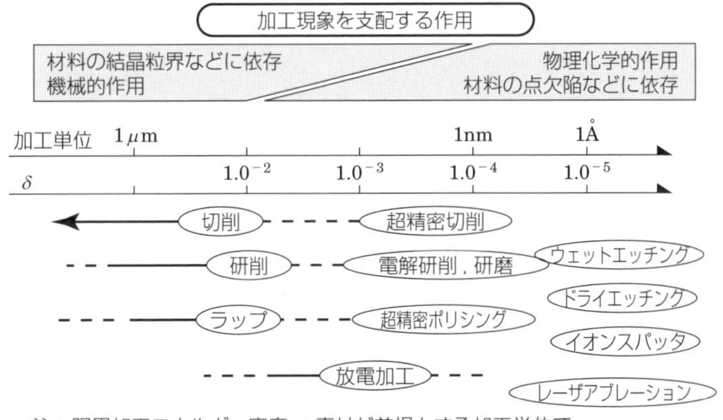

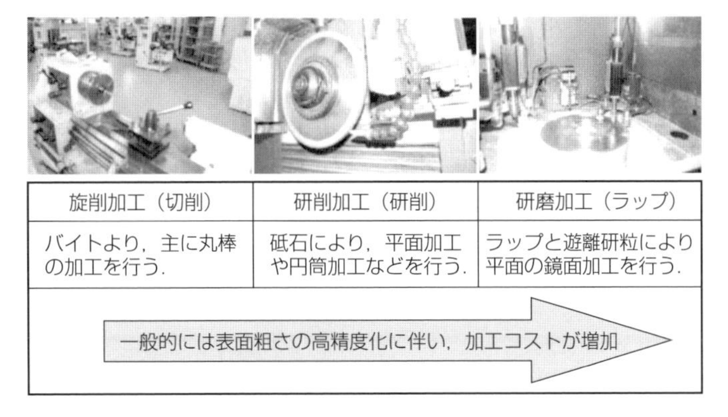

旋削加工（切削）	研削加工（研削）	研磨加工（ラップ）
バイトより，主に丸棒の加工を行う．	砥石により，平面加工や円筒加工などを行う．	ラップと遊離研粒により平面の鏡面加工を行う．

一般的には表面粗さの高精度化に伴い，加工コストが増加

図 3.1　各加工法と加工単位および加工エネルギー

布間隔の大きさであるか，また結晶粒や空洞や析出物の大きさであるかによって，加工に必要なエネルギーが異なっている．また，その中で機械的作用により除去される粗材には，一般的な鋼材，鋳造粗材，鍛造粗材などがあり，この粗材の表面肌（俗にいう黒皮）を粗材面という．機械加工では，まずこの粗材面を削り，さらに所定の形状に削り込んでいくことで設計者の意図する表面性状が形成される．形成された物の表面はザラザラした粗いものからきめ細かに仕上げられたものまで，いろいろである．この表面の粗さの状態を定量的に表したものを表面粗さという．

本節ではこれらに関わる表示について述べる．

3.1.1　表面性状の図示記号

基本的な表面性状の図示記号を**図 3.2** に示す．設計者はこれらの記号によって除去加工の要否を指示する．なお，これらの記号は図面に用いられるものであるが，報告書や契約書に使用する文書表現もある．(a) の場合であれば APA（Any Process Allowed の略），(b) の場合であれば MRR（Material Removed Required の略），そして (c) の場合であれば NMR（No Material Removed の略）と表現すればよいことになっている．

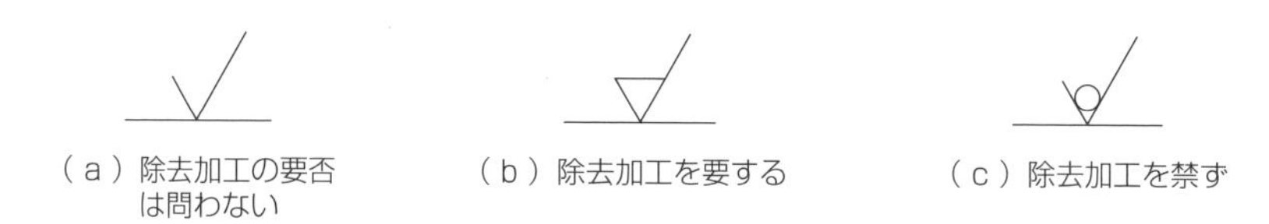

図 3.2　基本的な面の図示記号

3.1.2　表面粗さの種類

表面粗さは**図 3.3** のような表面粗さ計で求めることができる．定量的というのは，粗さの凸凹の特性を μm 単位の数値で表示する意味で，面の図示記号の上部に記入されている値である．実際にはこの数値を求める方法が数種類あって，**表 3.1** は各種の加工方法で得られる表面粗さ Ra（算術平均粗さ，後述）と仕上げられた機械部品の表面の状態をまとめたものである．この表から各レベルの表面粗さの概念がわかる．

表面粗さは μm の小数点以下 1 ないし 2 桁まで表示されるが，これは非常に小さい長さで，その測

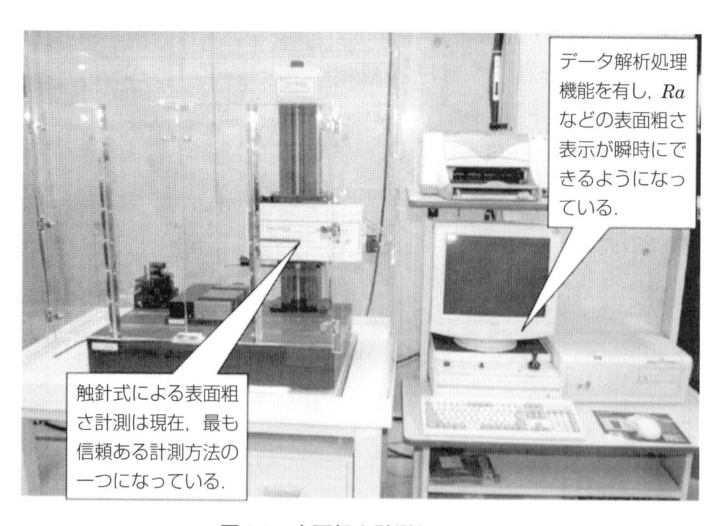

図 3.3　表面粗さ計測システム

定方法や測定データの計算方法を厳密に決めておかないとまったくわからない数値が出てしまう．**表3.2** は JIS で定められている表面粗さの種類とその求め方の表である．表面の凸凹は表面性状パラメータによって指示される．代表的なものに Ra や Rz がある．

表 3.1　Ra による各種表面粗さと仕上げ状態

粗さ記号	仕上げ状態	粗さ記号	仕上げ状態
$\sqrt{Ra\ 25}$	黒皮を除く程度	$\sqrt{Ra\ 1.6}$	上級な機械仕上面：軸受の外輪外面，弁と弁座との接触面など
$\sqrt{Ra\ 12.5}$	他の部品と関係しない粗仕上面	$\sqrt{Ra\ 0.8}$	精密な機械仕上面：クランクピン，歯車面，軸受面など
$\sqrt{Ra\ 6.3}$	旋盤，フライス盤，ドリルボーリングなどの並級の仕上面	$\sqrt{Ra\ 0.2}$	精密な仕上面：高速回転軸あるいは軸受，シール摺動面
$\sqrt{Ra\ 3.2}$	旋盤，フライス盤，研削，シェーバなどの並級の仕上面	$\sqrt{Ra\ 0.1}$	非常に精密な面：燃料ポンプのプランジャ，シリンダ内面など

Ra は最も一般的な表面性状パラメータであり，**表 3.2** の説明からわかるとおり，表面の凸凹波形を面積的に算術平均処理してその高さを計算するもので，凸凹の高さの実体を示すものではない．これに対し Rz は凸凹の高さの最大値を示している．同じ面の Ra との値を比べると数倍違うことになる．従来は仕上げ記号として最大高さ粗さの数値を表示していたが，その認識で Ra において同じ表面粗さの数値を使うと，できあがったものの表面は相当粗いものになってしまうので注意が必要である．

表 3.2　表面粗さ－定義および表示（JIS B 0601）

種類	記号	説明図	求め方	計算式
算術平均粗さ	Ra	Y，平均，Ra，O，X，l，$f(x)$	抜取り部分における粗さ曲線 $f(x)$ の絶対値の平均を〔μm〕で表したもの． 左図斜線部の高さ．	$Ra=\frac{1}{l}\int_0^l \lvert f(x)\rvert dx$ ここに，l：基準長さ
最大高さ粗さ	Rz	Rp，Rz，平均，Rv，$Rz=Rp+Rv$	抜取り部分の山頂線と谷底線との間隔を，粗さ曲線の縦倍率の方向に測定し，この値を〔μm〕で表したもの．	$Rz=Rp+Rv$

表 3.3 は，実際の製造現場で使用されている，加工方法と表面粗さの使用区分を示している．図面で指示する加工面の仕上げは，加工方法によって表面性状の状態が変わることを踏まえ指示する必要がある．

表 3.3　加工方法と表面粗さの指定区分（単位：μm）

算術平均粗さ Ra	100	50	25	12.5	6.3	3.2	1.6	0.8	0.4	0.2	0.1	0.05	0.025
最大高さ Rz	400	200	100	50	25	12.5	6.3	3.2	1.6	0.8	0.4	0.2	0.1
鋳・鍛造			普通		精密								
圧延					熱間				冷間				
フライス削り					普通		精密						
中ぐり					普通		精密						
旋削			粗仕上げ			中仕上げ		上仕上げ		精密			
穴あけ（きりもみ）					普通								
リーマ仕上げ						普通			精密				
シェービング							普通						
研削								普通	中仕上げ			精密	
ホーニング								普通		精密			
超仕上げ										普通		精密	
研削布紙仕上げ								普通		精密			
やすり仕上げ					普通		上仕上げ						

3.1.3　表面性状の指示事項と表記方法

設計者は金属表面の除去加工を行うか否かを図面上に指示し，その後には表面性状（仕上げ具合）を指示しなければならない．現行の JIS B 0031 によれば図面上に以下の a ～ e を，それぞれ**図 3.4** に示す図示記号の各位置に指示できることになっている．

a：（通過帯域または基準長さ／）表面性状パラメータ　許容値

b：複数パラメータが要求されたときの二番目以降のパラメータ指示

c：加工方法

d：筋目とその方向

e：削り代

以下にこれら a ～ e に関して実用上の観点から具体的に説明する．ただし，これらすべてが指示されることはまれであり，日常的に見かける表面性状を表す図示記号は**図 3.5** のような表記がほとんどである．すなわち，位置 a に表面性状パラメータ（一般的には Ra または Rz）と半角ブランク 2 個分のスペースを空けてその値（許容値）が指示されるのみであるか，これに加えて位置 c に加工方法が付記されている場合かの 2 通りである．

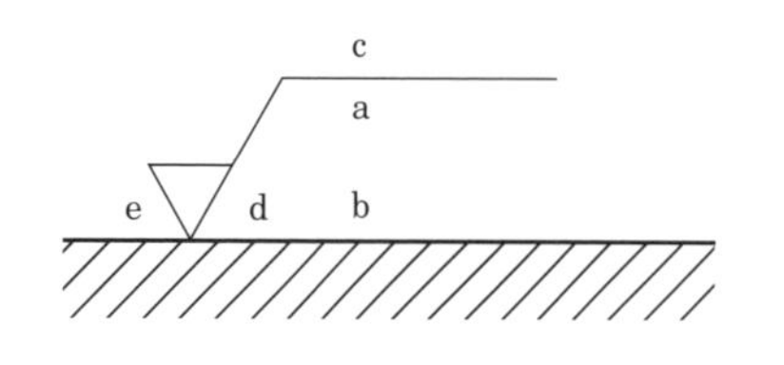

図 3.4　表面性状の要求事項を指示する位置

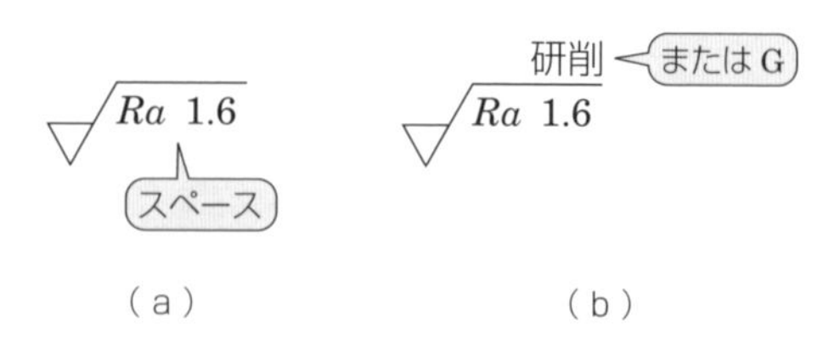

図 3.5　一般的な表面性状の表記方法

【1】位置 a

上述した表面性状パラメータおよび許容値の前に，必要があれば通過帯域または基準長さと呼ばれる量を指示できることになっている（**図 3.6**）．このとき表面性状パラメータとの間には記号“／”を挟む．

そもそも表面性状パラメータとは，表面粗さ計の触針によって得られる対象物実表面の断面曲線（**図 3.7**）から，極端に波長の短いノイズ成分（**図 3.8** で λ_s 以下）と，比較的波長の長いうねり成分（図 3.8 で λ_c 以上）とを取り除いた粗さ曲線（波長 λ_s ～ λ_c より構成される）に基づいて定義されている．通過帯域とはこの領域 λ_s ～ λ_c を指している．また，カットオフ値 λ_c は後述の評価長さ l_n を決める際の基準長さ l_r に等しい．

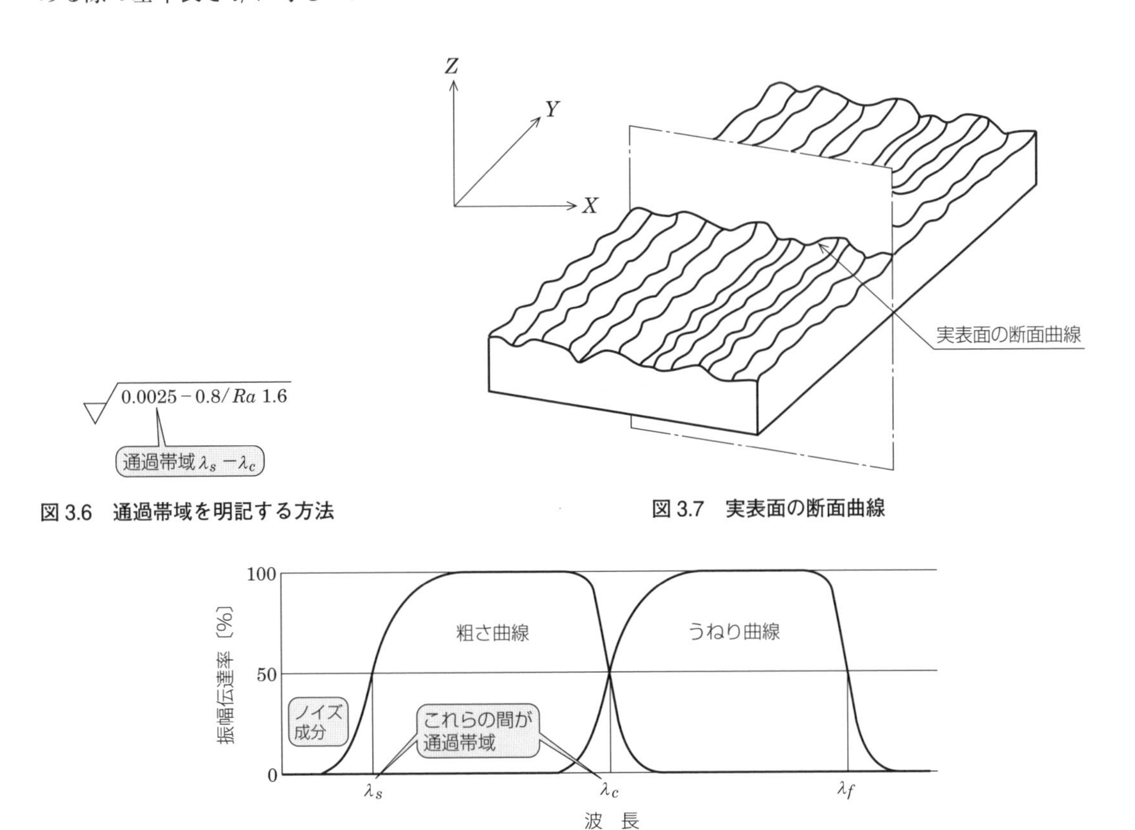

図 3.6　通過帯域を明記する方法

図 3.7　実表面の断面曲線

図 3.8　粗さ曲線およびうねり曲線の伝達特性

つまり *Ra* などの表面性状パラメータの許容値は，λ_s および λ_c の値を特定してはじめて意味を持つわけであるが，これらの値には例えば *Ra* 値の範囲によって**表 3.4** のとおり標準的な値が用意されている．したがって，これら値を用いる限り，設計者はわざわざ通過帯域を指定する必要はない．

【2】位置 b

表面性状に関する要求事項が複数ある場合には，位置 a の下に重ねてこの位置に記すことができる．この位置は 1 行である必要はない．

表 3.4　***Ra*** のカットオフ値および評価長さ

Ra の範囲〔μm〕		カットオフ値〔mm〕		評価長さ〔mm〕
を超え	以下	λ_s	λ_c *1	l_n *2
(0.006)	0.02	0.0025	0.08	0.4
0.02	0.1	0.0025	0.25	1.25
0.1	2	0.0025	0.8	4
2	10	0.008	2.5	12.5
10	80	0.025	8	40

注＊1：基準長さ l_r に等しい
　＊2：$l_n = 5\,l_r$

【3】位置 c

旋削，研削，めっきなど，対象面を得るための加工方法や表面処理を特に指定したい場合にはこの位置にその方法を記入する（図 3.5 (b)）．**表 3.5** に示した略号を用いることもある．

表 3.5　加工方法の略号

加工方法		略号	参　考	加工方法		略号	参　考
旋削	切削加工	L	Lathe Turning	液体ホーニング仕上げ		SPLH	Liquid Horning
穴あけ（ドリル加工）	切削加工	D	Drilling	バレル研磨		SPBR	Barreling
中ぐり	切削加工	B	Boring	バフ研磨		SPBF	Buffing
フライス削り	切削加工	M	Milling	ブラスト仕上げ		SB	Blasting
平削り	切削加工	P	Planing	ペーパー仕上げ	手仕上げ	FCA	Coated Abrasive Finishing
形削り	切削加工	SH	Shaping	やすり仕上げ	手仕上げ	FF	Filing
ブローチ削り	切削加工	BR	Broaching	ラップ仕上げ	手仕上げ	FL	Lapping
研削	研削加工	G	Grinding	リーマ仕上げ	手仕上げ	FR	Reaming
ホーニング	研削加工	GH	Horning	きさげ仕上げ	手仕上げ	FS	Scraping
ベルト研削	研削加工	GBL	Belt Grinding	鋳造		C	Casting

【4】位置 d

金属加工には刃物を用いる場合が多く，加工対象面には筋目（刃物の跡）が付きやすい．この筋目の形態と方向を**表 3.6** に従ってこの位置に指示することができる．

【5】位置 e

削り代とは，除去加工を受ける金属にあらかじめ付加される加工面の外側部分を指す．粗材寸法と仕上り寸法の差といってもよい．この値を特に指示する場合には，この位置にミリメートル単位で指定する．

表面性状パラメータに関して補足しておく．指示された *Ra* や *Rz* などの許容値と表面粗さ実測値との比較ルールには“16%ルール”および“最大値ルール”の 2 通りがある．これらの詳細について本書では割愛する（詳しくは JIS B 0633 を参照）が，図 3.5 などのように表面性状パラメータを表 3.1 のとおりに記したときは暗黙のうちに，より一般的な“16%ルール”を指定したことになっている．もし“最大値ルール”を適用したければ Ra_{max} のように“max”を添えて記す．

また，表面粗さを測定する際に金属表面を触針がトレースしなければならない長さを，評価長さ l_n と呼んでいる．表面性状パラメータをやはり表 3.1 のとおりに記したとき，この l_n は暗黙のうちに基準長さ l_r の 5 倍を要求した（$l_n/l_r = 5$）ことになっている（表 3.4 参照）．これを変更したい場合，例えば $l_n/l_r = 3$ と指定したければ（通常 l_n は l_r の何倍であるかという指定の仕方をする），*Ra*3 のように *Ra* の直後に l_n/l_r 比を記せばよい．

表 3.6　筋目方向の記号

記号	説明図および解釈	
=	筋目の方向が，記号を指示した図の投影面に平行 （例）形削り面，旋削面，研削面	筋目の方向
⊥	筋目の方向が，記号を指示した図の投影面に直角 （例）形削り面，旋削面，研削面	筋目の方向
X	筋目の方向が，記号を指示した図の投影面に斜めで 2 方向に交差 （例）ホーニング面	筋目の方向
M	筋目の方向が，多方向に交差 （例）正面フライス削り面，エンドミル削り面，	
C	筋目の方向が，記号を指示した図の中心に対してほぼ同心円状 （例）正面旋削面	
R	筋目の方向が，記号を指示した図の中心に対してほぼ放射状 （例）端面研削面	
P	筋目が，粒子状のくぼみ，無方向または粒子状の突起 （例）放電加工面，超仕上げ面，ブラスチング面	

備考：これらの記号によって明確に表すことのできない筋目模様が必要な場合には，図面に“注記”としてそれを指示する．

以上によって，日ごろよく見かける図 3.5(a) のような簡易な指示でも，比較ルールには“16%ルール”が採用されており，通過帯域は 0.0025-0.8（基準長さは 0.8 mm），そして評価長さは 4 mm（＝基準長さ 0.8 mm×5 倍）であるという，かくれた情報が盛り込まれていることになる．

3.1.4　図面上の表記法

それでは表面性状に関する指示事項が記載された図示記号を，実際に図面上に表記する際の指示位置および向きについてまとめておく．

【1】一般事項

図示記号および矢印（または他の端末記号）付きの引出線は，対象物の外側から外形線あるいは外形線の延長線に接するように記入する（**図 3.9**，**図 3.10** 参照）．また，図示記号は**図 3.11** のように図面の下辺または右辺から読める向きに記入する．

記入の向きは，すべての寸法，図示記号および注記に関して定めた JIS Z 8317 に則って，JIS B 0031 が表面性状を表す図示記号に改めて言及したものである．字面だけを捉えると斜めに記すことを許していないようであるが，実際には図面を本来の向きから時計まわりに 90° 回転させる間に正しく読めればよい．図面の天地を逆にしないと読めないような記入法は誤りである．

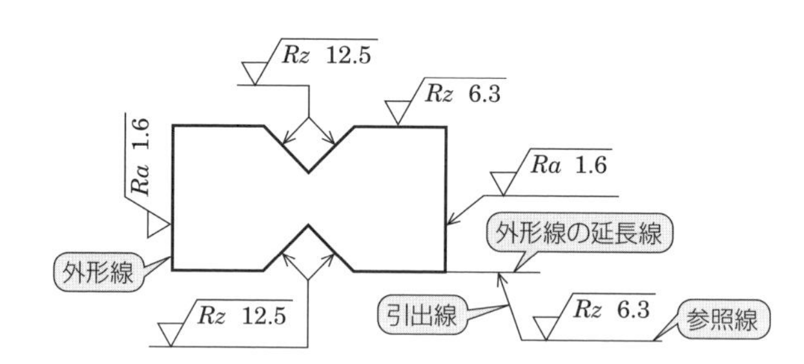

図 3.9　表面を表す外形線上に指示した表面性状の要求事項

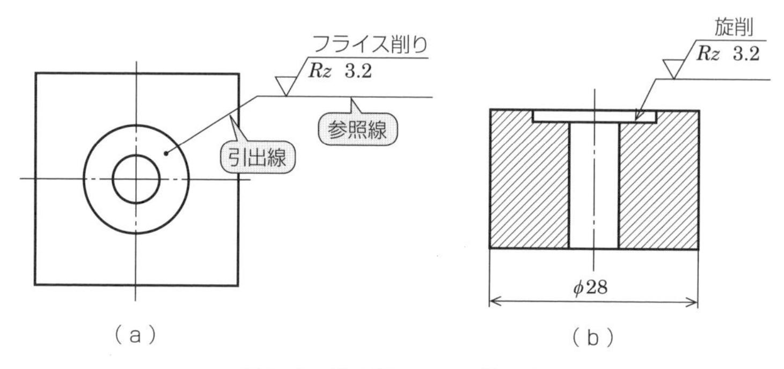

図 3.10　引出線の二つの使い方

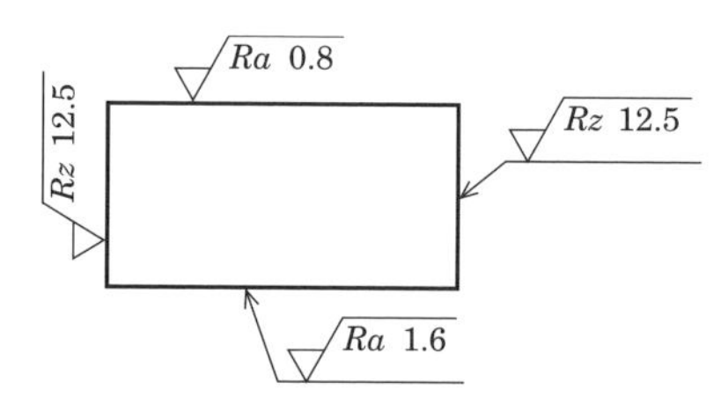

図 3.11　表面性状の要求事項の向き

【2】外形線または引出線に指示する場合

図示記号は外形線に接するように記入する．これが不可能なとき（【1】に照らして文字が逆向きになる場合など）は，外形線あるいは外形線の延長線に矢印で接する引出線あるいは参照線に接するように記入する（図 3.9 参照）．

【3】寸法補助線に指示する場合

図示記号は**図 3.12** に示すように寸法補助線に接するように記入してもよい．また，寸法補助線に矢印で接する引出線あるいは参照線に接するように記入してもよい．

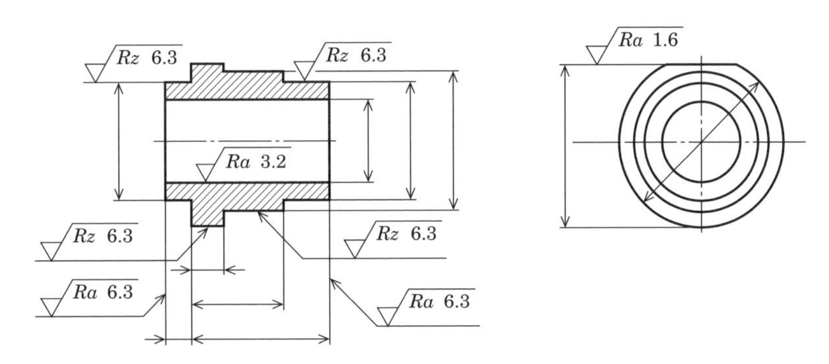

図 3.12　円筒形体の寸法補助線に指示した表面性状の要求事項

【4】円筒表面に指示する場合

中心線とともに表された円筒表面では，図示記号はできるだけ断面図に記入し，同一の面についでは2度以上記入しない（図 3.12 参照）．正面図に記入してあれば側面図に記入する必要もない．

【5】丸み部・面取り部に指示する場合

丸み部または面取り部に指示する場合には**図 3.13** に示すとおり，R や C を指定するための引出線を延長し，参照線を設けて，これに接するよう図示記号を記入する．

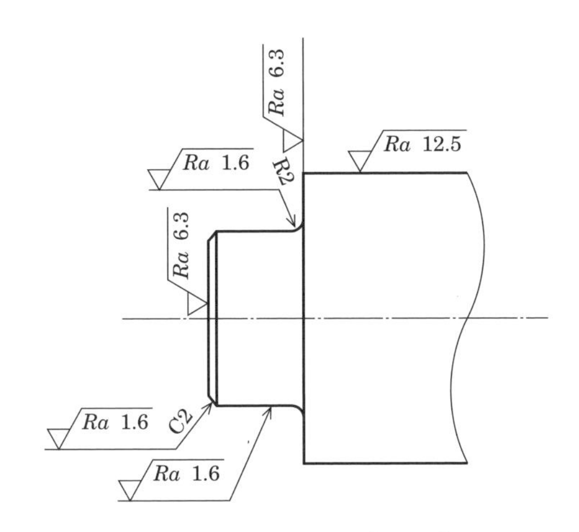

図 3.13　丸み部，面取り部への指示

【6】丸穴に指示する場合

丸穴の直径または呼びが引出線および参照線を用いて表現されていれば，図示記号はその引出線あるいは参照線を延長して，これに接するように記入する（**図 3.14** 参照）．

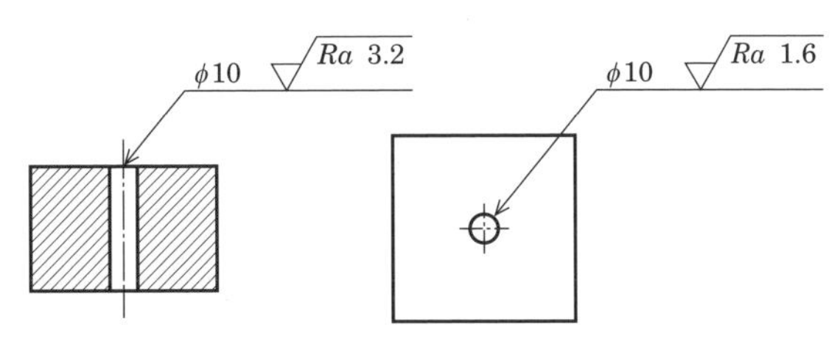

図 3.14　直径寸法の記入

【7】歯車の歯面に指示する場合

歯車歯面の表面性状は基準円（図面上は一点鎖線）に指示する．**図 3.15** のように寸法補助線に接するように記入するのが一般的である．

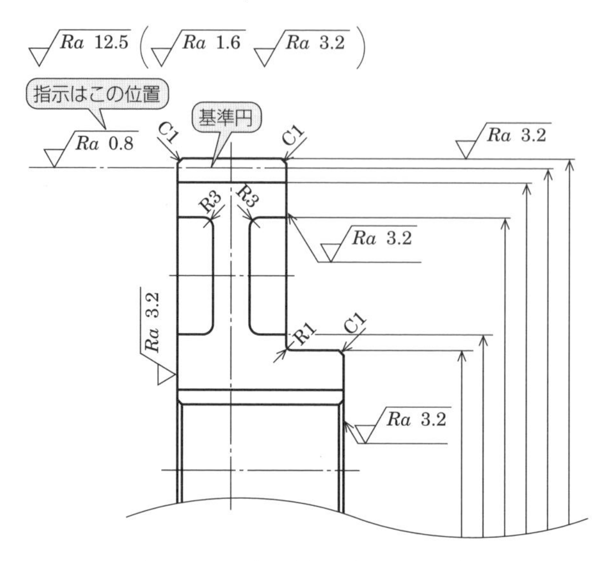

図 3.15　歯車の歯面に指示する場合

【8】部品一周の全周面が同じ表面性状である場合

表面性状の図示記号の肩に○を付けたものを，閉じた外形線に指示する（**図 3.16** 参照）．たとえば図 3.16 では，面 1 ～ 6（正面および背面を含まないことに注意）に *Ra* 3.2 が適用されることになる．

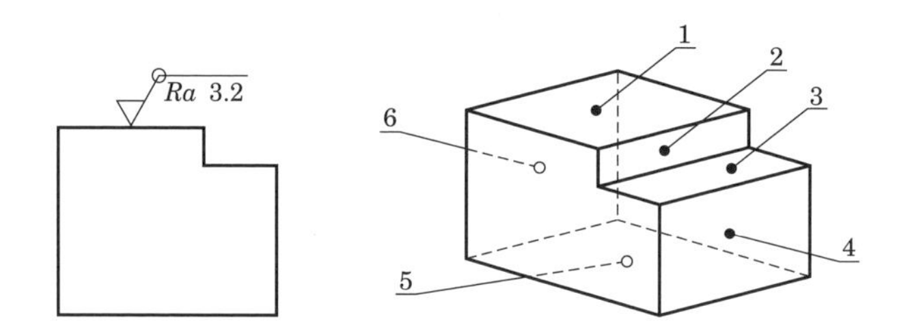

図 3.16　部品一周の全周面が同じ表面性状である場合の簡略図示

【9】大部分の表面が同じ表面性状である場合

大部分に適用される表面性状を表す主たる図示記号を，表題欄の傍ら，主投影図の傍らまたは照合番号の傍らに，いずれの投影図とも接しないように一つだけ記入し，この表面性状が要求される個々の面には何も記入しない．そして，これ以外の表面性状を指示したい面には相応の図示記号を通常どおり個別に記入し，主たる図示記号以外で図面に現れるこれらの図示記号は，主たる図示記号の隣に括弧書きでリストアップしておけばよい（**図 3.17** 参照）．

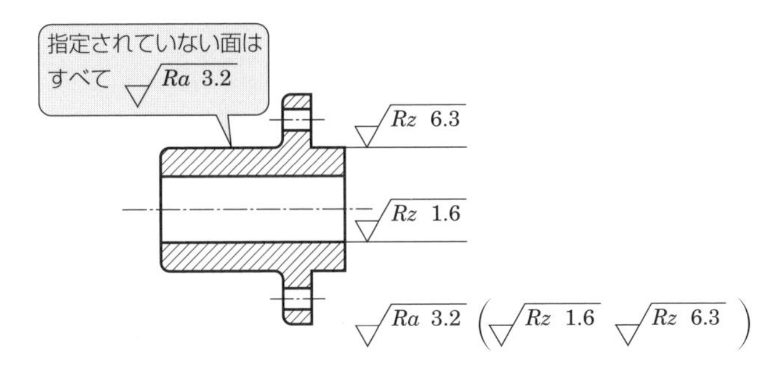

図 3.17　大部分が同じ表面性状である場合の簡略図示

3.2　幾何公差（JIS B 0621，JIS B 0021，JIS B 0022，JIS B 0023，JIS B 0419）

幾何公差とは，形状，姿勢，位置そして振れに対して指示する公差である．**図 3.18**（a）の図面には平行指示がないため，製品の上下面が平行で 29.9 ～ 30.1 で仕上がっても，図（b）の形状でも製品としてはどちらも合格品である．しかし，図（b）の傾斜形状では用途上不可であるなら，平行の指示が必要である．平行といっても上下の面を幾何学的に完全に平行に加工することは，使用するに当たり無駄な場合がある．そこで，用途に適用した形状に対する公差範囲を指示することが必要となる．

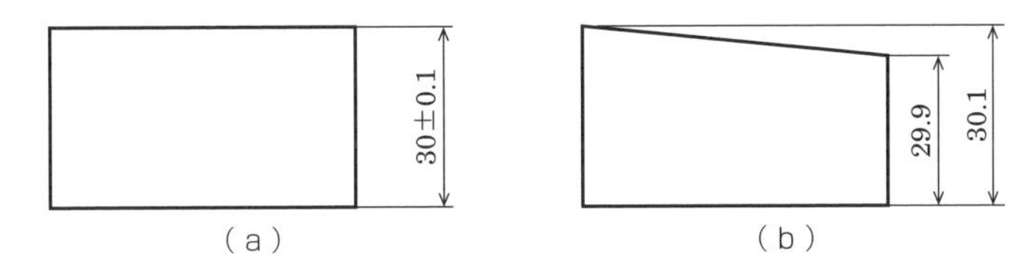

図 3.18　サイズ公差のみを図示した図面の問題

図 3.19 は，上下の面の許容できる平行度を表したものである．これは，下面 A に対して 29.9 ～ 30.1 の位置に幾何学的に平行な平面を仮想したとき，上面はこの仮想面を中心に 0.05 mm の範囲にあればよいという指示である．この場合，平行度が指定されているのは上面であり，下面 A はそれに対して関連する相手側（基準となる側）ということになる．この A を**データム**という．

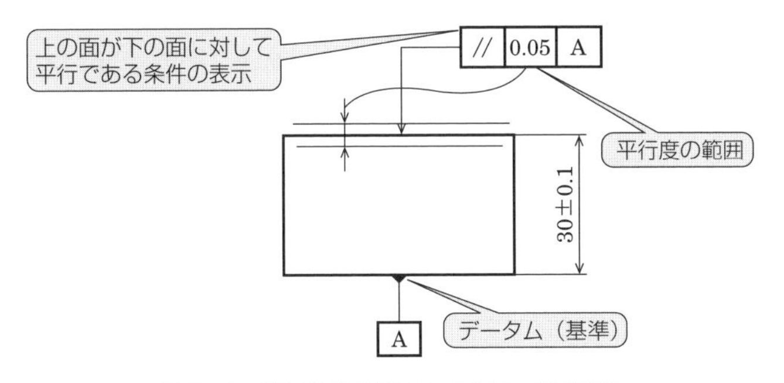

図 3.19　幾何公差を図示した場合（平行度）

3.2.1 データムと形体

【1】データム

JIS B 0022 によれば，幾何公差のためのデータムは**図 3.20** で示すように規定されている．

データムとは，公差域を規制するために設定された理論的に正確な幾何学的基準のことである．これには，点，直線，軸直線，平面，中心平面などがあり，それぞれ，データム点，データム直線，データム軸直線，データム平面，データム中心平面と呼ぶ．データム形体は，データムを設定する規制対象部品の実際の表面，穴などであり，必要に応じてデータム形体にふさわしい形状公差を指示する．実用データム形体は，図 3.20 で示したようにデータム形体との接触面であり，表面が精密な軸受，定盤，マンドレル，工作機械の加工テーブルなどが該当する．

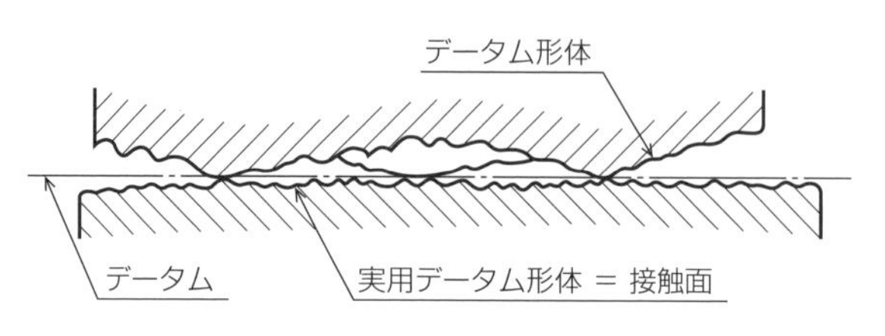

図 3.20　幾何公差のためのデータム

【2】形　体

形体とは，幾何公差の対象となる点，線，軸線，面または中心面であり，単独形体と関連形体がある．単独形体とは，**図 3.21** (a) で示すように，基準（点，直線，軸線，平面，中心平面など）に関係なく，幾何公差を指示する形体である．関連形体とは，対象となる形体が，一つあるいはそれ以上のデータムに関連して，幾何公差を指示する形体である．

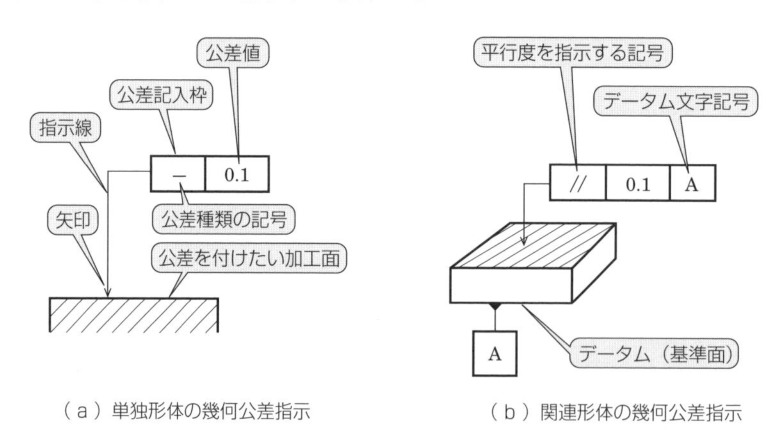

（ａ）単独形体の幾何公差指示　　（ｂ）関連形体の幾何公差指示

図 3.21　単独形体・関連形体の幾何公差指示例

3.2.2 幾何公差とデータムの指示方法

【1】幾何公差の指示法

線・表面に公差を指示する場合には，**図 3.22** (a)，(b) に示すように，寸法線の位置と離して形体の外形線上や外形線の延長線上から指示する．

図 3.23 に示すように，規制対象面からの引出線に指示する場合には，指示線の矢は表面に点を付けて引き出した引出線上に垂直に当ててもよい．

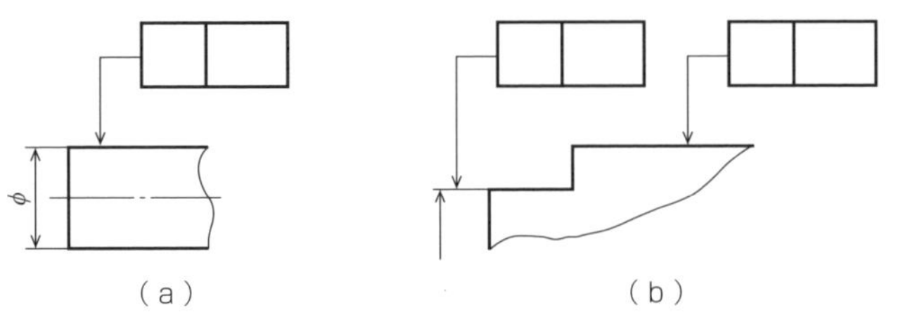

図 3.22　幾何公差の指示方法

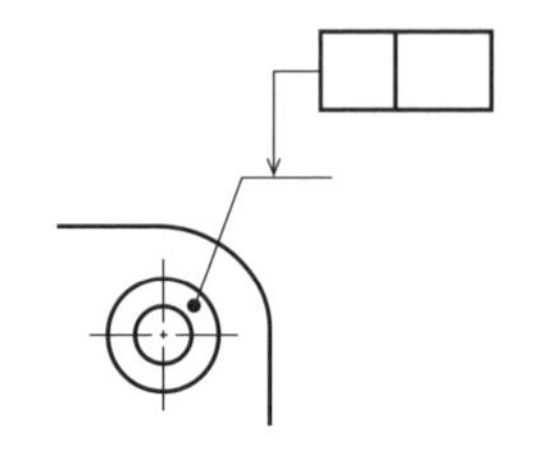

図 3.23　引出線上の指示例

寸法を指示した形体の軸線や中心平面あるいは一点に公差を指示する場合には，**図 3.24** に示すように，寸法線の延長線上が指示線になるようにする．

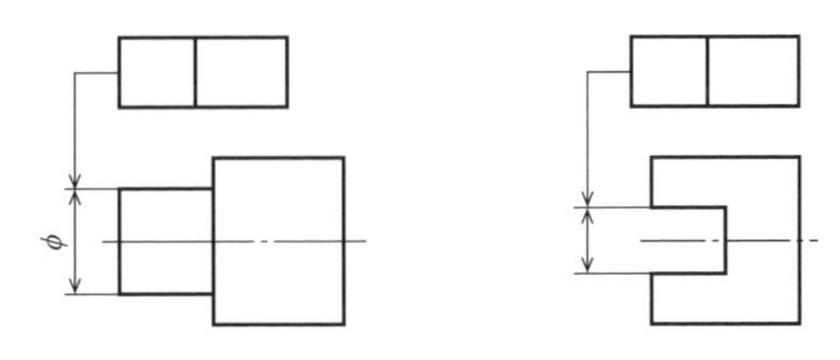

図 3.24　形体の軸線や中心平面への幾何公差の指示例

【2】データムの表し方

① データムが線あるいは表面である場合：**図 3.25** に示すように，外形線上や外形線の延長線上から指示線を用い，寸法線の位置と離して記入する．

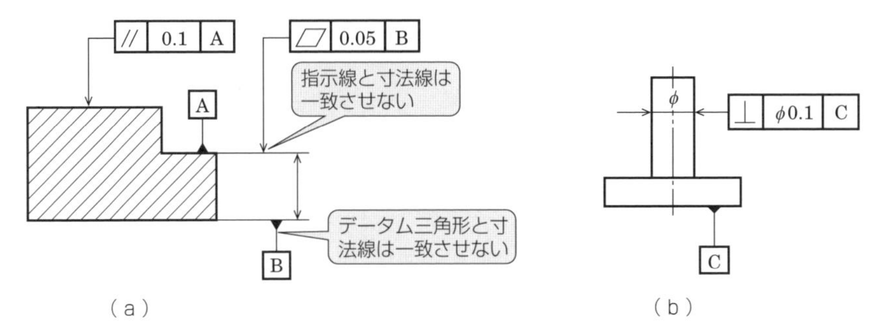

図 3.25　データムが線あるいは表面である場合の指示法

② データムが軸直線，中心平面，点の場合：**図 3.26** に示すように，寸法線の延長線上にデータム三角記号を指示する．

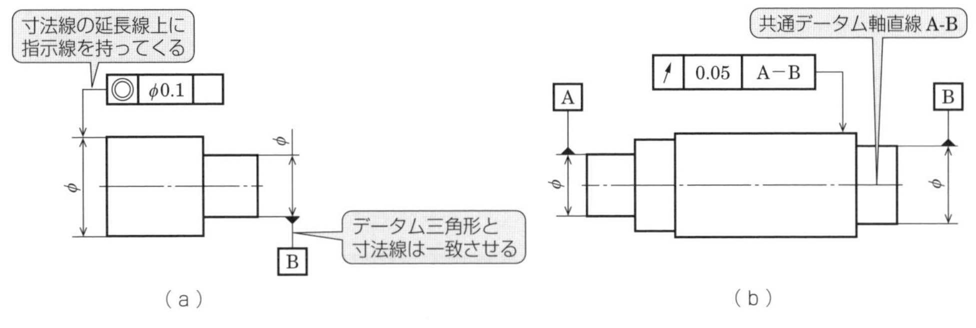

図 3.26　軸直線などがデータムの場合の指示法

【3】その他の幾何公差の指示法

表 3.7 にその他の幾何公差の指示法を示す.

表 3.7　その他の幾何公差の指示法

例	特定の形体の形状に対して指定する場合	公差を二つ以上の形体に適用する場合	形体全体の公差値と特定長さ当たりの公差値の同時表示	同時に二つ以上の幾何特性を指定する場合
幾何公差の表示方法	⏥ | 0.1 中高を許さない	$6\times\ \phi\ 10^{\ 0}_{-0.02}$ ⌖ | φ 0.1	— | 0.1 — | 0.05/200	○ | 0.02 // | 0.05 | B
意　味	平面度が 0.1 mm 以内の公差値に入り，かつ，中高は不可とする	記号“×”を用いて形体の数を公差記入枠の上側に表示する（6 ヶ所の例）	全体的な真直度が 0.1 mm 以内に入り，かつ，特定の長さ 200 mm 当たり 0.05 mm 以内の公差に入ること	真円度公差が 0.02 mm，データム B からの平行度の公差が 0.05 mm 以内のこと

【4】幾何公差の種類

幾何公差は**表 3.8** のように，対象物の形状・姿勢・位置・振れの 4 つに大別される．そして，各々に対応した 14 種類の記号が指定され，19 種類の幾何特性が規定されている．

表 3.8　幾何公差の種類と幾何特性・記号

公差の種類	幾何特性	記　号	適用形体・（データム表示）
形状公差	真直度	—	単独形体（否）
	平面度	⏥	
	真円度	○	
	円筒度	⌭	
	線の輪郭度	⌒	
	面の輪郭度	⌓	
姿勢公差	平行度	//	関連形体（要）
	直角度	⊥	
	傾斜度	∠	
	線の輪郭度	⌒	
	面の輪郭度	⌓	
位置公差	位置度	⌖	関連形体（要），単独形体（否）
	同心度（中心点に対して）	◎	関連形体（要）
	同軸度（軸線に対して）	◎	
	対称度	⌯	
	線の輪郭度	⌒	
	面の輪郭度	⌓	
振れ公差	円周振れ	↗	関連形体（要）
	全振れ	⌰	

3.2.3　各種幾何公差の公差域の定義と指示例

表 3.9 に，幾何公差の形状・姿勢・位置・振れについて公差域と指示例，ならびにその説明を示す．

表 3.9　各種幾何公差の公差域の定義と指示例

記　号	公差域	指示例	説　明 上段：公差域の定義 下段：指示例の意味
―	1. 真直度公差 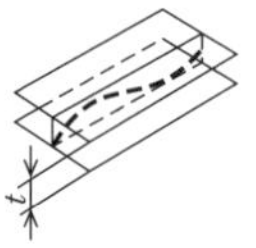	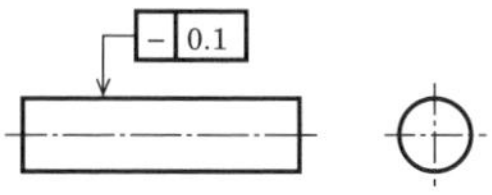 ― 0.1	・公差域は対象の平面内で指示方向に t 離れた平行二平面の間に規制される. ・円筒表面上の任意の母線は，0.1 mm の間隔を持つ平行二平面の間に存在しなければならない.
⏥	2. 平面度公差 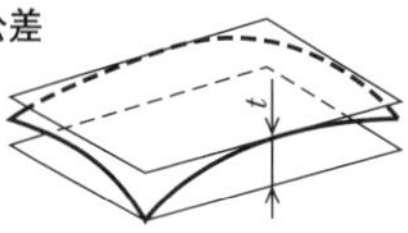	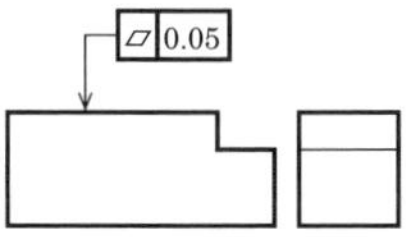 ⏥ 0.05	・指示した表面の公差域は，間隔 t の平行二平面間に規制される. ・指示した表面は 0.05 mm だけ離れた平行二平面の間に存在すること.
○	3. 真円度公差 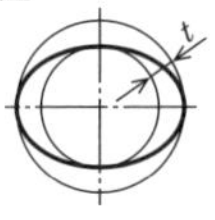	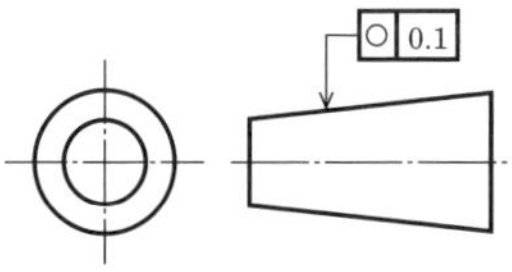 ○ 0.1	・対象とする横断面において，公差域は同軸の二つ円の間隔 t に規制される. ・円すい表面の任意の横断面で，半径方向形体の母線は半径で 0.1 mm の共通平面上の同軸二円間に規制される.
⌭	4. 円筒度公差 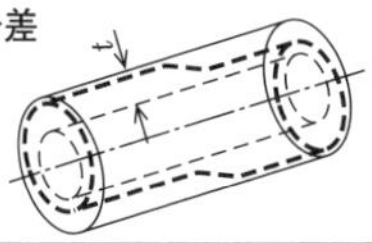	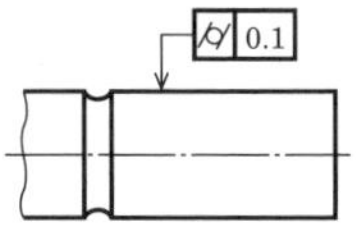 ⌭ 0.1	・公差域は，距離 t だけ離れた同軸である二つの円筒面の間に規制される. ・対象とする円筒面は，半径 0.1 mm の間隔の二つの同軸円筒面間に存在する.
//	5. 平行度公差 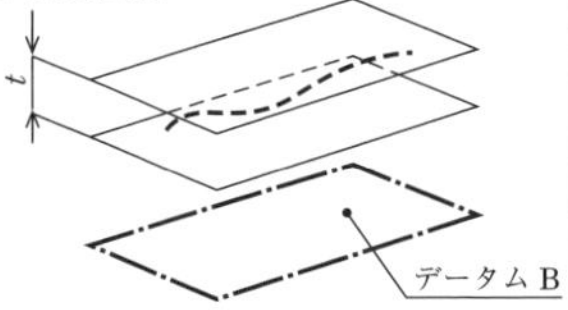	// 0.01 B	・公差域は，データム平面 B に指示された方向に平行で，間隔 t の平行二平面の間に規制される. ・対象の軸線は，データム平面 B に対して指示された方向に平行で間隔 0.01 mm の平行二平面の間に規制される.
⊥	6. 直角度公差 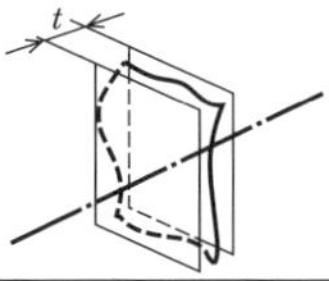	⊥ 0.08 A	・公差域は，データム軸直線に直角な間隔 t の平行二平面の間に規制される. ・指示した表面は，データム軸直線 A に垂直で 0.08 mm の間隔をもつ平行二平面の間に存在する.
⌖	7. 位置度公差 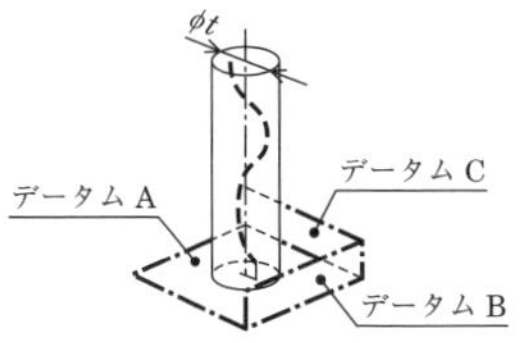	⌖ ϕ 0.06 A B C	・公差域に ϕ が付いた場合の公差域は，直径 t の円筒内の領域で，その軸線は，データム A, B, C に関して理論的に正確な寸法 25 mm と 30 mm によって位置づけられる. ・指示した四つの穴の軸線の相互位置関係は，25 mm および 30 mm 離れた理論的に正確な位置で，公差域は真位置を軸線とする ϕ 0.06 mm の円筒内に規制，データムの優先順位は A,B,C である.
◎	8. 同軸度公差 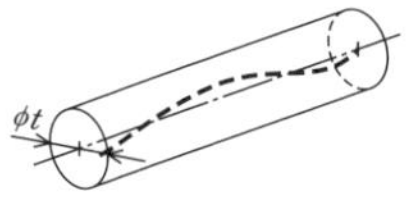	◎ ϕ0.08 A-B	・公差域に ϕ が付いた場合，公差域はデータム軸直線と一致した軸線をもった直径 t の円筒内の領域に規制される. ・指示線で示した円筒の軸線は，共通データム軸直線 A-B に同軸であり，直径 0.08 mm の円筒公差域内に規制される.

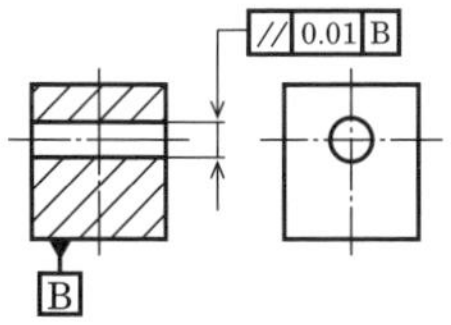

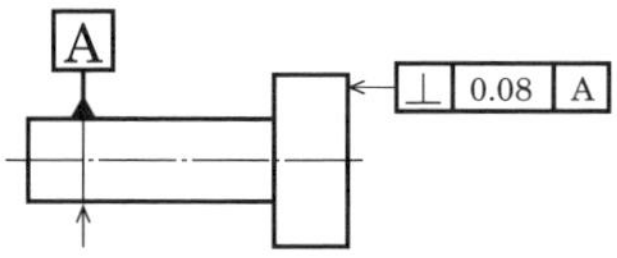

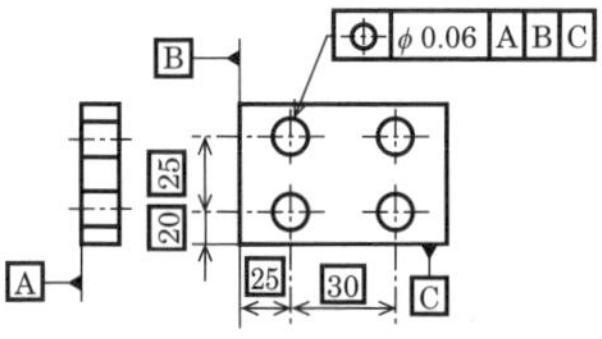

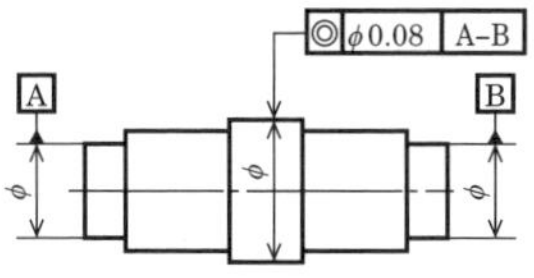

図中の線は，『太い実線・破線：形体，細い実線・破線：公差域，太い一点鎖線：データム，細い一点鎖線：中心線』を表す.

表 3.9　各種幾何公差の公差域の定義と指示例（つづき）

記　号	公差域	指示例	説　明 上段：公差域の定義 下段：指示例の意味
	9. 対称度公差 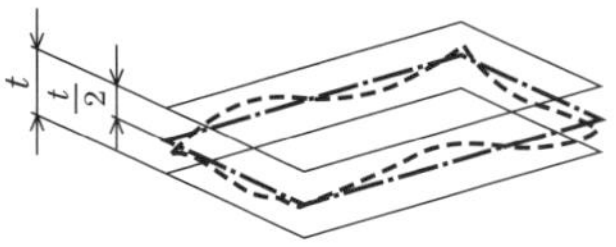	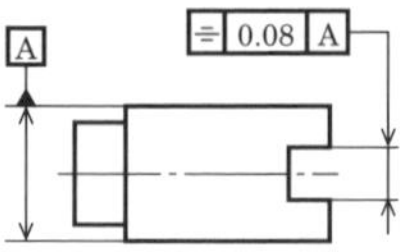	・公差域は，データム A に関して中心平面に t だけ離れた平行二平面によって規制される． ・指示線で示した中心平面は，データム中心平面に対して対称な 0.08 mm だけ離れた平行二平面の間に規制される．
	10. 円周振れ公差（半径方向の例） 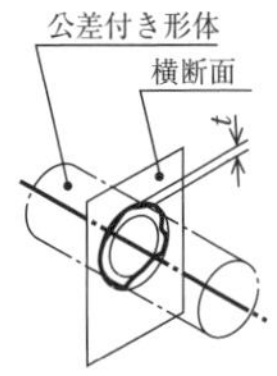 公差付き形体 横断面	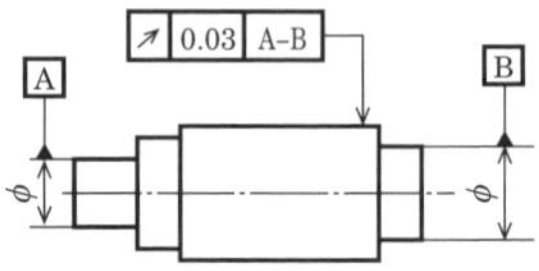	・公差域は，半径方向に t だけ離れたデータム軸直線に一致する同軸の二つの円の軸線に直角な任意の横断面内に規制される． ・指示した円筒面の半径方向の振れは，共通データム軸直線 A-B のまわりで 1 回転させる間に，指示した母線上の任意の横断面で 0.03 mm 以下のこと．
	11. 全振れ公差（軸方向の例） 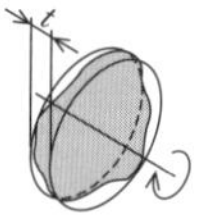	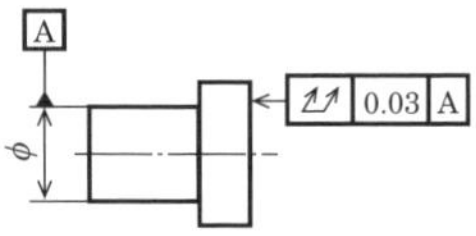	・公差域は，データム軸直線に直角な間隔 t の平行二平面の間に規制される． ・指示した端面は，間隔 0.03 mm のデータム軸直線 A に直角な平行二平面の間の領域に規制される．

図中の線は，『太い実線・破線：形体，細い実線・破線：公差域，太い一点鎖線：データム，細い一点鎖線：中心線』を表す．

3.2.4　最大実体公差方式（MMR）と最小実体公差方式（LMR）

最大実体公差方式（Maximum Material Requirement；MMR）とは，寸法と幾何公差との間の相互依存関係を最大実体状態として与える方式である．これにより幾何公差を緩和でき，部品を経済的に製作可能なためコスト的に有効である．これを指示する場合は，公差域，またはデータム文字記号の後にⓂを追記する．

最小実体公差方式（Least Material Requirement；LMR）は，寸法と幾何公差との間の相互依存関係を，最小実体状態を基にして与える方式である．本方式は部品に要求される最小肉厚値を管理し，部品の強度維持，破断防止に有用である．これを指示するには，公差域，または，データム文字記号の後にⓁを追記する．

【1】関連用語の説明

表 3.10 に，最大実体公差方式と最小実体公差方式を理解するために必要な関連用語と意味を示す．

表 3.10　関連用語の説明

用　語	意　味
実　体	空間を占める物体の体積
最大実体状態	実体の体積が最大となる許容限界寸法をもつ形体の状態
最大実体寸法	最大実体時の寸法：外側形体（軸）では最大許容寸法，内側形体（穴）では最小許容寸法
最小実体状態	実体の体積が最小となる許容限界寸法をもつ形体の状態
最小実体寸法	最小実体時の寸法：外側形体（軸）では最小許容寸法，内側形体（穴）では最大許容寸法
実効状態	寸法と幾何公差の相互依存性で形体に許容される限界の形体と姿勢の完全状態
最大実体実効状態	形体の体積が最大となる実効状態
最小実体実効状態	形体の体積が最小となる実効状態

【2】最大実体公差方式の直角度への適用例

図 3.27（a）に示す円筒軸は，寸法で ϕ20.00 ～ ϕ19.979 までの変動が許され，幾何公差では，データム A に対して直角度 ϕ0.03 を指示している．この場合，図 3.27（b）で示したように，最大実体実効寸法は ϕ20.03（最大実体寸法 ϕ20 + 幾何公差「直角度」ϕ0.03）であり，形体がデータム平面 A に垂直な ϕ20.03 の円筒の境界面を超えてはならない．このことは，全ての局部寸法が ϕ20.00 のとき直角度の公差域は ϕ0.03 であり，全ての局部寸法が ϕ19.979 のとき直角度の公差域は ϕ0.051 の範囲まで許される（**図 3.28**）．このように，最大実体公差方式の適用で，直角度の公差域が直径寸法で 0.021（= ϕ0.051 − ϕ0.03）拡大され，不良品の低減が可能となる．

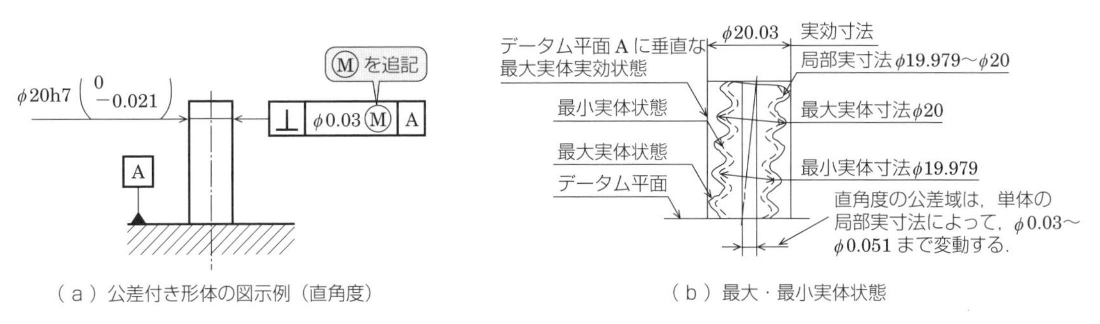

（a）公差付き形体の図示例（直角度）　（b）最大・最小実体状態

図 3.27　最大実体公差方式の直角度公差の公差域

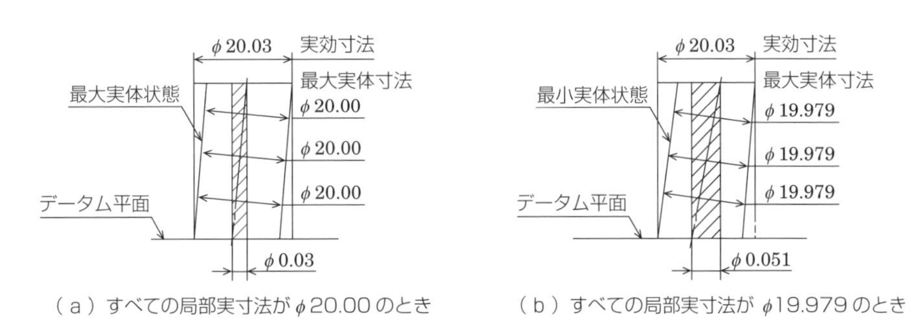

（a）すべての局部実寸法が φ20.00 のとき　（b）すべての局部実寸法が φ19.979 のとき

図 3.28　幾何公差域の変動範囲

【3】最小実体公差方式の適用例

図 3.29 は，円筒部の肉厚の最小厚さ（本例では 2.5 mm）を保証するための指示例である．円筒部の外側形体の軸の寸法は，ϕ35.00 ～ ϕ33.50 までの変動が許される．一方，円筒部の内側形体の穴の寸

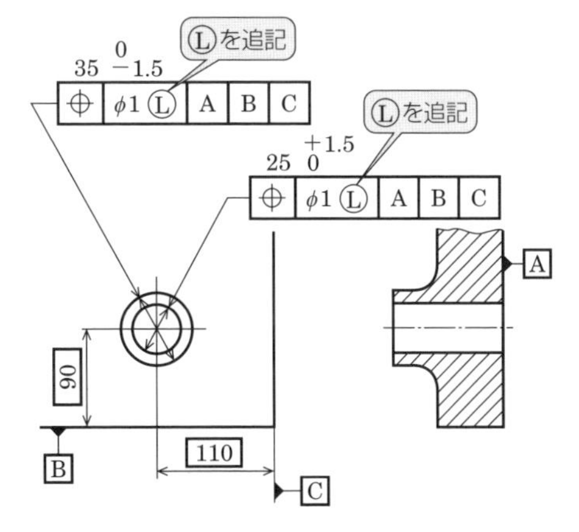

図 3.29　最小実体公差方式の幾何公差指示例

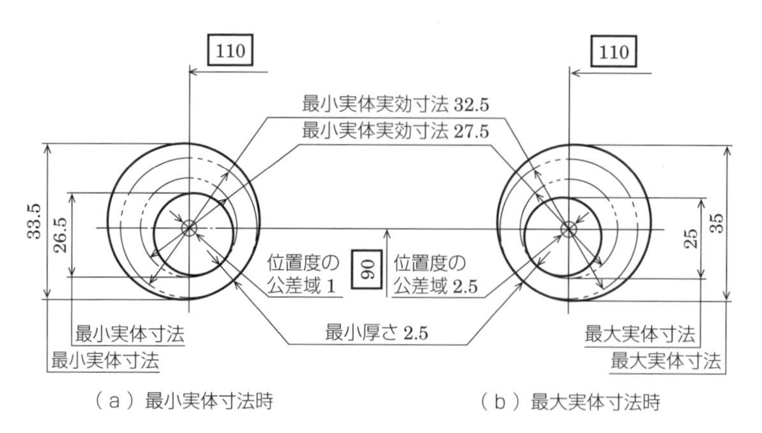

図 3.30　最小実体公差方式による各部寸法

法は，ϕ26.5 ～ ϕ25.00 までの変動が許され，それぞれにデータム A，B，C に関して許される位置度は ϕ1 である．また，データム優先順位では，A は部品の姿勢を安定させるためにあり，B は正面でいうと回転方向の姿勢を決め，C は左右方向の位置を決めている．さらに，円筒部の中心は，それぞれ 90 mm と 110 mm の理論的に正確な寸法の位置にある．この場合，**図 3.30** で示される各部寸法は次のように求める．

・外側形体の ϕ35 外周部の最小実体寸法において

　最小実体実効寸法＝最小実体寸法－位置度の公差域＝ϕ33.5－ϕ1＝ϕ32.5

　位置度の公差域＝最小実体寸法－最小実体実効寸法＝ϕ33.5－ϕ32.5＝ϕ1

・内側形体の ϕ25 の穴の最小実体寸法では

　最小実体実効寸法＝最小実体寸法＋位置度の公差域＝ϕ26.5＋ϕ1＝ϕ27.5

　位置度の公差域＝最小実体実効寸法－最小実体寸法＝ϕ27.5－ϕ26.5＝ϕ1

・外側形体の ϕ35 外周部の最大実体寸法において

　最小実体実効寸法＝最大実体寸法－位置度の公差域＝ϕ35.0－ϕ2.5＝ϕ32.5

　位置度の公差域＝最大実体寸法－最小実体実効寸法＝ϕ35.0－ϕ32.5＝ϕ2.5

・内側形体の ϕ 25 の穴の最大実体寸法では

　最小実体実効寸法＝最大実体寸法＋位置度の公差域＝ϕ25.0＋ϕ2.5＝ϕ27.5

　位置度の公差域＝最小実体実効寸法－最大実体寸法＝ϕ27.5－ϕ25.0＝ϕ2.5

以上のことから，円筒部の最小肉厚は，外側と内側が最も近づいた値，すなわち，外側形体と内側形体の最小実体実効寸法の差の半分 {(ϕ32.5－ϕ27.5)/2} の 2.5 となる．このように，最小実体公差方式を用いることにより，位置度の公差域が ϕ1 ～ ϕ2.5 まで変動しても，最小厚さ 2.5 は確保される．

3.2.5　普通公差

普通公差は，図面上に幾何公差の指示がない部品を規制するものである．**表 3.11** に真直度・平面度，**表 3.12** は直角度，**表 3.13** は対称度，**表 3.14** には円周振れのそれぞれの普通公差を示した．

表 3.11　真直度・平面度の普通公差

基本寸法 公差等級	呼び長さの区分〔mm〕					
	10 以下	10 を超え 30 以下	30 を超え 100 以下	100 を超え 300 以下	300 を超え 1000 以下	1000 を超え 3000 以下
	真直度公差および平面度公差					
H（精級）	0.02	0.05	0.1	0.2	0.3	0.4
K（中級）	0.05	0.1	0.2	0.4	0.6	0.8
L（粗級）	0.1	0.2	0.4	0.8	1.2	1.6

（注）真直度は該当する線の長さ，平面度は長方形では長いほうの辺の長さ，円形では直径をそれぞれ基準とする．

表 3.12　直角度の普通公差

基本寸法 公差等級	短いほうの辺の呼び長さの区分〔mm〕			
	100 以下	100 を超え 300 以下	300 を超え 1 000 以下	1 000 を超え 3 000 以下
	直角度公差			
H（精級）	0.2	0.3	0.4	0.5
K（中級）	0.4	0.6	0.8	1.0
L（粗級）	0.6	1.0	1.5	2.0

（注）直角を形成する二辺のうち長いほうの辺をデータムとする．二つの辺が等しい呼び長さの場合には，いずれの辺をデータムとしてもよい．

表 3.13　対称度の普通公差

基本寸法 公差等級	呼び長さの区分〔mm〕			
	100 以下	100 を超え 300 以下	300 を超え 1 000 以下	1 000 を超え 3 000 以下
	対称度公差			
H（精級）	0.5			
K（中級）	0.6		0.8	1
L（粗級）	0.6	1	1.5	2

（注）対称度のデータム指定は，二つの形体のうち長いほうをデータムとする．また，形体が等しい呼び長さの時は，いずれの形体をデータムとしてもよい．

表 3.14　円周振れの普通公差

基本寸法 公差等級	円周振れ公差〔mm〕
H（精級）	0.1
K（中級）	0.2
L（粗級）	0.5

（注）この公差のデータム指定は以下に従う．
1）図面上に指示面が指定された時は，その面をデータムとする．
2）半径方向の円周振れに対して，二つの形体のうち長いほうをデータムとする．
3）形体の呼び長さが等しい時は，どの形体をデータムとしてもよい．

4章 主な機械要素の製図法

多くの機械に共通した目的・形状で用いられる部品を機械要素という．この章では代表的な機械要素であるねじ，歯車，軸，軸受，ばねなどの製図法について述べる．

4.1 ねじ（JIS B 0002-1：1998，JIS B 0002-3：1998，JIS B 0123：1999）

ここでは機械部品の締結用，組付け用などに用いられるねじを中心に説明する．

4.1.1 ねじの基本と種類

図 4.1 に示すように，円筒または円錐に一定の角度で糸を巻きつけると曲線を描く．これをつる巻線という．ねじは一対の山と谷の断面形状を，このつる巻線に沿って設けたものである．ねじの山と山の間隔をピッチ，ねじが1回転するとき進む距離をリードという．つる巻線が1本の場合を一条ねじ，2本の場合を二条ねじというが，二条ねじではリードはピッチの2倍になる．

ねじの種類と特徴・用途などについて，**表 4.1** に示す．

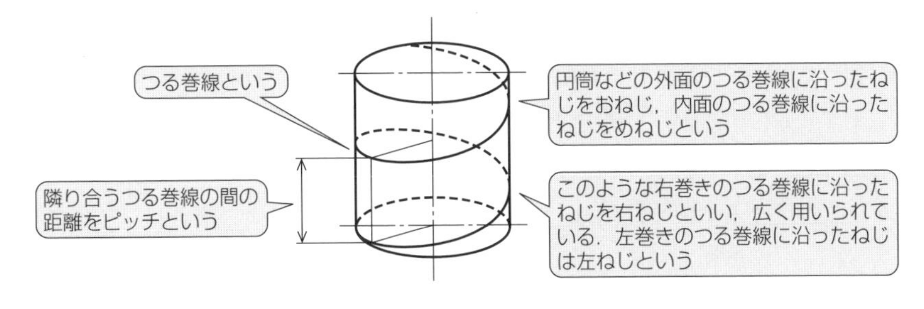

図 4.1　ねじの基本

4.1.2 ねじの製図法

【1】ねじの実形図示法

カタログや取扱説明書などにおいて，ねじの実形を図示することが必要となることがあるが，ピッチ，形状などを厳密に描く必要はない．つる巻線は，一般には直線で表す（**図 4.2**）．

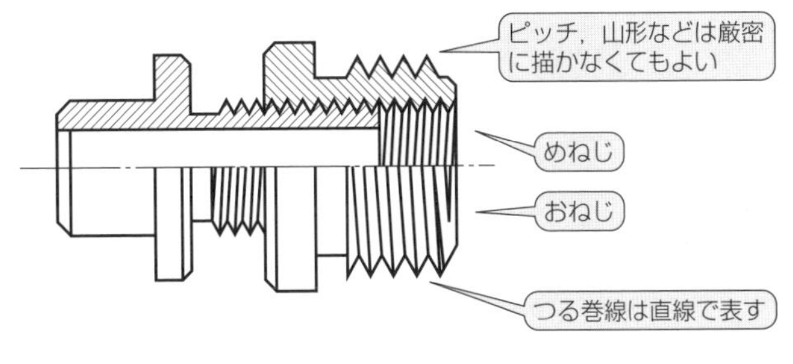

図 4.2　ねじの実形の図示例

表 4.1　主なねじの種類

ねじ山の種類	ねじの種類	記号（例）	用途・特徴	対応 JIS
三角ねじ	メートル並目ねじ	M（M8） ピッチの指示は不必要	締結用として最も広く用いられる．一つの呼び径に対しピッチが一つだけ規定されている	JIS B 0205
	メートル細目ねじ	M（M8×1） ピッチの指示が必要	並目に比べピッチが小さい．振動などによるゆるみ防止，水密・気密を要する部品の締結用	JIS B 0205
管用平行ねじ	–	G ピッチは 1 インチ当たりの山数で表す	普通のねじに比べピッチ，山の高さが小さく，ゆるみにくい．管，管用部品，流体機器などの結合用	JIS B 0202
管用テーパねじ	–	テーパおねじ R テーパめねじ R_c 平行めねじ R_p	ピッチ・ねじ山は上記と同じ．テーパねじは軸心に対し傾斜しているため機密性が特に優れている．R を R_c にねじ込む方法と R_p にねじ込む方法がある	JIS B 0203
台形ねじ	メートル台形ねじ	–	旋盤の親ねじ，ジャッキ，プレスなどの軸力を伝える用途に用いられる	JIS B 0216
ボールねじ	特殊ねじ	M28×リード 5	摩擦力が少なく，伝達効率がよい．バックラッシが小さいため正確な位置決めの用途に適している	–

【2】ねじの通常図示法

(1) ねじの外観の表し方（図 4.3，図 4.4 参照）

① おねじの外径およびめねじの内径は，太い実線で表す．

② おねじの谷の径およびめねじの谷の径は，細い実線で表す．

③ 端面から見た図で，おねじおよびめねじの谷底は，細い実線の約 3/4 の円周で表す．欠円部分の位置はできれば右上方にするが，やむをえない場合はずらしてもよい．

④ 端面から見た図で，端末の面取り円は省略する．

⑤ 外径・内径と谷の径を表す線の間隔は，山の高さと等しくする（山の高さは JIS を参照）．ただし，

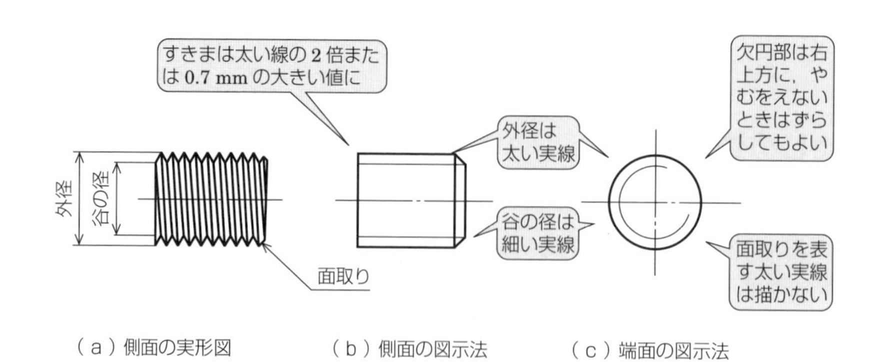

図 4.3　おねじの外観の表し方

（a）断面の実形図　（b）断面の図示法　（c）端面の図示法

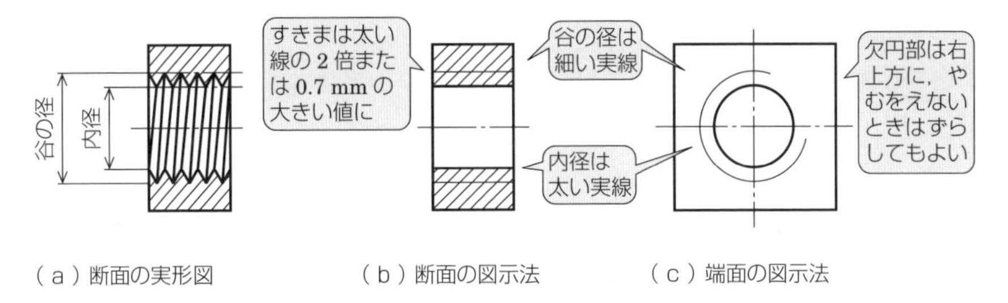

図 4.4　めねじの外観の表し方

この線の間隔が狭い場合は，いかなる場合にもすきまを太い線の2倍または0.7 mmのどちらか大きい方の値とする．

(2)　不完全ねじ部とその境界の表し方（図 4.5 参照）

① 不完全ねじ部は，省略可能であれば表さなくてもよい．ただし，植込みボルトのように機能上必要な場合，または寸法指示のために表示が必要な場合は，傾斜した細い実線で表す．

② 完全ねじ部と不完全ねじ部の境界は，太い実線を用いて，おねじの外径またはめねじの谷の径を表す線まで描く（ねじ先の不完全ねじ部は，「5.1.7 ねじ先形状」参照）．

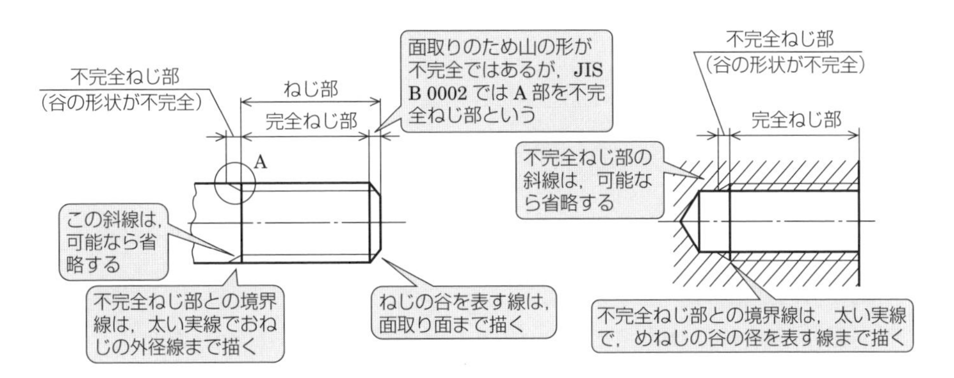

図 4.5　不完全ねじ部とその境界の表し方

(3)　かくれたねじおよびねじの断面の表し方

① **図 4.6** に示すように，かくれたねじを示す必要がある場合は細い破線で示してもよい．

② 断面図で表すねじでは，**図 4.7** のようにハッチングをおねじの外径，めねじの内径まで施す．

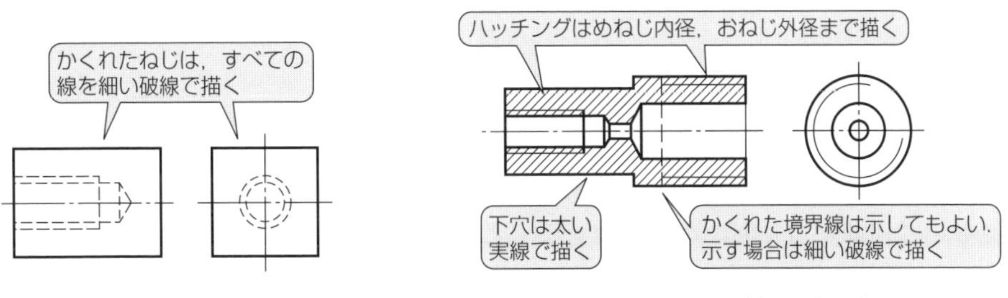

図 4.6　かくれたねじの表し方

図 4.7　ねじの断面の表し方

(4) 組み立てられたねじの表し方

① これまで述べたねじの通常図示法は，組み立てられたねじ部品にも適用する．

② ただし，**図 4.8** および**図 4.9** に示すように，おねじ部品が常にめねじ部品をかくした状態で示し，めねじ部品でおねじ部品をかくさない．

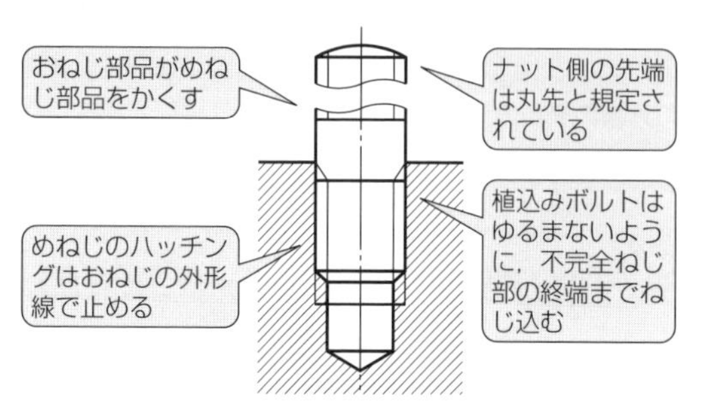

図 4.8　組み立てられた植込みボルトの表し方

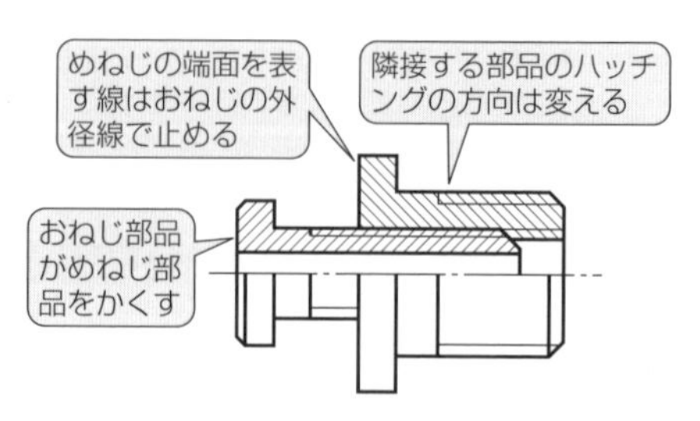

図 4.9　組み立てられたねじ部品の表し方

【3】ねじの指示法

図面にねじの種類や寸法・仕様などの呼び方を指示する場合は，ねじに関する規格に基づく呼び方によって，下記の方法で指示をする．

一般にねじの呼び方は，次の事項を含む．

・ねじの種類の略号（例：M，G，Tr など）

・呼び径または直径（例：12，1/2 など）

もし必要なら（例えば，細目ねじの場合など），次の事項を追加する．

・ピッチ（P）

・リード（L）

・ねじ山の巻き方向（左ねじの場合は LH）

・基本サイズ公差等級（例：おねじの場合は 5 g など，めねじの場合は 6H など）

・条数

下記にねじの指示例を示すが，ねじの種類を表す略号，ねじの呼び径または直径を表す数字，ピッチまたは山数，ねじの等級，その他の順に指示をする．

・メートル並目ねじ

　例：M8 - 6H（呼び径 8 mm，ピッチ 1.25 mm，等級 6H のめねじを表す）

・メートル細目ねじ

　例：M12×1.5 - LH（呼び径 12 mm，ピッチ 1.5 mm の左ねじを表す）

・管用平行ねじ

　例：G3/4 - A（呼び径 3/4 インチ，山数 11，等級 A の右ねじを表す）

【4】ねじの寸法記入法

図 4.10 に示すように，ねじの呼び径 d は，おねじの外径線またはめねじの谷の底に対して記入し，ねじ部長さ b の寸法は，ねじ部に対し記入する．適切なねじ部の寸法はめねじの材料によって異なり，ねじ込み長さ（おねじがめねじに入っている長さ）を l，ねじの呼び径を d とすると，軟鋼・鋳鋼・青銅は $l=d$，鋳鉄は $l=1.3d$，軽金属は $l=1.8d$ 程度であり，めねじの深さ l_1 は，ねじ込み長さ

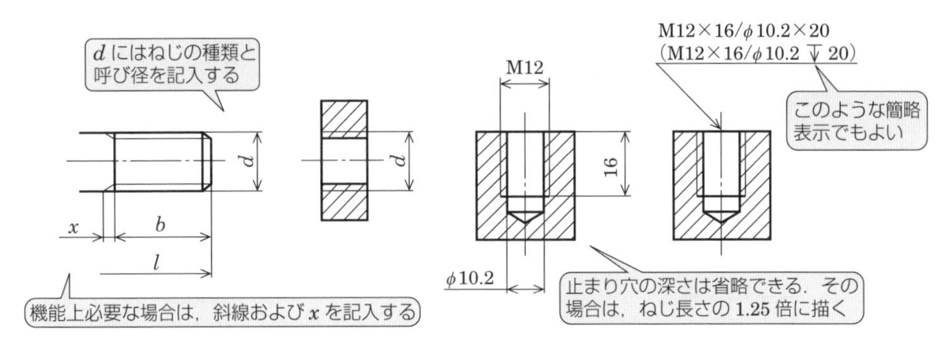

図 4.10　ねじの寸法記入法

より 2 ～ 10 mm 長くする．また，めねじが貫通していない場合は，止まり穴（ねじの下穴）の深さを $1.25l_1$ 程度とする．

不完全ねじ部長さ x は機能上必要な場合は記入する．止まり穴深さの寸法表示は通常省略するが，その場合は穴深さをねじ部長さの 1.25 倍程度に描く．

また，ねじの呼び径・長さ，止まり穴深さなどを図示のように簡略表示してもよい．

4.1.3　ボルト・ナット

【1】ボルト，ナットの種類

ボルト，ナットは重要な機械部品の一つで，その形状，機能，用途などの種類は極めて多い．ボルトは頭部および一部または全部におねじを切った軸部とからなり，めねじが切られたナットまたは部材とともに用いられる．主用途である締結用としては，使用方法により**表 4.2** のように分類される．ボルトの頭が六角形の六角ボルトおよびナットの外形が六角の六角ナットが広く用いられている．

表 4.2　使用方法によるボルトの種類

通しボルト	押さえボルト	植込みボルト	両ナットボルト
2 つの部材にボルト穴をあけ，ボルトとナットで締め付ける	一方の部材に貫通穴をあけられない場合にめねじを切り，ボルトで締め付ける	ボルトを不完全ねじ部までねじ込んで固定し，ナットで締め付ける	植込みボルトと同様のボルトで，2 つの部材を両側からナットで締め付ける

【2】ボルト，ナットの描き方

ボルトやナットなどのねじ部品は，規格品を使用することが多い．その場合，図面にねじ部品の呼び方（仕様）を書いて指示すればよい．ボルトの頭部の形状を表す必要がある場合に用いる図示法を**図 4.11** に示す．(a) は呼び径を基準とした比較的容易な図示法であるが，この方法では実際の寸法より頭部が大きく表される．(b) は JIS に定められた寸法を基準とした図示法である．やや複雑な描き方であるが，実形に近い図となる．

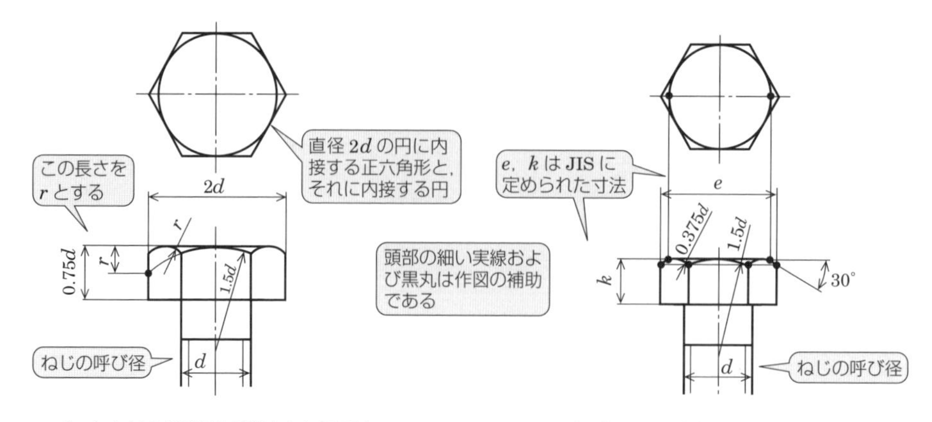

（a）ねじの呼び径を基準とした図示法　　（b）JISの寸法を基準とした図示法

※本図示法でナットを表す場合ナット高さはdとする

図4.11　ボルト頭部形状の図示法

表4.3　ボルトおよびナットの簡略図示例

ボルト	六角ボルト	四角ボルト	六角穴付きボルト	ちょうボルト
小ねじ	すりわり付き平小ねじ（なべ頭形状）	十字穴付き平小ねじ	すりわり付き丸皿小ねじ	十字穴付き丸皿小ねじ
小ねじ	すりわり付き皿小ねじ	十字穴付き皿小ねじ	すりわり付き止めねじ	すりわり付き木ねじおよびタッピングねじ
ナット	六角ナット	溝付き六角ナット	四角ナット	ちょうナット

4.1.4　簡略図示法

ねじ部品の正確な形状および細部を示す必要がない場合には，図や寸法の指示を次のように簡略化してもよい．

① 頭部の穴や溝などの形状を指示することが必要な場合は，**表4.3**に示す簡略図示の例を使用する．

② 小径ねじ（図面上の直径が6 mm以下）や，規則的に並ぶ同じ形・寸法のねじなどは，**図4.12**に示すように簡略化してもよい．寸法指示は矢印が穴の中心線を指す引出線上に記入する．

4.1.5　小ねじ・止めねじ・座金

小ねじは，頭部に穴や溝などのある比較的小径のねじのことである．図示法は4.1.4項と同様であ

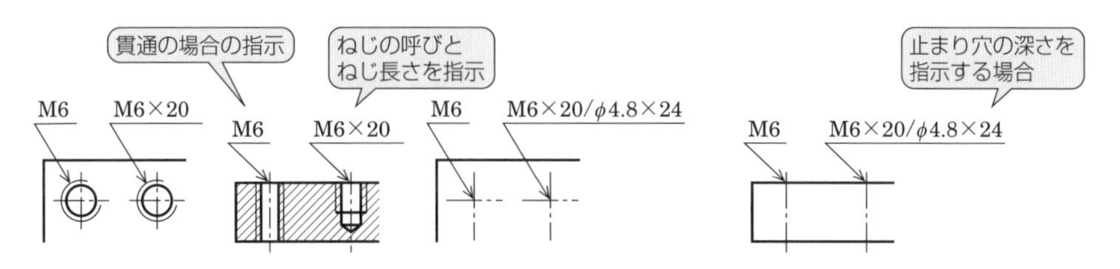

図 4.12　小径ねじの簡略図示法

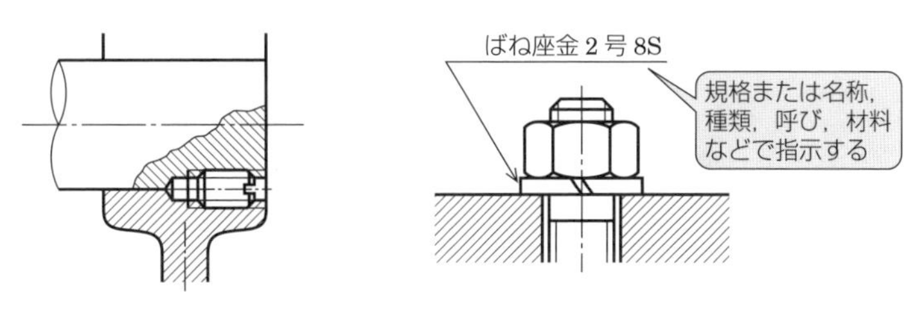

図 4.13　止めねじの使用例　　図 4.14　ばね座金の図示法

る．止めねじは，歯車などの軸への固定用に用いられる．使用例を**図 4.13** に示す．また座金は，平座金やばね座金などがあり，ばね座金は**図 4.14** に示すように締め付けられた状態で表す．

4.1.6　ボルト穴・ざぐり

ボルト穴は，ボルトや小ねじの軸部が通るすきま穴で，すきまの大きさにより 1 級から 4 級までが規定されている．ざぐりには，黒皮をとる程度のざぐり，ボルトの頭を締め付ける部材の表面下に収めるための深ざぐり，皿ねじの頭を沈めるための皿ざぐりなどがある．図示法は 2.6.2 項に示す．

4.2　歯車（JIS B 0003：2012，JIS B 0102-1：2013）

歯車は回転運動を確実に伝達する場合に用いられる重要な機械要素の一つである．回転運動のトルク比，速度比は歯数の組合せによって決めることができる．ここでは，歯車に関する基本的事項，歯車の製図法について述べる．

4.2.1　歯車の種類

一般の機械に用いられる主な歯車の種類を**図 4.15** に示す．駆動軸と従動軸の相対位置が平行の場合だけでなく，交差軸，食違い軸に用いられる歯車もある．それぞれの歯車は伝動効率，強度，静粛性などの特性や，製作性などが異なるため，使用目的に応じて選定される．

4.2.2　歯車各部の名称・記号

歯車の製図上必要な部分の名称と記号を，標準平歯車を例として**図 4.16** に示す．

基準円とは，両歯車が互いに滑らずに転がり接触をすると考えた仮想の円である．歯形曲線と基準円の交点をピッチ点といい，ピッチ点における歯形曲線の接線と二つの歯車の中心を結ぶ線との角度を基準圧力角（α_p）という．JIS では α_p を 20° と定めている．

また，ある歯から次の歯までの基準円の弧の長さをピッチ（P）といい，一つの歯の基準円の弧の長さを歯厚（s_p）という．標準歯車では歯厚はピッチの 1/2 である．

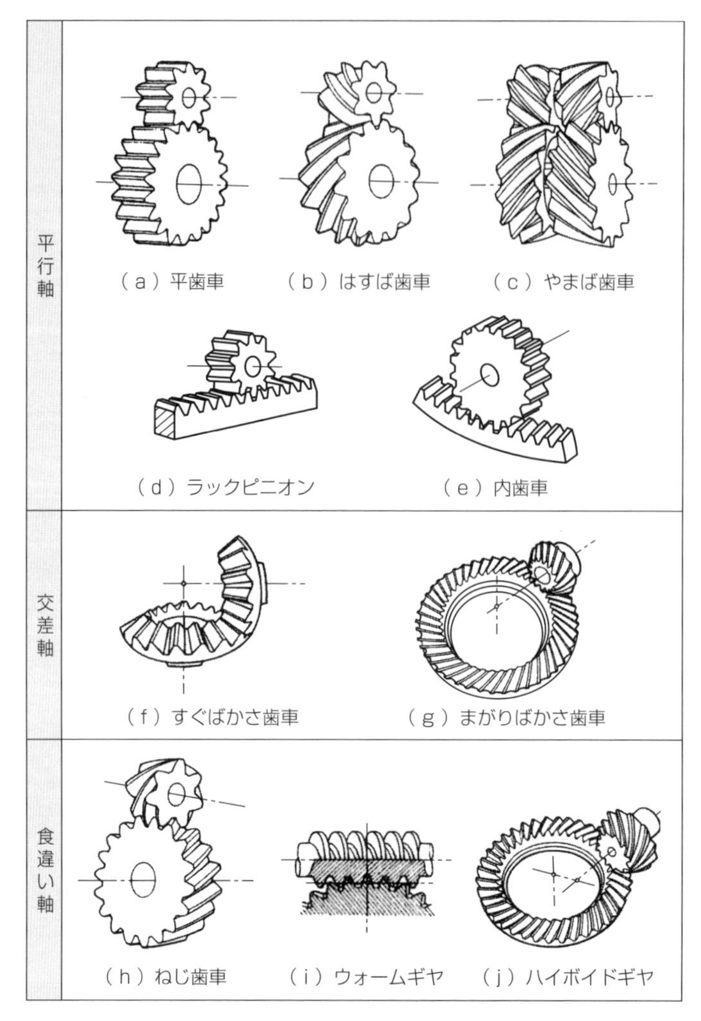

図 4.15　主な歯車の種類

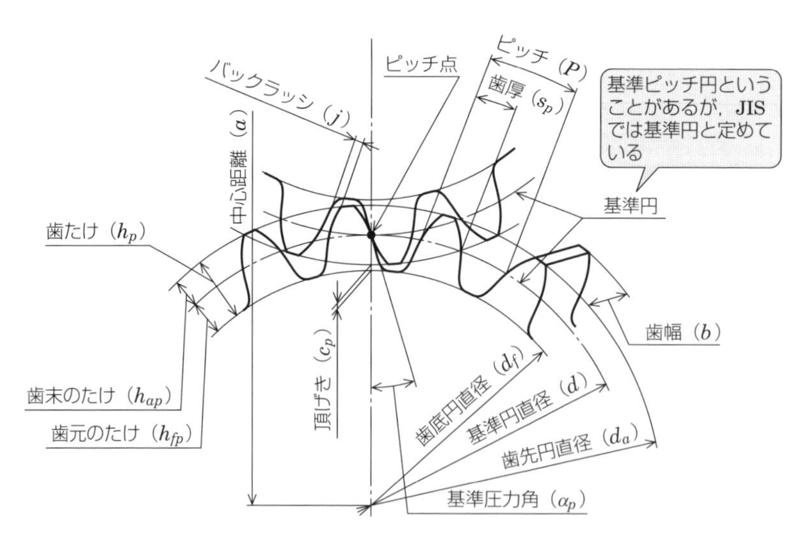

図 4.16　標準歯車の各部の名称と記号

4.2.3 歯形と歯の大きさ

歯車の歯形は，加工が容易なことおよび中心距離（かみ合う歯車の軸間距離）が多少変化してもなめらかにかみ合うことなどの特長から，JIS に規定されているインボリュート歯形が広く使用されている．そのインボリュート歯形曲線を**図 4.17** に示す．

歯車の歯の大きさはモジュール（m）で表すのが一般的であり次式で表される．ただし，z は歯数である．

$$m = \frac{\text{基準円直径}}{\text{歯数}} = \frac{d}{z} \quad \text{〔mm〕}$$

式からわかるようにモジュールは，π 倍するとピッチになるように決められた歯の大きさを表す単位である．**図 4.18** にモジュールと歯の大きさの関係を示す．

JIS ではモジュールの標準値を**表 4.4** に示すように分類し，第Ⅰ列を優先的に選択し必要に応じて第Ⅱ列を選択するように定めている．一対の歯車が正しくかみ合う条件としては，圧力角とモジュールが等しいことが必要である．

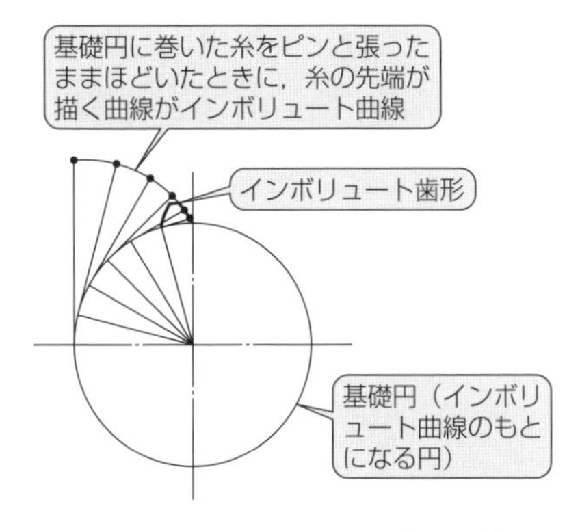

図 4.17　インボリュート歯形曲線

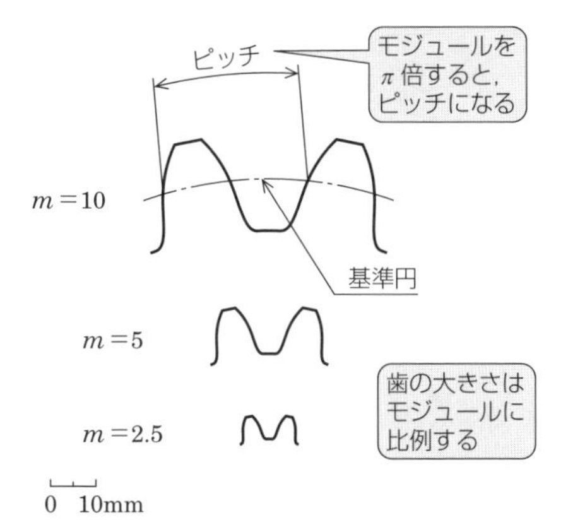

図 4.18　モジュールと歯の大きさの関係

表 4.4　モジュールの標準値

Ⅰ	Ⅱ
0.1	0.15
0.2	0.25
0.3	0.35
0.4	0.45
0.5	0.55
0.6	0.7
0.8	0.75
1	0.9
1.25	1.125
1.5	1.375
2	1.75
2.5	2.25
3	2.75
4	3.5
5	4.5
6	5.5
8	(6.5)
10	7
12	9
16	11
20	14
25	18
32	22
40	28
50	36
	45

（単位：mm）

4.2.4 歯の創成と転位

歯形の創成法としてラックの形状をした創成歯切工具を用いる方法がある．JIS ではインボリュート歯車の歯の寸法を統一するために，基準となるラックの歯形を定めている．

図 4.19 に基準ラックの寸法と標準歯車の歯切り法を示すが，小歯数歯車の歯切り時に生じることがある切下げを防ぐ方法として，ラックの基準線を歯車の基準円からある距離ずらして創成することがある．これを転位歯車という．

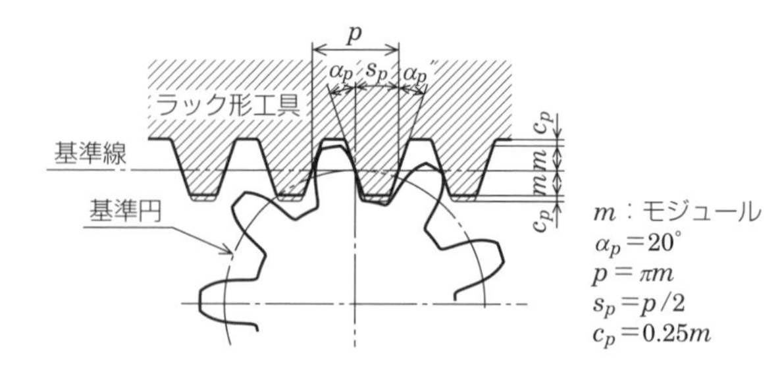

図 4.19　基準ラックの寸法と標準歯車の歯切り法

4.2.5　歯車の部品図の作成法

歯車の部品図は，図と要目表を併用して表す．それぞれの図示法は次のとおりである．

【1】図の一般的な描き方

歯車の軸に直角な方向から見た図を主投影図（正面図）とし，歯形は詳細が JIS に定められているため簡略化して描き，主として歯切り前の機械加工を終えたもの（歯車素材）を製作するのに必要な形状・寸法などを表す．

線の用い方としては，歯先円は太い実線，基準円は細い一点鎖線，歯底円は細い実線を用いて示す．歯底円は記入を省略してもよい．ただし，主投影図を断面で図示する場合には歯底円は太い実線で表す．歯すじの方向は，通常 3 本の細い実線で示す．

図 4.20 に平歯車を例にした図示法を示す．

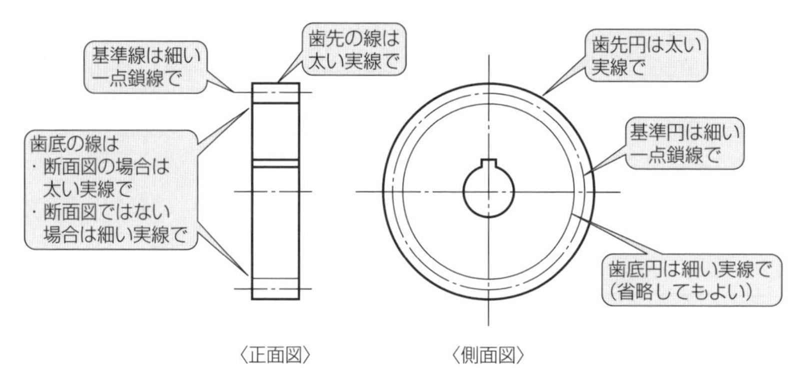

図 4.20　歯車の図示法

【2】要目表の作成法

要目表には原則として歯切り，組立，検査などに必要な事項を記入する．図 4.21 に要目表の作成法を示す．要目表は，通常図の右側に配置する．

【3】平歯車の主要寸法の算出法

平歯車は，図 4.22 に示すように，歯，リム，ウェブまたはアーム，ボスなどで構成されているが，ここでは平歯車の図面作成に必要な，歯に関連する主な寸法の算出法を述べる．それらの寸法は，モジュールと歯数から算出することができる．標準平歯車の場合の寸法計算式と計算例を表 4.5 に示す．その他の寸法は通常伝達トルクからまず軸径を決め，それを基準として決める．

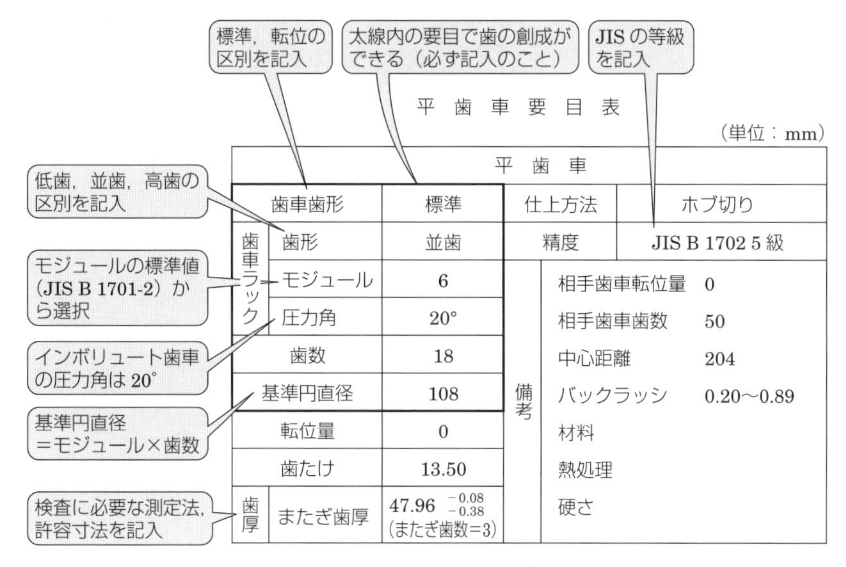

図 4.21　要目表の作成法

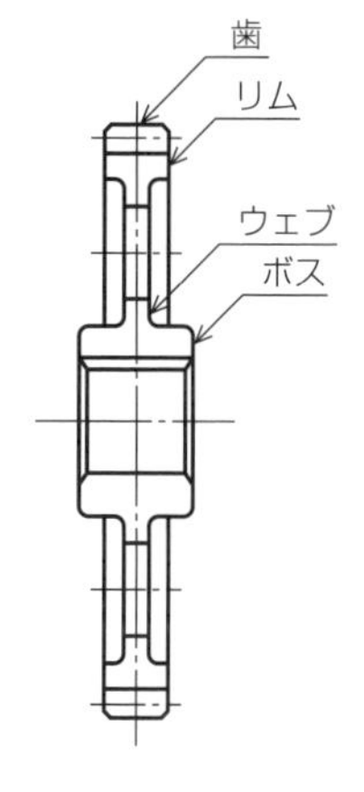

図 4.22　平歯車の構成

表 4.5　標準平歯車の寸法計算式と計算例

計算項目	記号	計算式	計算例
モジュール	m	−	3 mm
基準圧力角	α_p		20°
歯数	z		24 枚
基準円直径	d	zm	72.00 mm
歯末のたけ	h_{ap}	$1.00\,m$	3.00 mm
歯たけ	h_p	$2.25\,m$	6.75 mm
歯先円直径	d_a	$(z+2)\,m$	78.00 mm
歯底円直径	d_f	$(z-2.5)\,m$	64.50 mm
頂げき	c_p	$0.25\,m$	0.75 mm
中心距離*	a	$(z+z_2)\,m/2$	103.50 mm

注* z_2 はかみ合う相手歯車の歯数．
計算例は $z_2=45$ の場合．

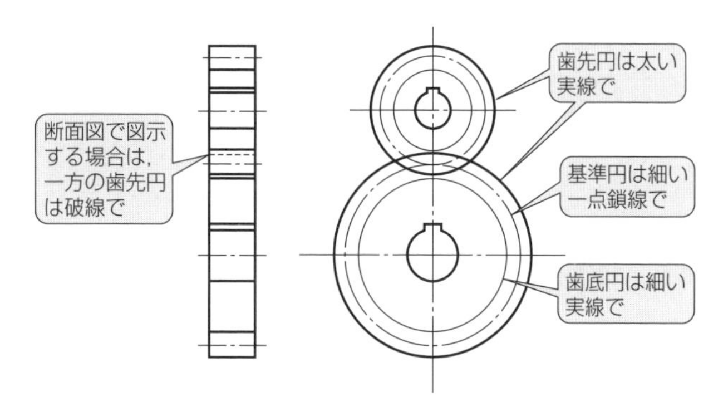

図 4.23　かみ合う一対の平歯車の図示例

4.2.6　かみ合う歯車の図示法と簡略図の例

かみ合う一対の歯車の図示は以下のようにする．平歯車の例を**図 4.23** に示す．

① 主投影図を断面図で図示するときは，かみ合い部の一方の歯先円を示す線を細い破線または太い破線で示す．

② 側面図におけるかみ合い部の歯先円は，ともに太い実線で示す．

またかみ合う一対の歯車の簡略図の例を**図 4.24**（a），（b）に示す．

一連の平歯車（歯車列）の簡略図は，側面図を中心線と基準円で示し，正面図は正しく投影するとわかりにくくなる場合は展開して示す．例を図 4.24（c）に示す．

4.2.7　歯車の部品図の例

平歯車とはすば歯車の部品図の例を**図 4.25**，**図 4.26** に示す．図形，数値および備考内容は例示であり，歯車特有の寸法以外は記入を省略したものである．

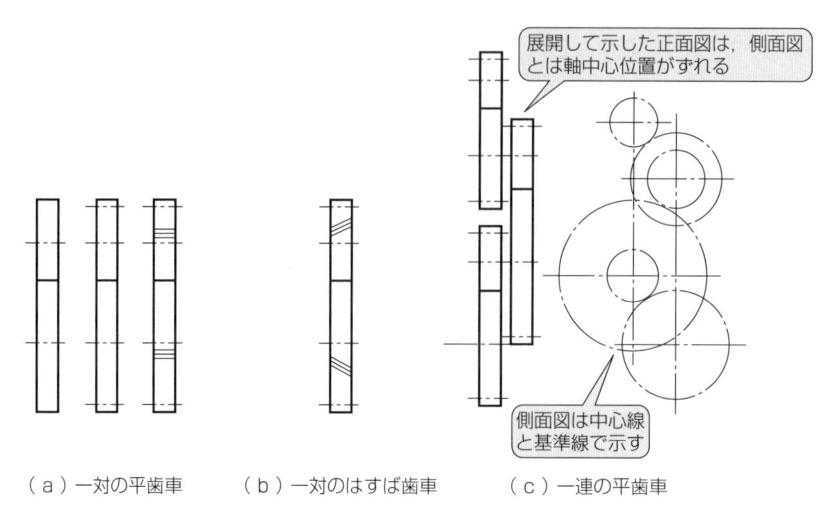

図 4.24　かみ合う歯車の簡略図示法

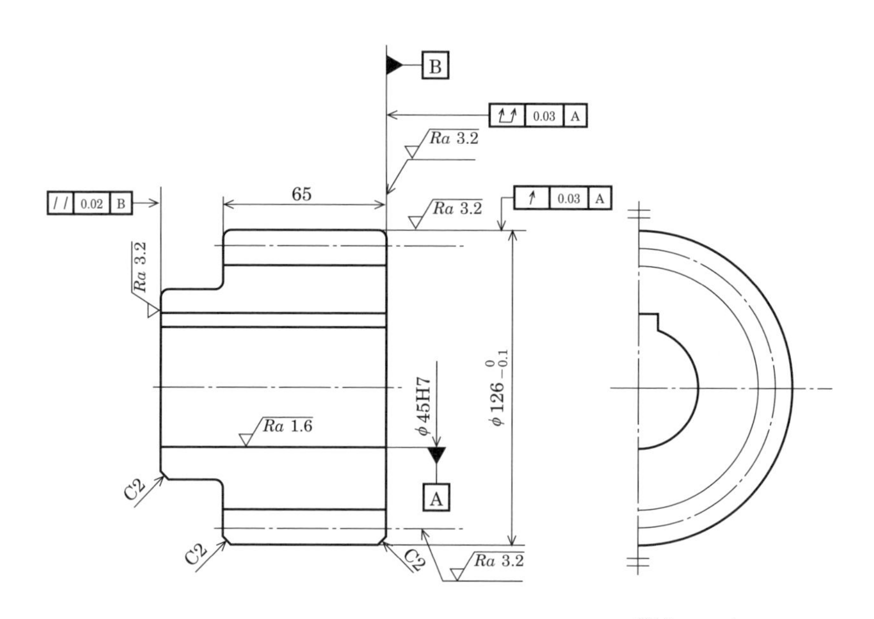

（単位：mm）

平　歯　車				
歯車歯形		標準	仕上方法	ホブ切り
歯車ラック	歯形	並歯	精度	JIS B 1702 5 級
	モジュール	6	備考	相手歯車転位量　0
	圧力角	20°		相手歯車歯数　50
歯数		18		中心距離　204
基準円直径		108		バックラッシ　0.20〜0.89
転位量		0		材料
歯たけ		13.34		熱処理
歯厚	またぎ歯厚	$47.96^{-0.08}_{-0.38}$（またぎ歯数=3）		硬さ

図 4.25　平歯車の部品図の例※

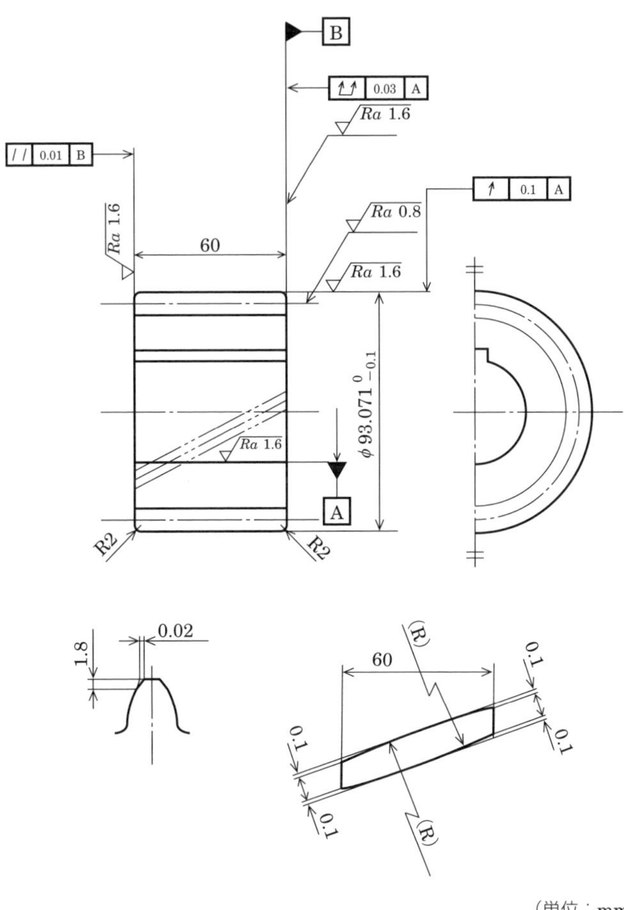

（単位：mm）

<table>
<tr><td colspan="6">はすば歯車</td></tr>
<tr><td colspan="2">歯車歯形</td><td>転位</td><td colspan="2">歯たけ</td><td>9.409</td></tr>
<tr><td colspan="2">歯形基準平面</td><td>歯直角</td><td>歯厚</td><td>オーバーピン（玉）寸法</td><td>95.19 $^{-0.17}_{-0.29}$
（玉径＝7.144）</td></tr>
<tr><td rowspan="3">基準ラック</td><td>歯形</td><td>並歯</td><td colspan="2">仕上方法</td><td>研削仕上</td></tr>
<tr><td>モジュール</td><td>4</td><td colspan="2">精度</td><td>JIS B 1702 1級</td></tr>
<tr><td>圧力角</td><td>20°</td><td rowspan="6">備考</td><td colspan="2" rowspan="6">相手歯車歯数　24
中心距離　96.265
基礎円直径　78.783
材料　SNCM 415
熱処理　浸炭焼入れ
硬さ（表面）　HRC 55～61
有効硬化層厚さ　0.8～1.2
バックラッシ　0.16
歯形修整，クラウニングを行うこと</td></tr>
<tr><td colspan="2">歯数</td><td>19</td></tr>
<tr><td colspan="2">ねじれ角</td><td>26.7°</td></tr>
<tr><td colspan="2">ねじれ方向</td><td>左</td></tr>
<tr><td colspan="2">リード</td><td>531.384</td></tr>
<tr><td colspan="2">基準円直径</td><td>85.071</td></tr>
</table>

図 4.26　はすば歯車の部品図の例※

※　通常，部品図では図の右側に要目表を配置するが，ここでは紙面の都合上，図の下に配置している．

4.3 軸

軸は機械の動力伝達を行う重要な要素部品であって，軸のない機械はまったくないといっても過言ではない．

軸を分類すると，車両や伝導軸などの直軸，内燃機関のクランク軸などの（屈）曲軸がある．

4.3.1 軸の製図

図 4.27 は軸の製図の一例である．

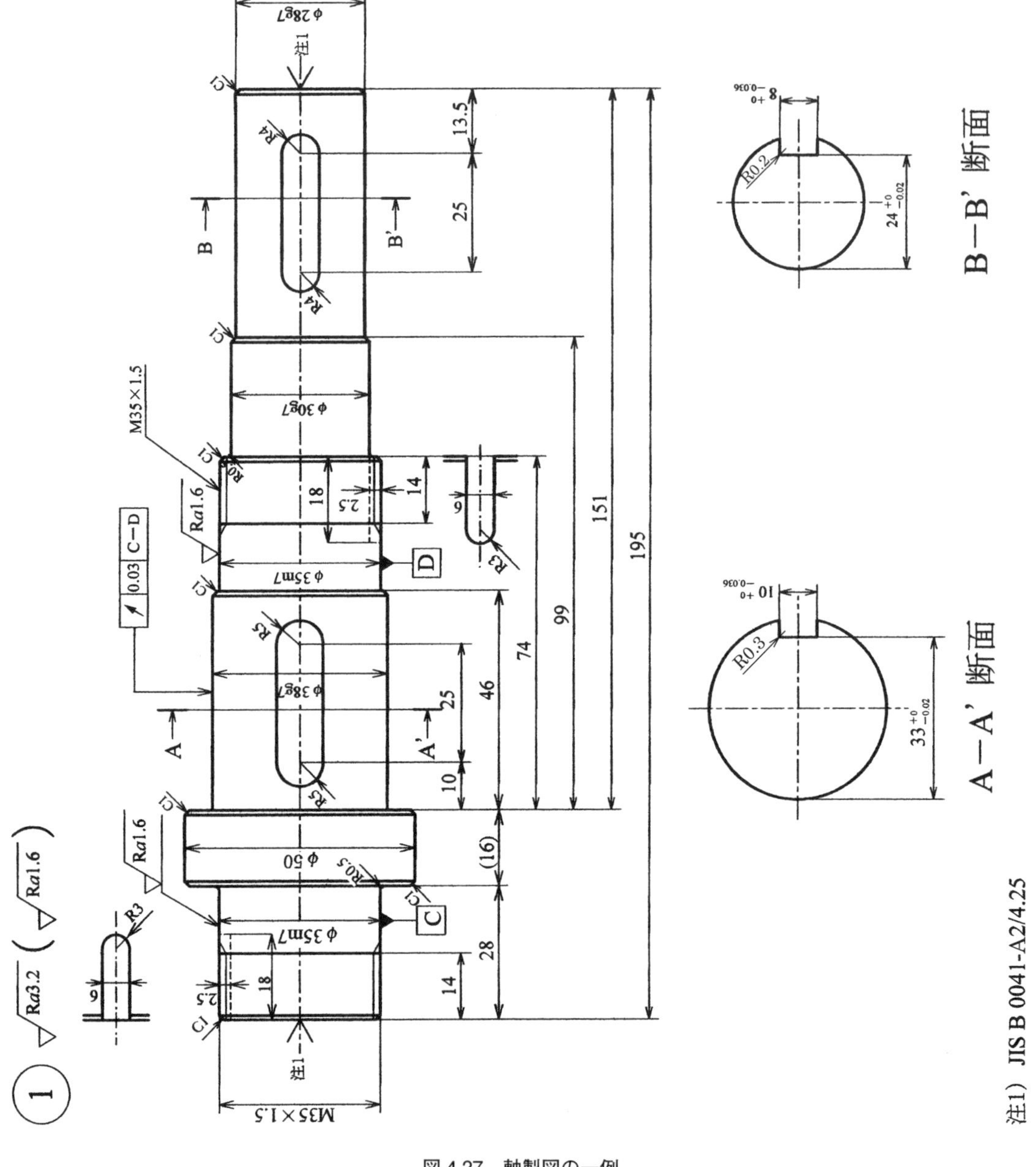

図 4.27　軸製図の一例

軸は強度計算で得られた寸法をそのまま利用するのではなく，**図 4.28** に示すように軸受，歯車，オイルシールなどが組み込まれたり，強いトルクでの動力伝達ができるようにキーを設置するキー溝（5.3 節参照）をつけたり，さらには，ねじ切りや研削など加工上の都合から逃げ溝をつけたりすることもある．このため，詳細の寸法は組立図が完成後決まることになる．

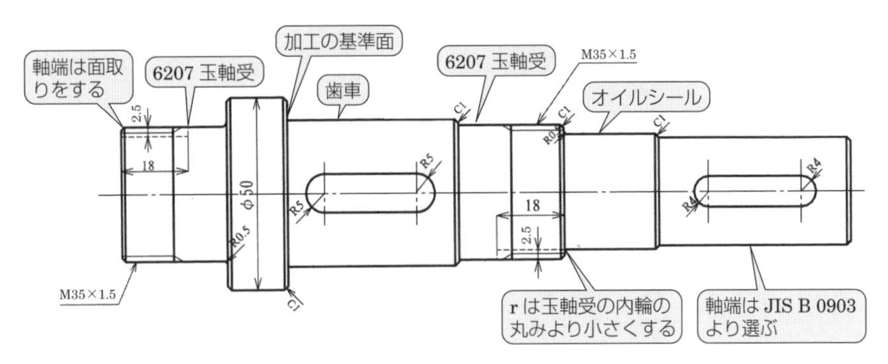

図 4.28　軸に考慮する事項

軸の外形の加工では，旋盤による丸削り，ねじ切りなどや研削盤による円筒研削などを行う．それらの加工の際に，工具が工作物に当たることを防止したり，加工が必要な箇所を完全に加工できるように，**図 4.29** に示すよう逃げを作ることが必要になる．ねじの逃げ溝の形状・加工寸法は規格を参考にすると良い．

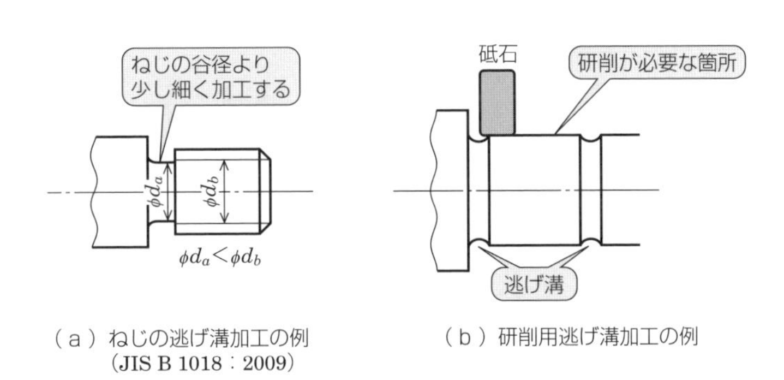

（a）ねじの逃げ溝加工の例（JIS B 1018：2009）　（b）研削用逃げ溝加工の例

図 4.29　軸の逃げ溝加工の例

作図する場合，図 4.27 を参考にして描けばよいが，以下注意すべき点を列挙する．

① 軸は長手方向に切断しない．

② 加工基準面から寸法を記入する．その際，二重寸法を避ける．

③ 軸の全長寸法は必ず記入する．

④ 段付部の R，かど部の面取り C は記入する．

⑤ 表面性状，幾何公差，サイズ公差はよくわかる位置に記入する．

⑥ キー溝，座金溝などの寸法は適当な寸法とせず，必ず規格表より選ぶ．

4.3.2　軸径および軸端

軸には動力伝達のために必要な歯車，プーリなどの部品が取り付けられるので，はめあい部分の軸径，ならびに軸端は適当な寸法ではなく，軸径の規格（表 5.33），軸端の規格（表 5.34）を参考に寸法を決める．

軸端には**図 4.30**，**図 4.31** に示すように軸に平行な円筒軸端とテーパ比 1：10 の円すい軸端があり，それぞれの軸端には短軸端と長軸端がある．

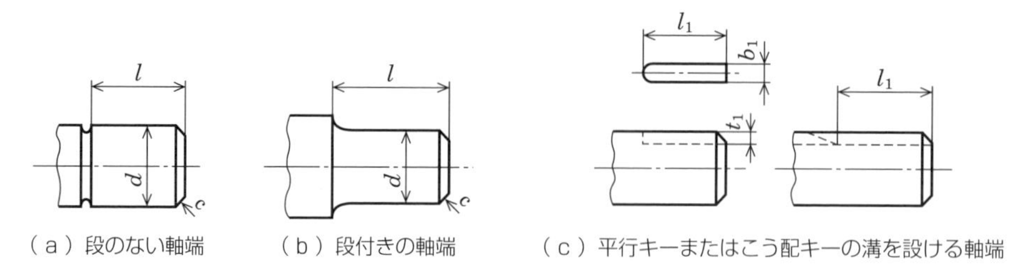

（a）段のない軸端　（b）段付きの軸端　（c）平行キーまたはこう配キーの溝を設ける軸端

図 4.30　円筒軸端

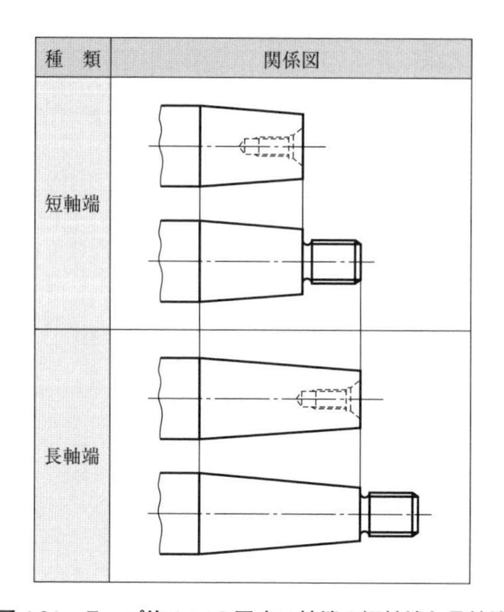

図 4.31　テーパ比 1：10 円すい軸端の短軸端と長軸端

円すい軸端は楔（くさび）の原理でこれに嵌合（かんごう）する部品を緩みなく取り付けることができるので，内燃機関のようにトルク変動が大きいものに利用される．

4.3.3 センタ穴

軸は旋盤で加工されるが，比較的長い軸では，まず，**図 4.32** に示すセンタ穴ドリルで軸端にセンタ穴加工を行い，**図 4.33** に示すように旋盤に両センタを支持し，軸を加工する．

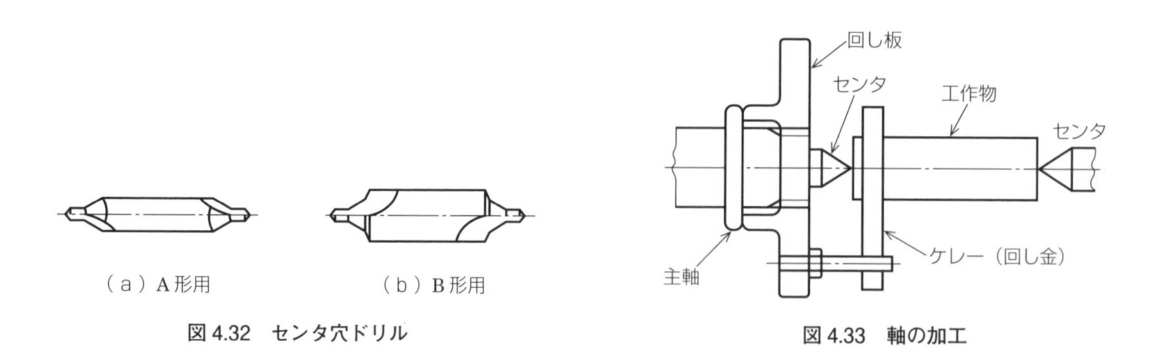

（a）A 形用　（b）B 形用

図 4.32　センタ穴ドリル

図 4.33　軸の加工

センタ穴の種類は**表 4.6** に示すように A 形，B 形，C 形，R 形があり，60 度 A 形が広く用いられる．重量物，重切削には 75 度センタ穴，90 度センタ穴が主として用いられる．

表 4.6　センタ穴の角度と形式（JIS B 1011）

角度			形式
60 度	75 度*	90 度	A
			B
			C
	−		R

＊75° センタ穴はなるべく用いない

表 4.7（JIS B 1011）は 60 度センタ穴における A 形，B 形，C 形の形状および寸法を示す．同表にしたがい，種類と寸法を図面に指示する．

表 4.7　60 度センタ穴

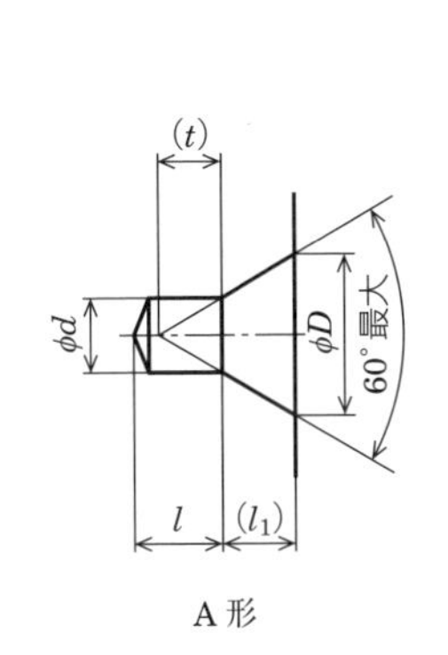

A 形

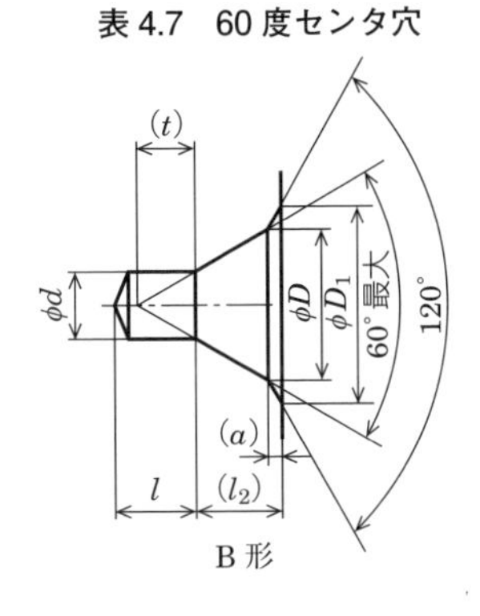

B 形

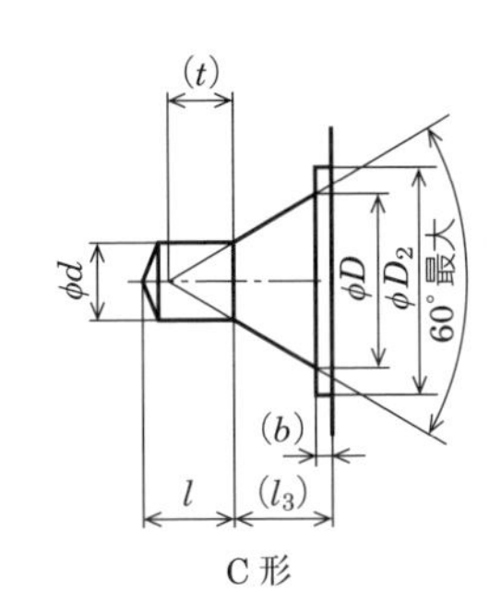

C 形

（単位：mm）

d 呼び	D	D_1	D_2（最小）	l*（最大）	b（約）	参考 l_1	参考 l_2	参考 l_3	参考 t	参考 a
(0.5)	1.06	1.6	1.6	1	0.2	0.48	0.68	0.68	0.5	0.16
(0.63)	1.32	2	2	1.2	0.3	1.6	0.8	0.9	0.6	0.2
(0.8)	1.7	2.5	2.5	1.5	0.3	0.78	1.01	1.08	0.7	0.23
1	2.12	3.15	3.15	1.9	0.4	0.97	1.27	1.37	0.9	0.3
(1.25)	2.65	4	4	2.2	0.6	1.21	1.6	1.81	1.1	0.39
1.6	3.35	5	5	2.8	0.6	1.52	1.99	2.12	1.4	0.47
2	4.25	6.3	6.3	3.3	0.8	1.95	2.54	2.75	1.8	0.59
2.5	5.3	8	8	4.1	0.9	2.42	3.2	3.32	2.2	0.78
3.15	6.7	10	10	4.9	1	3.07	4.03	4.07	2.8	0.96
4	8.5	12.5	12.5	6.2	1.3	3.9	5.05	5.2	3.5	1.15
(5)	10.6	16	16	7.5	1.6	4.85	6.41	6.45	4.4	1.56
6.3	13.2	18	18	9.2	1.8	5.98	7.36	7.78	5.5	1.38
(8)	17	22.4	22.4	11.5	2	7.79	9.35	9.79	7	1.56
10	21.2	28	28	14.2	2.2	9.7	11.66	11.9	8.7	1.96

＊l は t よりも小さい値となってはならない

4.3.4　センタ穴の簡略図示法

図面にセンタ穴を詳細に記述することは図面が複雑になるばかりか，意味もない．そこで簡略図示法を用い図面に記述する．**表 4.8** は JIS によるセンタ穴の図示法である．すなわち，センタ穴を最終仕上がり部品に残す場合，残してもよい場合，残してはならない場合を記号で区別するが，一般には残す．その理由は，部品の追加工ならびに部品の検査に利用するためである．

表 4.8　センタ穴の記号および呼び方の図示方法

（単位：mm）

要求事項	記　号	呼び方
センタ穴を最終仕上り部品に残す場合		JIS B 0041-B2.5/8
センタ穴を最終仕上り部品に残してもよい場合		JIS B 0041-B2.5/8
センタ穴を最終仕上り部品に残してはならない場合		JIS B 0041-B2.5/8

4.4 軸　受

回転する軸を支えて軸に作用する荷重を受ける機械部品を軸受と呼び，軸に直角な荷重を受ける軸受をラジアル軸受，軸方向のアキシアル荷重を受ける軸受をスラスト軸受という．

軸受には面と軸の間に玉やころなどの転動体を入れ，転がり運動をさせる転がり軸受，軸の支え面と軸との運動がすべり運動を行うすべり軸受があり，用途に応じ各種機械に用いられている．ここでは転がり軸受について述べる．

4.4.1 転がり軸受の種類と名称

転がり軸受は半径方向の荷重を受けるラジアル軸受，軸方向の荷重を受けるスラスト軸受，また転動体における玉やころの形により分類される．

代表的な転がり軸受の構造を**図 4.34** に示す．図に示すように転がり軸受は外輪，玉あるいはころ，転動体を支える保持器，内輪で構成される．

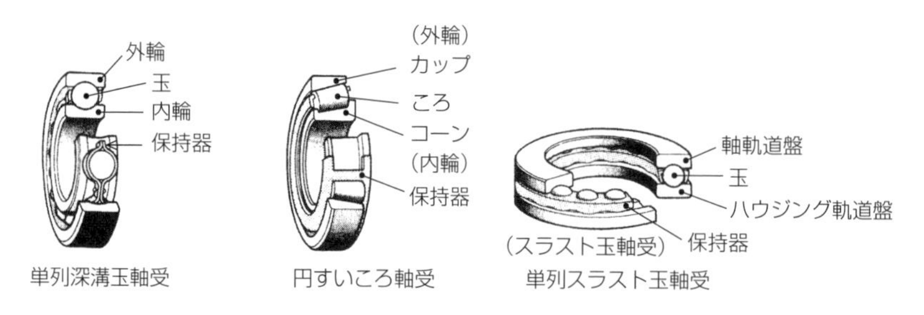

図 4.34　主な転がり軸受の構造

4.4.2 転がり軸受の呼び番号

転がり軸受の形状，寸法などは呼び番号で表す．呼び番号は軸受の形式，主要寸法，精度などを表すもので**図 4.35** に示すように基本番号（軸受系列記号，内径番号，接触角記号）と補助記号（シール・シールド記号，軸受の組合せ，ラジアル内部のすきま，精度等級）の順序で軸受を表現する．**表 4.9** に軸受の種類と軸受系列記号を示す．

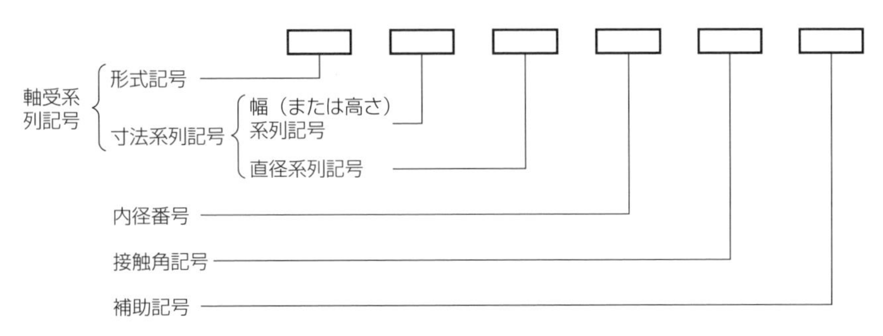

図 4.35　転がり軸受の呼び番号の構成

表 4.9　各種軸受の軸受系列記号

軸受の種類	断面図	形式記号	寸法系列記号	軸受系列記号	軸受の種類	断面図	形式記号	寸法系列記号	軸受系列記号
深溝玉軸受		6	10 02 03	60 62 63	円筒ころ軸受		NU	02 03 04	NU2 NU3 NU4
アンギュラ玉軸受		7	10 02 03	70 72 73	円すいころ軸受		3	20 02 22	320 302 322
自動調心玉軸受		1	02 03 22	12 13 22	単列スラスト玉軸受		5	12 13 14	512 513 514

・形式記号：形式記号は 1 字のアラビヤ数字または 1 字以上のラテン文字で示される．
　例：6（深溝玉軸受），1（自動調心玉軸受），NU（円筒ころ軸受）

・寸法系列記号：幅系列記号，直径系列記号の 2 字のアラビヤ数字から構成される．
　例：10（幅系列 1，直径系列 0）

・内径番号（**表 4.10**）：内径に関連する数値であり，20 mm 以上の転がり軸受では内径番号を 5 倍した数値が軸受内径となる．内径番号 9 以下および / が付いた番号は / の後の数値が内径を示す．この約束によれば表 4.10 の内径番号 04 は 4×5＝20，すなわち内径 20 mm の玉軸受，/22 は / の後の数値が 22 であるから内径 22 mm の玉軸受となる．しかし，/ の付いた軸受は規格にはあるが入手が限られる．

表 4.10　内径番号（JIS B 1513）

呼び軸受内径〔mm〕	内径番号	呼び軸受内径〔mm〕	内径番号	呼び軸受内径〔mm〕	内径番号	呼び軸受内径〔mm〕	内径番号
0.6	/0.6*	8	8	30	6	75	15
1	1	9	9	32	/32	80	16
1.5	/1.5*	10	00	35	07	85	17
2	2	12	01	40	08	90	18
2.5	/2.5*	15	02	45	09	95	19
3	3	17	03	50	10	100	20
4	4	20	04	55	11	105	21
5	5	22	/22	60	12	110	22
6	6	25	05	65	13	120	24
7	7	28	/28	70	14	130	26

注*：他の記号を用いることができる．

・接触角記号：接触角はアンギュラ玉軸受，円すいころ軸受に関するもので**表 4.11** を参考にする．

表 4.11　接触角記号（JIS B 1513）

軸受の形式	呼び接触角	接触角記号
単列アンギュラ玉軸受	10° を超え 22° 以下	C
	22° を超え 32° 以下	A*
	32° を超え 45° 以下	B
円すいころ軸受	17° を超え 24° 以下	C
	24° を超え 32° 以下	D

注*：省略することができる．

・補助記号：**表 4.12** に示すようにシール・シールド記号，組合せ記号，ラジアル内部すきま，精度等級などである．

表 4.12　補助記号（JIS B 1513）

仕　様	内部または区分	補助記号	仕　様	内部または区分	補助記号
内部寸法	主要寸法およびサブユニットの寸法が ISO355 に一致するもの	J3	軸受の組合せ	背面組合せ	DB
				正面組合せ	DF
シール・シールド	両シール付き	UU		並列組合せ	DT
	片シール付き	U	ラジアル内部すきま*1	C2 すきま	C2
	両シールド付き	ZZ		CN すきま	CN
	片シールド付き	Z		C3 すきま	C3
軌道輪形状	内部円筒穴	なし		C4 すきま	C4
	フランジ付き	F		C5 すきま	C5
	内輪テーパ穴（基準テーパ比 1/12）	K	精度等級*2	0 級	なし
				6X 級	P6X
	内輪テーパ穴（基準テーパ比 1/30）	K30		6 級	P6
				5 級	P5
	輪溝付き	N		4 級	P4
	止め輪付き	NR		2 級	P2

*1：JIS B 1520 参照
*2：JIS B 1514 参照

・転がり軸受の呼び番号の例

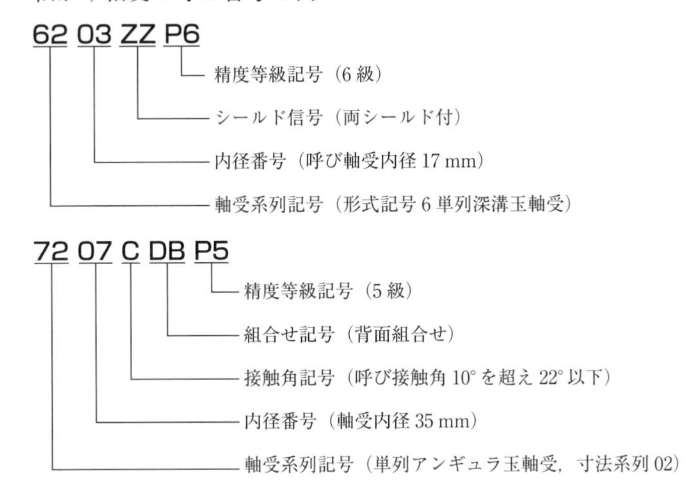

4.4.3 転がり軸受のはめあい

転がり軸受のはめあいを**表 4.13**，**表 4.14** に示す．

表 4.13 ラジアル軸受の軸受内径に対するはめあいの目安（（株）ジェイテクトカタログ）

軸受の等級	内輪回転荷重または方向不定荷重							内輪静止荷重		
	軸の公差クラス									
0 級，6X 級，6 級	r6	p6	n6	m6 m5	k6 k5	js6 js5	h5	h6 h5	g6 g5	f6
5 級	－	－	－	m5	k4	js4	h4	h5	－	－
はめあい	しまりばめ					中間ばめ				すきまばめ

表 4.14 ラジアル軸受の軸受外径に対するはめあいの目安（（株）ジェイテクトカタログ）

軸受の等級	外輪静止荷重			方向不定荷重または外輪回転荷重					
	穴の公差クラス								
0 級，6X 級，6 級	G7	H7 H6	JS7 JS6	－	JS7 JS6	K7 K6	M7 M6	N7 N6	P7
5 級	－	H5	JS5	K5	－	K5	M5	－	－
はめあい	すきまばめ	中間ばめ							しまりばめ

4.4.4 転がり軸受の簡略図示法

転がり軸受を作図する場合，内径，外径，幅は用いる軸受の寸法で描く必要があるが，転がり軸受であることがわかればよいときは**表 4.15** に示す簡略図示法が用いられる．すなわち，使用軸受の内径，外径，幅の寸法はきちんと取り，転動体の形状は表 4.15 に示す簡略図示法に従う．

表 4.15　転がり軸受の簡略図示法

簡略図示方法	適　用	
	玉軸受	ころ軸受
	図　例	図　例
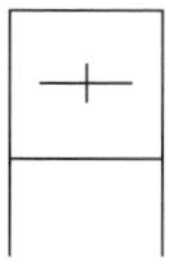	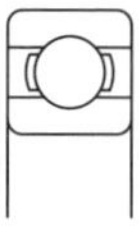 単列深溝玉軸受	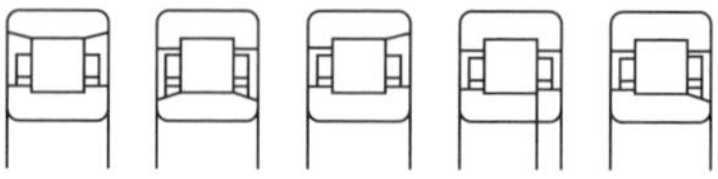 単列円筒ころ軸受
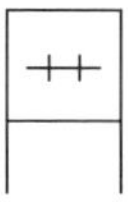	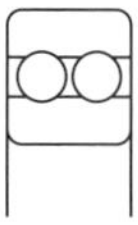 複列深溝玉軸受	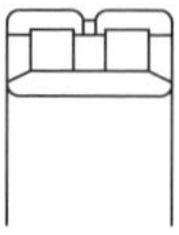 複列円筒ころ軸受
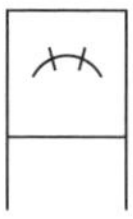	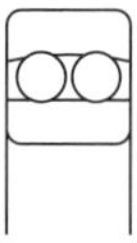 自動調心玉軸受	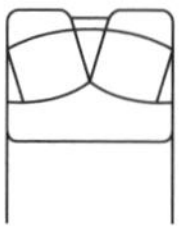 自動調心ころ軸受
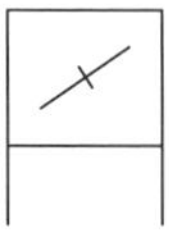	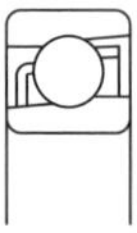 単列アンギュラ玉軸受	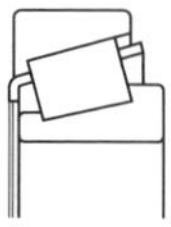 単列円すいころ軸受
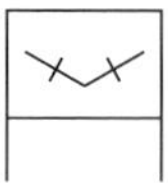	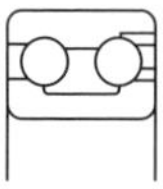 複列アンギュラ玉軸受	—
	 単式スラスト玉軸受	 単式スラスト円筒ころ軸受

4.4.5　転がり軸受の比例寸法略画法

組立図など軸受の詳細な図が必要なときには内径，外径，幅を基準に各部の寸法を比例配分して作図する方法がある．深溝玉軸受，アンギュラ玉軸受についてこの作図方法を示す．

・共通事項

$A:\dfrac{(D-d)}{2}$，D：軸受外径，d：軸受内径，B：軸受幅

(1)　深溝玉軸受（図 4.36）

O を中心として半径$\frac{1}{3}A$の円で玉の輪郭を描き，円周上に定めた点 e と f を通り aa に平行な直線をもって内輪および外輪の輪郭を描く．

(2)　アンギュラ玉軸受（図 4.37）

O を中心として半径$\frac{1}{3}A$の円で玉の輪郭を描き，円周上に定めた点 e，f，g を通り aa に平行な直線をもって内輪および外輪の輪郭を描く．

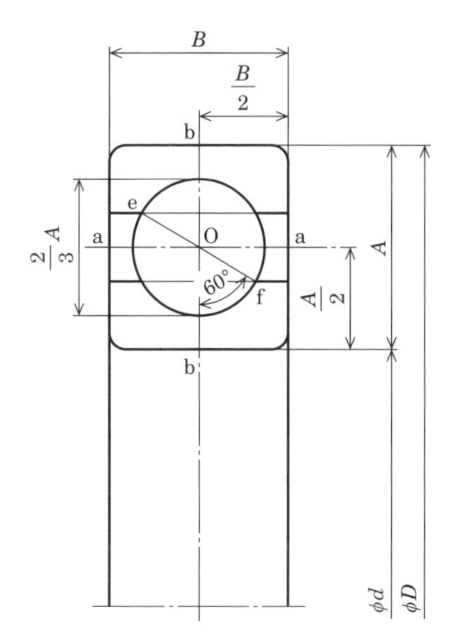

図 4.36　深溝玉軸受の比例寸法による作図方法

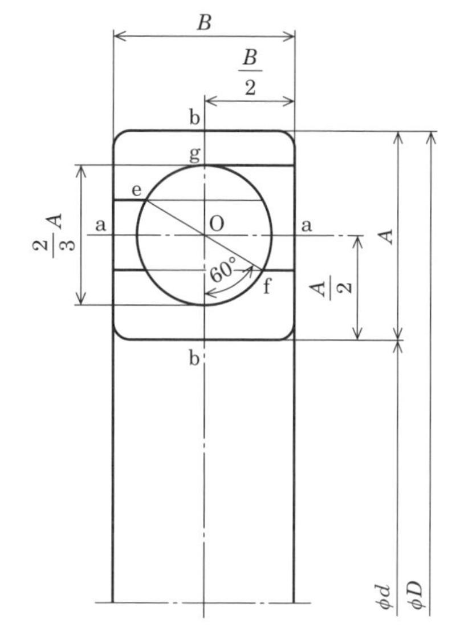

図 4.37　アンギュラ玉軸受の比例寸法による作図方法

4.4.6　転がり軸受用ナットおよび座金

転がり軸受は，内輪を軸にロックナットで固定し，さらに座金を取り付け，回転中のゆるみの防止をはかる．**図 4.38** は使用例を示したものである．すなわち内輪を軸に固定するにはロックナットおよび座金を用い，座金の内側の舌を軸の溝に入れ，ロックナットを締め付けたのち，座金の外側のつめをナット側面の溝に折り曲げる．

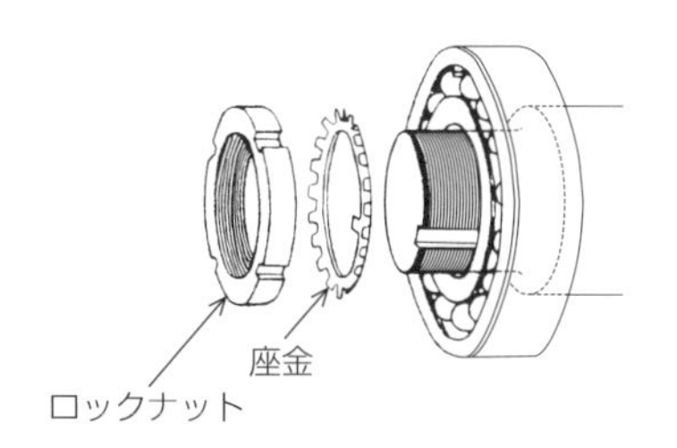

図 4.38　ロックナットおよび座金の使用例

4.5　コイルばね（JIS B 2704：2018）

ばねとは，荷重を加えたとき変形し，荷重を取り去れば元の形に戻ることを目的としてつくられた弾性体をいい，コイル状（らせん状）に成形されたものがコイルばねで，引張用と圧縮用がある．

4.5.1　コイルばねの図示（JIS B 0004：2007）

図 4.39 に，コイルばねの一部を省略して図示した図を示す．ばねを図示する場合，ばねの形を忠実に描いても，実際のばねの形は製作法あるいは加工機械などによって決まってしまう．したがって，ばねの図面としては，無荷重の状態で概略の形状がわかる程度の図形に，主要寸法を入れる程度にとどめ，詳細は要目表に記入する．この場合，要目表に記入する事項と図中に記入する事項とは重複してもよい．

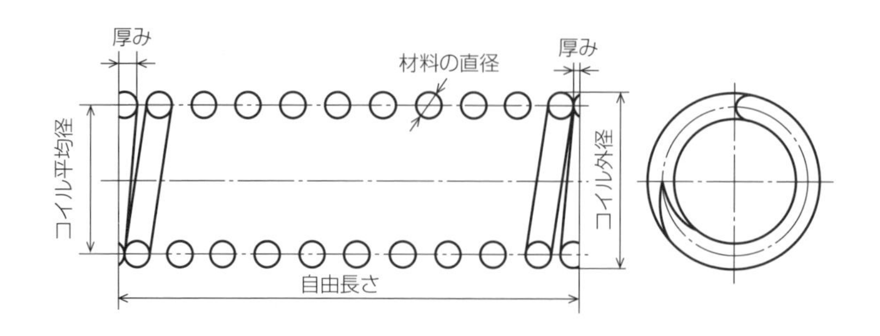

材　料		SWOSC-V
材料の直径 d〔mm〕		4
コイル平均径〔mm〕		26
コイル外径〔mm〕		30 ± 0.4
総巻数		11.5
座巻数		各 1
有効巻数 n		9.5
巻方向		右
自由長さ L_0〔mm〕		(80)
ばね定数〔N/mm〕		15
指定	荷重〔N〕	–
	荷重時の長さ〔mm〕	–
	長さ〔mm〕	70
	長さ時の荷重〔N〕	150 ± 10%
	応力〔N^2/m〕	191

材　料		SWOSC-V
最大圧縮	荷重〔N〕	–
	荷重時の長さ〔mm〕	–
	長さ〔mm〕	55
	長さ時の荷重〔N〕	375
	応力〔N/mm^2〕	477
密着長さ		(44)
コイル外側面の傾き〔mm〕		4 以下
コイル部の形状〔mm〕		クローズエンド（研削）
表面処理	成形後の表面加工	ショットピーニング
	防錆処理	防錆油塗布

図 4.39　圧縮コイルばねの図示と要目表

4.5.2　ばねの要目表

要目表の主な記入事項は次のとおりである．

① **材料**：ばね材料を**表 4.16** に示す．

② **コイル平均径**：線材の中心で測ったコイルの直径．

③ **コイル外径**：コイル取付け場所が外径の場合（コイル取付け場所が内径の場合は，内径表示にする）

④ **総巻数**：コイルの一方から他端までの総巻数．

表 4.16　ばね材料

種　類	規格番号	記　号
ばね鋼鋼材	JIS G 4801	SUP 6，SUP 7，SUP 9，SUP 9A，SUP10，SUP 11A，SUP 12，SUP 13
硬鋼線	JIS G 3521	SW-B，SW-C
ピアノ線	JIS G 3522	SWP-A，SWP-B，SWP-V
ばね用オイルテンパー線	JIS G 3560	SWO-A，SWO-B，SWOSC-B，SWOSM
弁ばね用オイルテンパー線	JIS G 3561	SWO-V，SWOCV-V，SWOSC-V
ばね用ステンレス鋼線	JIS G 4314	SUS302，SUS304，SUS304N1，SUS316，SUS631J1
黄銅線	JIS H 3260	C 2600 W，C 2700 W，C 2800 W

⑤ **座巻数**：コイルの素線が互いに接触する部分で，ばねとしての作用はせず，ばねの座りをよくする部分の巻数.

⑥ **有効巻数**：他の線に接触することなく，有効にばねとして作用する部分の巻数.

⑦ **自由長さ**：無荷重の長さ.

⑧ **ばね定数**：ばねを 1 mm 変形させるために必要な荷重 N.

⑨ **密着長さ**：一般に次の略算式を用いる．ただし，圧縮ばねの密着長さは，一般に発注者は指定しない.

$$H_s = (N_t - 1)d + (t_1 + t_2)$$

ここで，N_t：総巻数，d：材料の直径（線径）

$t_1 + t_2$：コイル両端部のそれぞれの厚さの和

⑩ **成形後の表面加工**：ショットピーニング（金属の小球 $\phi 1 \sim 2$）を材料の表面に衝突させると物体の表面に圧縮応力が残留するので，せん断応力や引張応力が加わる部分では，外力を打ち消し，疲労寿命が改善される.

4.5.3 コイルばねの作図法

図 4.40 に幾何公差を入れた圧縮コイルばねの作図順序を示す.

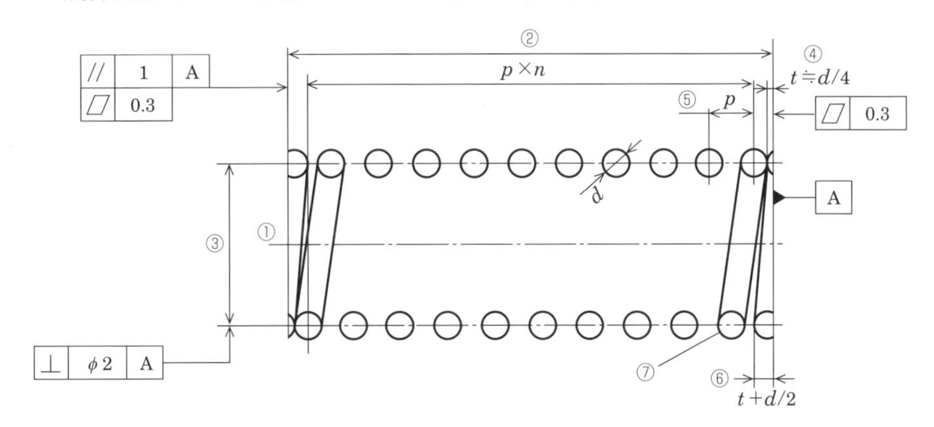

図 4.40　圧縮コイルばねの作図

① 中心線を引く.

② 自由長さを取る.

③ 平均直径を取る.（コイル内径＋線径）または（コイル外径－線径）

④ 端面の厚さを取る.

⑤ ピッチ p を計算で求める.

・座巻数＝1 の場合

$$p = \frac{L_0 - (d + 2t)}{n}$$

・座巻数＝1.5 の場合

$$p = \frac{L_0 - 2(d + t)}{n}$$

⑥ 端面の厚さ $t + d/2$ に取る.

⑦ 上方二つの円の垂直二等分線上に描く.

⑧ 幾何公差記号を描き入れる（参考例）.

・A ばねの一方の座面に対する平面をデータム平面 A とする.

・// 1 A 他方の座面はデータム A に平行で，1 mm 間隔の平行二平面間にあること.

・▱ 0.3 両座面は，それぞれ 0.3 mm 間隔の平行二平面間に入る平面度を持つこと.

・ | ⊥ | ϕ2 | A | コイル外径から得られる中心軸線は，データム平面 A に直角な ϕ2 mm の円筒サイズ許容区間内になければならない

4.5.4 ばねの省略図

図 4.41 に，圧縮コイルばねの断面図，一部省略図，簡略図を示す．

ここで，一部省略図は，省略する部分のばね材料の断面中心位置を細い一点鎖線で示す．

簡略図は，ばね材料の中心線だけを太い実線で描く．

図 4.42 に，引張コイルばねの一部省略図，および簡略図を示す．

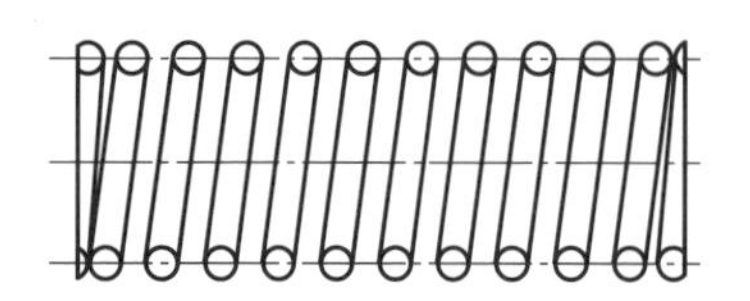
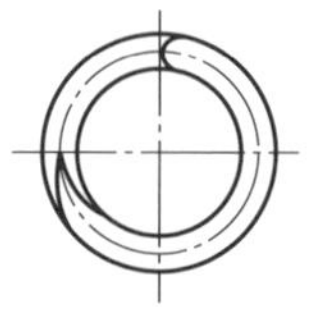

（ａ）圧縮コイルばね（断面図）

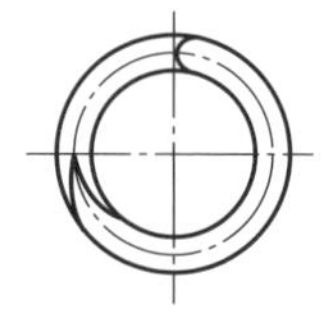

（ｂ）圧縮コイルばね（一部省略図）

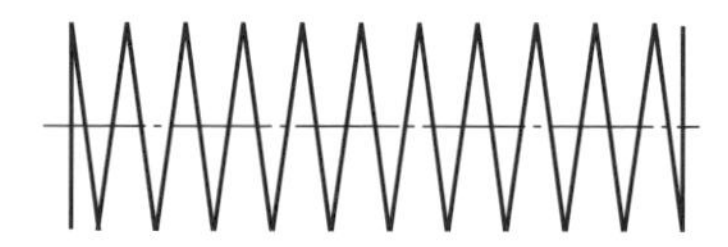

（ｃ）圧縮コイルばね（簡略図）

図 4.41　圧縮コイルばね

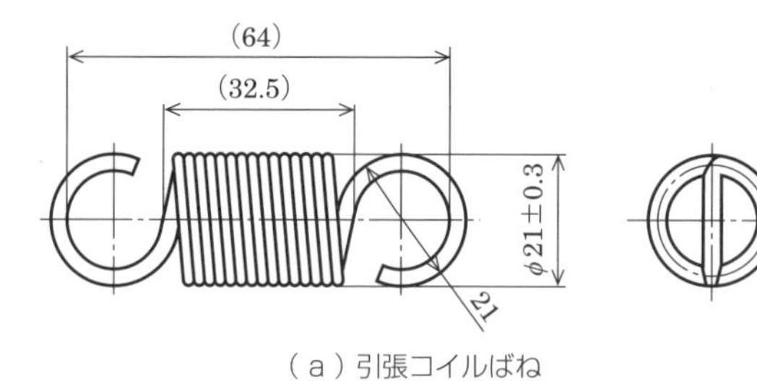

（ａ）引張コイルばね

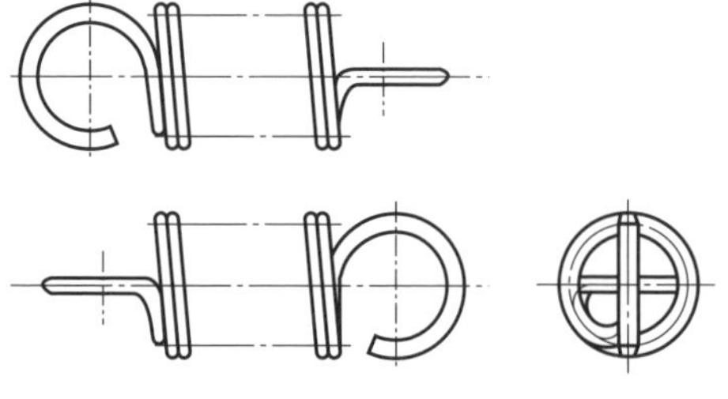
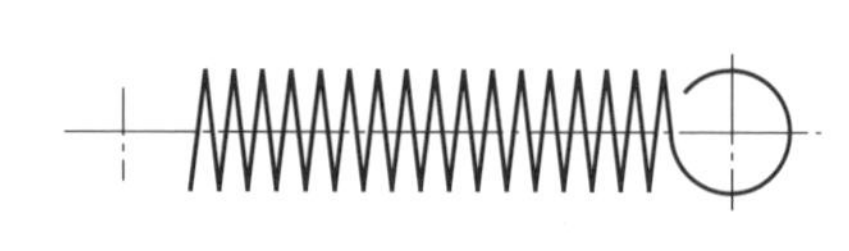

（ｂ）引張コイルばね（一部省略図）　（ｃ）引張コイルばね（簡略図）

図 4.42　引張コイルばね

図 4.43 に，ねじりコイルばねの断面図，一部省略図，および簡略図を示す．

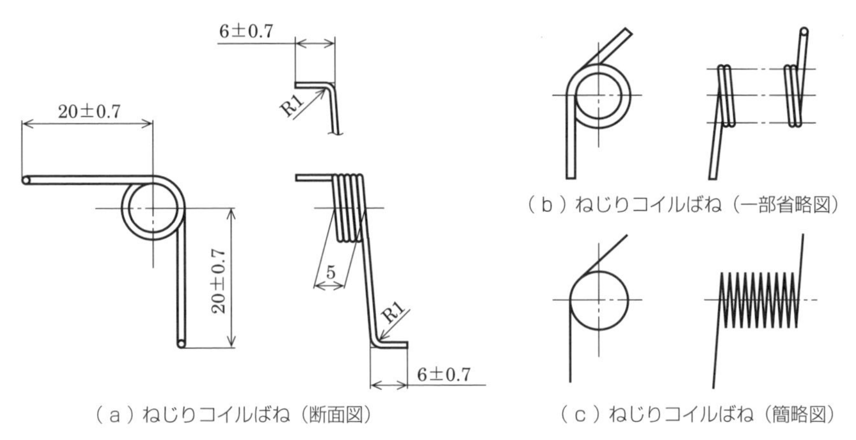

図 4.43　ねじりコイルばね

5章 規格および参考資料

5.1 ねじ（JIS B 0205：2001）

5.1.1 メートル並目・細目ねじ

メートル並目・細目ねじは，**図 5.1** に示されるように，ねじ山の角度が 60°，ねじの山部は平らで，ねじの谷部が丸くなっている．記号は M で表され，メートルねじの表示は，次のとおりである．

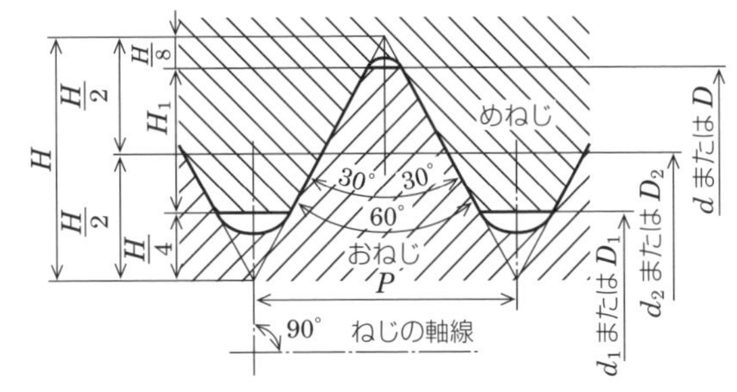

太い実線は，基準山形を示す．

$H=0.866025P$
$H_1=0.541266P$
$d_2=d-0.649519P$
$d_1=d-1.082532P$
$D=d \quad D_2=d_2$
$D_1=d_1$

図 5.1　メートルねじの形状

表 5.1　メートル並目ねじの寸法

（単位：mm）

ねじの呼び	ピッチ P	ひっかかりの高さ H_1	めねじ 谷の径 D	めねじ 有効径 D_2	めねじ 内径 D_1	ねじの呼び	ピッチ P	ひっかかりの高さ H_1	めねじ 谷の径 D	めねじ 有効径 D_2	めねじ 内径 D_1
			おねじ 外径 d	おねじ 有効径 d_2	おねじ 谷の径 d_1				おねじ 外径 d	おねじ 有効径 d_2	おねじ 谷の径 d_1
M 1	0.25	0.135	1.000	0.838	0.729	M 12	1.75	0.947	12.000	10.863	10.106
*M 1.1	0.25	0.135	1.100	0.938	0.829	*M 14	2	1.083	14.000	12.701	11.835
M 1.2	0.25	0.135	1.200	1.038	0.929	M 16	2	1.083	16.000	14.701	13.835
*M 1.4	0.3	0.162	1.400	1.205	1.075	*M 18	2.5	1.353	18.000	16.376	15.294
M 1.6	0.35	0.189	1.600	1.373	1.221	M 20	2.5	1.353	20.000	18.376	17.294
*M 1.8	0.35	0.189	1.800	1.573	1.421	*M 22	2.5	1.353	22.000	20.376	19.294
M 2	0.4	0.217	2.000	1.740	1.567	M 24	3	1.624	24.000	22.051	20.752
*M 2.2	0.45	0.244	2.200	1.908	1.713	*M 27	3	1.624	27.000	25.051	23.752
M 2.5	0.45	0.244	2.500	2.208	2.013	M 30	3.5	1.894	30.000	27.727	26.211
M 3	0.5	0.271	3.000	2.675	2.459	*M 33	3.5	1.894	33.000	30.727	29.211
*M 3.5	0.6	0.325	3.500	3.110	2.850	M 36	4	2.165	36.000	33.402	31.670
M 4	0.7	0.379	4.000	3.545	3.242	*M 39	4	2.165	39.000	36.402	34.670
*M 4.5	0.75	0.406	4.500	4.013	3.688	M 42	4.5	2.436	42.000	39.077	37.129
M 5	0.8	0.433	5.000	4.480	4.134	*M 45	4.5	2.436	45.000	42.077	40.129
M 6	1	0.541	6.000	5.350	4.917	M 48	5	2.706	48.000	44.752	42.587
*M 7	1	0.541	7.000	6.350	5.917	*M 52	5	2.706	52.000	48.752	46.587
M 8	1.25	0.677	8.000	7.188	6.647	M 56	5.5	2.977	56.000	52.428	50.046
*M 9	1.25	0.677	9.000	8.188	7.647	*M 60	5.5	2.977	60.000	56.428	54.046
M 10	1.5	0.812	10.000	9.026	8.376	M 64	6	3.248	64.000	60.103	57.505
*M 11	1.5	0.812	11.000	10.026	9.376	*M 68	6	3.248	68.000	64.103	61.505

注：ねじの呼びで，*印のものは必要に応じて選ぶものとする．

表 5.2　メートル細目ねじの寸法（2）

（単位：mm）

ねじの呼び	ピッチ P	ひっかかりの高さ H_t	めねじ		
			谷の径 D	有効径 D_2	内径 D_1
			おねじ		
			外径 d	有効径 d_2	谷の径 d_1
M 1×0.2	0.2	0.108	1.000	0.870	0.783
M 1.1×0.2	0.2	0.108	1.100	0.970	0.883
M 1.2×0.2	0.2	0.108	1.200	1.070	0.983
M 1.4×0.2	0.2	0.108	1.400	1.270	1.183
M 1.6×0.2	0.2	0.108	1.600	1.470	1.383
M 1.8×0.2	0.2	0.108	1.800	1.670	1.583
M 2×0.25	0.25	0.135	2.000	1.838	1.729
M 2.2×0.25	0.25	0.135	2.200	2.038	1.929
M 2.5×0.35	0.35	0.189	2.500	2.273	2.121
M 3×0.35	0.35	0.189	3.000	2.773	2.621
M 3.5×0.35	0.35	0.189	3.500	3.273	3.121
M 4×0.5	0.5	0.271	4.000	3.675	3.459
M 4.5×0.5	0.5	0.271	4.500	4.175	3.959
M 5×0.5	0.5	0.271	5.000	4.675	4.459
M 5.5×0.5	0.5	0.271	5.500	5.175	4.959
M 6×0.75	0.75	0.406	6.000	5.513	5.188
M 7×0.75	0.75	0.406	7.000	6.513	6.188
M 8×1	1	0.541	8.000	7.350	6.917
M 8×0.75	0.75	0.406	8.000	7.513	7.188
M 9×1	1	0.541	9.000	8.350	7.917
M 9×0.75	0.75	0.406	9.000	8.513	8.188
M 10×1.25	1.25	0.677	10.000	9.188	8.647
M 10×1	1	0.541	10.000	9.350	8.917
M 10×0.75	0. 75	0.406	10.000	9.513	9.188
M 11×1	1	0.541	11.000	10.350	9.917
M 11×0.75	0.75	0.406	11.000	10.513	10.188
M 12×1.5	1.5	0.812	12.000	11.026	10.376
M 12×1.25	1.25	0.677	12.000	11.188	10.647
M 12×1	1	0.541	12.000	11.350	10.917
M 14×1.5	1.5	0.812	14.000	13.026	12.376
M 14×1.25	1.25	0.677	14.000	13.188	12.647
M 14×1	1	0.541	14.000	13.350	12.917
M 15×1.5	1.5	0.812	15.000	14.026	13.376
M 15×1	1	0.541	15.000	14.350	13.917
M 16×1.5	1.5	0.812	16.000	15.026	14.376
M 16×1	1	0.541	16.000	15.350	14.917
M 17×1.5	1.5	0.812	17.000	16.026	15.376
M 17×1	1	0.541	17.000	16.350	15.917
M 18×2	2	1.083	18.000	16.701	15.835
M 18×1.5	1.5	0.812	18.000	17.026	16.376
M 18×1	1	0.541	18.000	17.350	16.917
M 20×2	2	1.083	20.000	18.701	17.835
M 20×1.5	1.5	0.812	20.000	19.026	18.376
M 20×1	1	0.541	20.000	19.350	18.917
M 22×2	2	1.083	22.000	20.701	19.835
M 22×1.5	1.5	0.812	22.000	21.026	20.376
M 22×1	1	0.541	22.000	21.350	20.917
M 24×2	2	1.083	24.000	22.701	21.835
M 24×1.5	1.5	0.812	24.000	23.026	22.376
M 24×1	1	0.541	24.000	23.350	22.917
M 25×2	2	1.083	25.000	23.701	22.835
M 25×1.5	1.5	0.812	25.000	24.026	23.376
M 25×1	1	0.541	25.000	24.350	23.917
M 26×1.5	1.5	0.812	26.000	25.026	24.376
M 27×2	2	1.083	27.000	25.701	24.835
M 27×1.5	1.5	0.812	27.000	26.026	25.376
M 27×1	1	0.541	27.000	26.350	25.917
M 28×2	2	1.083	28.000	26.701	25.835
M 28×1.5	1.5	0.812	28.000	27.026	26.376
M 28×1	1	0.541	28.000	27.350	26.917
M 30×3	3	1.624	30.000	28.051	26.752
M 30×2	2	1.083	30.000	28.701	27.835
M 30×1.5	1.5	0.812	30.000	29.026	28.376
M 30×1	1	0.541	30.000	29.350	28.917
M 32×2	2	1.083	32.000	30.701	29.835
M 32×1.5	1.5	0.812	32.000	31.026	30.376
M 33×3	3	1.624	33.000	31.051	29.752
M 33×2	2	1.083	33.000	31.701	30.835
M 33×1.5	1.5	0.812	33.000	32.026	31.376
M 35×1.5	1.5	0.812	35.000	34.026	33.376
M 36×3	3	1.624	36.000	34.051	32.752
M 36×2	2	1.083	36.000	34.701	33.835
M 36×1.5	1.5	0.812	36.000	35.026	34.376
M 38×1.5	1.5	0.812	38.000	37.026	36.376
M 39×3	3	1.624	39.000	37.051	35.752
M 39×2	2	1.083	39.000	37.701	36.835
M 39×1.5	1.5	0.812	39.000	38.026	37.376
M 40×3	3	1.624	40.000	38.051	36.752
M 40×2	2	1.083	40.000	38.701	37.835
M 40×1.5	1.5	0.812	40.000	39.026	38.376
M 42×4	4	2.165	42.000	39.402	37.670
M 42×3	3	1.624	42.000	40.051	38.752
M 42×2	2	1.083	42.000	40.701	39.835
M 42×1.5	1.5	0.812	42.000	41.026	40.376
M 45×4	4	2.165	45.000	42.402	40.670
M 45×3	3	1.624	45.000	43.051	41.752
M 45×2	2	1.083	45.000	43.701	42.835
M 45×1.5	1.5	0.812	45.000	44.026	43.376
M 48×4	4	2.165	48.000	45.402	43.670
M 48×3	3	1.624	48.000	46.051	44.752
M 48×2	2	1.083	48.000	46.701	45.835
M 48×1.5	1.5	0.812	48.000	47.026	46.376
M 50×3	3	1.624	50.000	48.051	46.752
M 50×2	2	1.083	50.000	48.701	47.835
M 50×1.5	1.5	0.812	50.000	49.026	48.376
M 52×4	4	2.165	52.000	49.402	47.670
M 52×3	3	1.624	52.000	50.051	48.752
M 52×2	2	1.083	52.000	50.701	49.835
M 52×1.5	1.5	0.812	52.000	51.026	50.376
M 55×4	4	2.165	55.000	52.402	50.670
M 55×3	3	1.624	55.000	53.051	51.752
M 55×2	2	1.083	55.000	53.701	52.835
M 55×1.5	1.5	0.812	55.000	54.026	53.376
M 56×4	4	2.165	56.000	53.402	51.670
M 56×3	3	1.624	56.000	54.051	52.752
M 56×2	2	1.083	56.000	54.701	53.835
M 56×1.5	1.5	0.812	56.000	55.026	54.376
M 58×4	4	2.165	58.000	55.402	53.670
M 58×3	3	1.624	58.000	56.051	54.752
M 58×2	2	1.083	58.000	56.701	55.835
M 58×1.5	1.5	0.812	58.000	57.026	56.376
M 60×4	4	2.165	60.000	57.402	56.670
M 60×3	3	1.624	60.000	58.051	56.752
M 60×2	2	1.083	60.000	58.701	57.835
M 60×1.5	1.5	0.812	60.000	59.026	58.076
M 62×4	4	2.165	62.000	59.402	57.670
M 62×3	3	1.624	62.000	60.051	58.752
M 62×2	2	1.083	62.000	60.701	59.835
M 62 ×1.5	1.5	0.812	62.000	61.026	60.376
M 64×4	4	2.165	64.000	61.402	59.670
M 64×3	3	1.624	64.000	62.051	60.752
M 64×2	2	1.083	64.000	62.701	61.835
M 64×1.5	1.5	0.812	64.000	63.026	62.376
M 65×4	4	2.165	65.000	62.402	60.670
M 65×3	3	1.624	65.000	63.051	61.752
M 65×2	2	1.083	65.000	63.701	62.835
M 65×1.5	1.5	0.812	65.000	64.026	63.376
M 68×4	4	2.165	68.000	65.402	63.670
M 68×3	3	1.624	68.000	66.051	64.752
M 68×2	2	1.083	68.000	66.701	65.835

・メートル並目ねじ　M（記号）　　　　　　例：M6

・メートル細目ねじ　M（記号）× P（ピッチ）　例：M6 × 0.75

表 5.1 はメートル並目ねじ，**表 5.2** はメートル細目ねじの寸法表である．

5.1.2　管用ねじ

【1】管用平行ねじ（JIS B 0202）

管用ねじには平行ねじとテーパねじがあり，ねじ山の角度は 55°，ねじ山部と谷部が丸くなってい

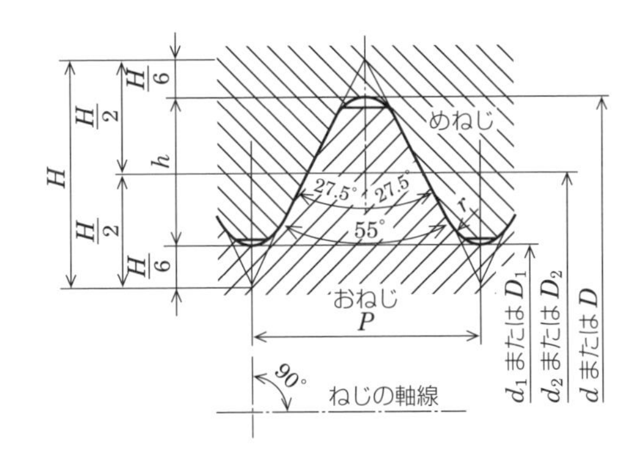

太い実線は，基準山形を示す．

$P=\dfrac{25.4}{n}$

$H=0.960491P$

$h=0.640327P$

$r=0.137329P$

$d_2=d-h \quad D_2=d_2$

$d_1=d-2h \quad D_1=d_1$

図 5.2　管用平行ねじの形状

表 5.3　管用平行ねじの寸法

（単位：mm）

ねじの呼び	ねじ山数（2.54mm につき）n	ピッチ P（参考）	ねじ山の高さ h	山の頂および谷の丸み r	めねじ		
					外径 d	有効径 d_2	谷の径 d_1
					おねじ		
					谷の径 D	有効径 D_2	内径 D_1
$G^{1/16}$	28	0.9071	0.581	0.12	7.723	7.142	6.561
$G^{1/8}$	28	0.9071	0.581	0.12	9.728	9.147	8.566
$G^{1/4}$	19	1.3368	0.856	0.18	13.157	12.301	11.445
$G^{3/8}$	19	1.3368	0.856	0.18	16.662	15.806	14.950
$G^{1/2}$	14	1.8143	1.162	0.25	20.955	19.793	18.631
$G^{5/8}$	14	1.8143	1.162	0.25	22.911	21.749	20.587
$G^{3/4}$	14	1.8143	1.162	0.25	26.411	25.279	24.117
$G^{7/8}$	14	1.8143	1.162	0.25	30.201	29.039	27.877
G1	11	2.3091	1.479	0.32	33.249	31.770	30.291
$G1^{1/8}$	11	2.3091	1.479	0.32	37.897	36.418	34.939
$G1^{1/4}$	11	2.3091	1.479	0.32	41.910	40.431	38.952
$G1^{1/2}$	11	2.3091	1.479	0.32	47.803	46.324	44.845
$G1^{3/4}$	11	2.3091	1.479	0.32	53.746	52.267	50.788
G2	11	2.3091	1.479	0.32	59.614	58.135	56.656
$G2^{1/4}$	11	2.3091	1.479	0.32	65.710	64.231	62.752
$G2^{1/2}$	11	2.3091	1.479	0.32	75.184	73.705	72.226
$G2^{3/4}$	11	2.3091	1.479	0.32	81.534	80.055	78.576
G3	11	2.3091	1.479	0.32	87.844	86.405	84.926
$G3^{1/2}$	11	2.3091	1.479	0.32	100.330	98.851	97.372
G4	11	2.3091	1.479	0.32	113.030	111.551	110.072
$G4^{1/2}$	11	2.3091	1.479	0.32	125.730	124.251	122.772
G5	11	2.3091	1.479	0.32	138.430	136.951	135.472
$G5^{1/2}$	11	2.3091	1.479	0.32	151.130	149.651	148.172
G6	11	2.3091	1.479	0.32	163.830	162.351	160.872

る．基準山形はインチねじに準じている．管用ねじの表示は，G（記号）で示す．

図 5.2 は管用平行ねじの形状，**表 5.3** は管用平行ねじの寸法表である．

【2】 管用テーパねじ（JIS B 0203）

管用テーパおねじの記号は R，管用テーパめねじの記号は Rc，平行めねじの記号は Rp と表示する．また，管用左ねじの場合 R を示し，呼びの次に LH（例：R1 ／ 2LH）を付ける．

図 5.3 は管用テーパねじの形状，**表 5.4** は管用テーパねじの寸法例である．

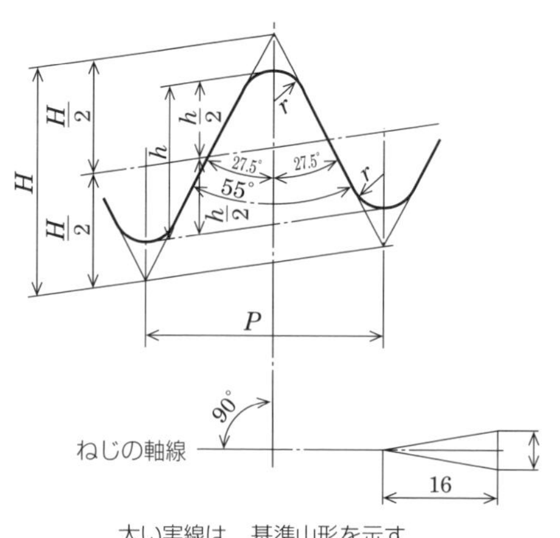

太い実線は，基準山形を示す．

$P=\frac{25.4}{n}$

$H=0.960237P$

$h=0.640327P$

$r=0.137278P$

（a）テーパおねじおよびテーパめねじに対して適用する基準山形

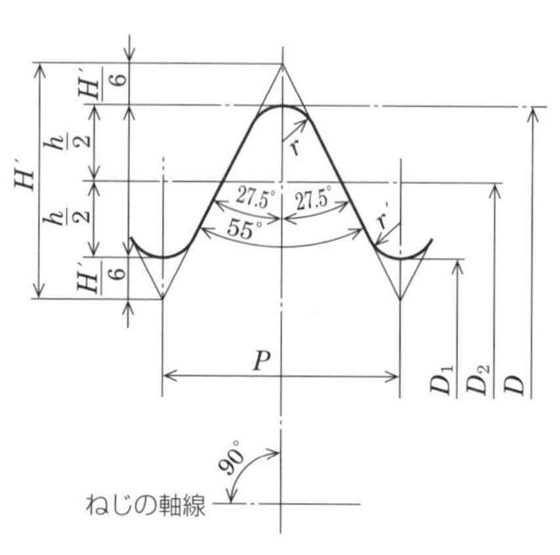

太い実線は，基準山形を示す．

$P=\frac{25.4}{n}$

$H'=0.960491P$

$h=0.640327P$

$r'=0.137329P$

（b）平行めねじに対して適用する基準山形

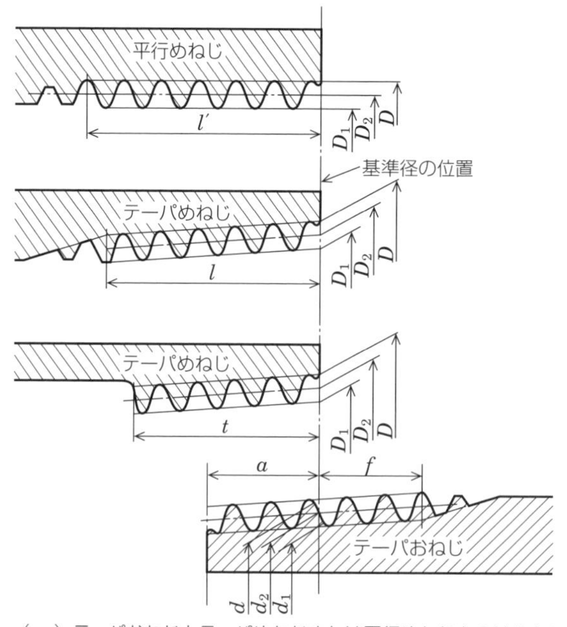

（c）テーパおねじとテーパめねじまたは平行めねじとのはめあい

図 5.3　管用テーパねじの形状

表 5.4　管用テーパねじの寸法

（単位：mm）

ねじの呼び	ねじ山数 (2.54 mmにつき) n	ピッチ P (参考)	山の高さ h	丸み r または r'	基準径 おねじ 外径 d / めねじ 谷の径 D	基準径 おねじ 有効径 d_2 / めねじ 有効径 D_2	基準径 おねじ 谷の径 d_1 / めねじ 内径 D_1	基準径の位置 おねじ 管端から 基準の長さ a	基準径の位置 おねじ 管端から 軸線方向の許容差 b	基準径の位置 めねじ 管端部 軸線方向の許容差 c	平行めねじの D, D_2 および D_1 の許容差	有効ねじ部の長さ（最小） おねじ 基準径の位置から大径側に向かって f	有効ねじ部の長さ（最小） めねじ 不完全ねじ部がある場合 テーパめねじ 基準径の位置から小径側にむかって l	有効ねじ部の長さ（最小） めねじ 不完全ねじ部がある場合 平行めねじ 管または管継手端から l'	有効ねじ部の長さ（最小） めねじ 不完全ねじ部がない場合 テーパめねじ 平行めねじ t	配管用炭素鋼鋼管の寸法（最小） 外径	配管用炭素鋼鋼管の寸法（最小） 厚さ
$R^{1/16}$	28	0.907 1	0.581	0.12	7.723	7.142	6.561	3.97	±0.91	±1.13	±0.071	2.5	6.2	7.4	4.4		
$R^{1/8}$	28	0.907 1	0.581	0.12	9.728	9.147	8.566	3.97	±0.91	±1.13	±0.071	2.5	6.2	7.4	4.4	10.5	2.0
$R^{1/4}$	19	1.336 8	0.856	0.18	13.157	12.301	11.445	6.01	±1.34	±1.67	±0.104	3.7	9.4	11.0	6.7	13.8	2.3
$R^{3/8}$	19	1.336 8	0.856	0.18	16.662	15.806	14.950	6.35	±1.34	±1.67	±0.104	3.7	9.7	11.4	7.0	17.3	2.3
$R^{1/2}$	14	1.814 3	1.162	0.25	20.955	19.793	18.631	8.16	±1.81	±2.27	±0.142	5.0	12.7	15.0	9.1	21.7	2.8
$R^{3/4}$	14	1.814 3	1.162	0.25	26.441	25.279	24.117	9.53	±1.81	±2.27	±0.142	5.0	14.1	16.3	10.2	27.2	2.8
R1	11	2.309 1	1.479	0.32	33.249	31.770	30.291	10.39	±2.31	±2.89	±0.181	6.4	16.2	19.1	11.6	34	3.2
$R1^{1/4}$	11	2.309 1	1.479	0.32	41.910	40.431	38.952	12.70	±2.31	±2.89	±0.181	6.4	18.5	21.4	13.4	42.7	3.5
$R1^{1/2}$	11	2.309 1	1.479	0.32	47.803	46.324	44.845	12.70	±2.31	±2.89	±0.181	6.4	18.5	21.4	13.4	48.6	3.5
R2	11	2.309 1	1.479	0.32	59.614	58.135	56.656	15.88	±2.31	±2.89	±0.181	7.5	22.8	25.7	16.9	60.5	3.8
$R2^{1/2}$	11	2.309 1	1.479	0.32	75.184	73.705	72.226	17.46	±3.46	±3.46	±0.216	9.2	26.7	30.1	18.6	76.3	4.2
R3	11	2.309 1	1.479	0.32	87.884	86.405	84.926	20.64	±3.46	±3.46	±0.216	9.2	29.8	33.3	21.1	89.1	4.2
R4	11	2.309 1	1.479	0.32	132.030	111.551	110.072	25.40	±3.46	±3.46	±0.216	10.4	35.8	39.3	25.9	114.3	4.5
R5	11	2.309 1	1.479	0.32	138.430	136.951	135.472	28.58	±3.46	±3.46	±0.216	11.5	40.1	43.5	29.3	139.8	4.5
R6	11	2.903 1	1.479	0.32	163.830	162.351	160.872	28.58	±3.46	±3.46	±0.216	11.5	40.1	43.5	29.3	165.2	5.0

5.1.3 ボルト（JIS B 1180：2014）・ナット（JIS B 1181：2014）

ボルト・ナットは，機械部品などを組み立てたり，あるいは締め付け用として一般的に広く用いられている．材料には，鋼製，ステンレス製，および非鉄金属などがある．

【1】六角ボルト（JIS B 1180）

ボルトの頭は六角形で，軸部はねじ部と円筒部からなり，部品等級 A，B，C 級がある．**図 5.4** は呼び径六角ボルトの形状，**表 5.5** は部品等級 A・B，呼び径六角ボルトの寸法表である．

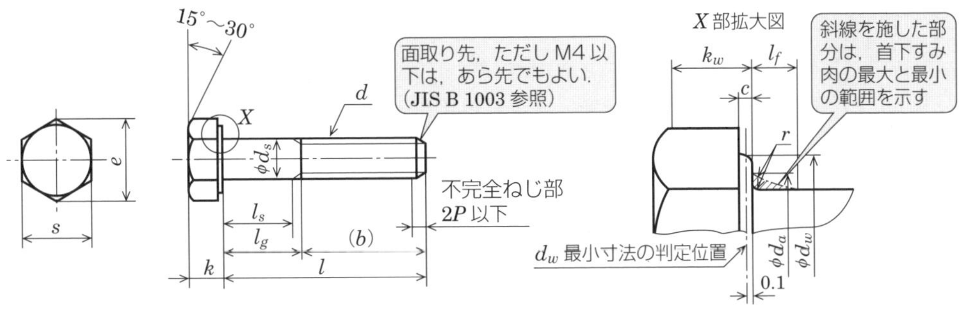

図 5.4　呼び径六角ボルトの形状

表 5.5 (1)　呼び径六角ボルト－並目ねじ－部品等級 A および B の寸法 (1)

(単位：mm)

ねじの呼び〔d〕				M1.6	M2	M2.5	M3	M4	M5	M6	M8	M10
P				0.35	0.4	0.45	0.5	0.7	0.8	1	1.25	1.5
b（参考）			$l \leqq 125$	9	10	11	12	14	16	18	22	26
			$125 < l \leqq 200$	15	16	17	18	20	22	24	28	32
			$200 < l$	28	29	30	31	33	35	37	41	45
c			最大	0.25	0.25	0.25	0.40	0.40	0.50	0.50	0.60	0.60
			最小	0.10	0.10	0.10	0.15	0.15	0.15	0.15	0.15	0.15
d_a			最大	2	2.6	3.1	3.6	4.7	5.7	6.8	9.2	11.2
d_s	基準寸法＝最大			1.60	2.00	2.50	3.00	4.00	5.00	6.00	8.00	10.00
	部品等級	A	最小	1.46	1.86	2.36	2.86	3.82	4.82	5.82	7.78	9.78
		B		1.35	1.75	2.25	2.75	3.70	4.70	5.70	7.64	9.64
d_w	部品等級	A	最小	2.27	3.07	4.07	4.57	5.88	6.88	8.88	11.63	14.63
		B		2.3	2.95	3.95	4.45	5.74	6.74	8.74	11.47	14.47
e	部品等級	A	最小	3.41	4.32	5.45	6.01	7.66	8.79	11.05	14.38	17.77
		B		3.28	4.18	5.31	5.88	7.50	8.63	10.89	14.20	17.59
l_f			最大	0.6	0.8	1	1	1.2	1.2	1.4	2	2
k	基準寸法			1.1	1.4	1.7	2	2.8	3.5	4	5.3	6.4
	部品等級	A	最大	1.225	1.525	1.825	2.125	2.925	3.65	4.15	5.45	6.58
			最小	0.975	1.275	1.575	1.875	2.675	3.35	3.85	5.15	6.22
	部品等級	B	最大	1.3	1.6	1.9	2.2	3.0	3.26	4.24	5.54	6.69
			最小	0.9	1.2	1.5	1.8	2.6	2.35	3.76	5.06	6.11
k_w	部品等級	A	最小	0.68	0.89	1.10	1.31	1.87	2.35	2.70	3.61	4.35
		B		0.63	0.84	1.05	1.26	1.82	2.28	2.63	3.54	4.28
r			最小	0.1	0.1	0.1	0.1	0.2	0.2	0.25	0.4	0.4
s	基準寸法＝最大			3.20	4.00	5.00	5.50	7.00	8.00	10.00	13.00	16.00
	部品等級	A	最小	3.02	3.82	4.82	5.32	6.78	7.78	9.78	12.73	15.73
		B		2.90	3.70	4.70	5.20	6.64	7.64	9.64	12.57	15.57

	部品等級				($l_{s\,最小} = l_{g\,最大} - 5P$), ($l_{g\,最大} = l_{呼び} - b$)																	
	A		B																			
	l																					
呼び長さ	最小	最大	最小	最大	l_s 最小	l_g 最大	l_s 最小	l_g 最大	l_s 最小	l_g 最大	l_s 最小	l_g 最大	l_s 最小	l_g 最大	l_s 最小	l_g 最大	l_s 最小	l_g 最大	l_s 最小	l_g 最大	l_s 最小	l_g 最大
12	11.65	12.35	－	－	1.2	3																
16	15.65	16.35	－	－	5.2	7	4	6	2.75	5												
20	19.58	20.42	18.95	21.05			8	10	6.75	9	5.5	8										
25	24.58	25.42	23.95	26.05					11.75	14	10.5	13	7.5	11	5	9						
30	29.58	30.42	28.95	31.05							15.5	18	12.5	16	10	14	7	12				
35	34.5	35.5	33.75	36.25									17.5	21	15	19	12	17				
40	39.5	40.5	38.75	41.25									22.5	26	20	24	17	22	11.75	18		
45	44.5	45.5	43.75	46.25											25	29	22	27	16.75	23	11.5	19
50	49.5	50.5	48.75	51.25											30	34	27	32	21.75	28	16.5	24
55	54.4	55.6	53.5	56.5													32	37	26.75	33	21.5	29
60	59.4	60.6	58.5	61.5													37	42	31.75	38	26.5	34
65	64.4	65.6	63.5	66.5															36.75	43	31.5	39
70	69.4	70.6	68.5	71.5															41.75	48	36.5	44
80	79.4	80.6	78.5	81.5															51.75	58	46.5	54
90	89.3	90.7	88.25	91.75																	56.5	64
100	99.3	100.7	98.25	101.75																	66.5	74
110	109.3	110.7	108.25	111.75																		
120	119.3	120.7	118.25	121.75																		

備考：推奨する呼び長さは，太線の枠内とする．

表 5.5 (2) 呼び径六角ボルト－並目ねじ－部品等級 A および B の寸法 (2)

(単位：mm)

ねじの呼び〔d〕				M12	M16	M20	M24	M30	M36	M42	M48	M56	M64
P				1.75	2	2.5	3	3.5	4	4.5	5	5.5	6
b（参考）			l≦125	30	38	46	54	66	–	–	–	–	–
			125<l≦200	36	44	52	60	72	84	96	108	–	–
			200<l	49	57	65	73	85	97	109	121	137	153
c			最大	0.60	0.8	0.8	0.8	0.8	0.8	1.0	1.0	1.0	1.0
			最小	0.15	0.2	0.2	0.2	0.2	0.2	0.3	0.3	0.3	0.3
d_a			最大	13.7	17.7	22.4	26.4	33.4	39.4	45.6	52.6	63	71
d_s			基準寸法＝最大	12.00	16.00	20.00	24.00	30.00	36.00	42.00	48.00	56.00	64.00
	部品等級	A	最小	11.73	15.73	19.67	23.67	–	–	–	–	–	–
		B		11.57	15.57	19.48	23.48	29.48	35.38	41.38	47.38	55.26	63.26
d_w	部品等級	A	最小	16.63	22.49	28.19	33.61	–	–	–	–	–	–
		B		16.47	22	27.7	33.25	42.75	51.11	59.95	69.45	78.66	88.16
e	部品等級	A	最小	20.03	26.75	33.53	39.98	–	–	–	–	–	–
		B		19.85	26.17	32.95	39.55	50.85	60.79	71.3	82.6	93.56	104.86
l_f			最大	3	3	4	4	6	6	8	10	12	13
k			基準寸法	7.5	10	12.5	15	18.7	22.5	26	30	35	40
	部品等級	A	最大	7.68	10.18	12.715	15.215	–	–	–	–	–	–
			最小	7.32	9.82	12.285	14.785	–	–	–	–	–	–
	部品等級	B	最大	7.79	10.29	12.85	15.35	19.12	22.92	26.42	30.42	35.5	40.5
			最小	7.21	9.71	12.15	14.65	18.28	22.08	25.58	29.58	34.5	39.5
k_w	部品等級	A	最小	5.12	6.87	8.6	10.35	–	–	–	–	–	–
		B		5.05	6.8	8.51	10.26	12.8	15.46	17.91	20.71	24.15	27.65
r			最小	0.6	0.6	0.8	0.8	1	1	1.2	1.6	2	2
s			基準寸法＝最大	18.00	24.00	30.00	36.00	46	55.0	65.0	75.0	85.0	95.0
	部品等級	A	最小	17.73	23.67	29.67	35.38	–	–	–	–	–	–
		B		17.57	23.16	29.16	35.00	45	53.8	63.1	73.1	82.8	92.8

	部品等級 A		部品等級 B		($l_{s\,最小} = l_{g\,最大} - 5P$)，($l_{g\,最大} = l_{\,呼び} - b$)																			
呼び長さ	l 最小	l 最大	l 最小	l 最大	l_s 最小	l_g 最大	l_s 最小	l_g 最大	l_s 最小	l_g 最大	l_s 最小	l_g 最大	l_s 最小	l_g 最大	l_s 最小	l_g 最大	l_s 最小	l_g 最大	l_s 最小	l_g 最大	l_s 最小	l_g 最大	l_s 最小	l_g 最大
50	49.5	50.5	–	–	11.25	20																		
55	54.4	55.6	53.5	56.5	16.25	25																		
60	59.4	60.6	58.5	61.5	21.25	30																		
65	64.4	65.6	63.5	66.5	26.25	35	17	27																
70	69.4	70.6	68.5	71.5	31.25	40	22	32																
80	79.4	80.6	78.5	81.5	41.25	50	32	42	21.5	34														
90	89.3	90.7	88.25	91.75	51.25	60	42	52	31.5	44	21	36												
100	99.3	100.7	98.25	101.75	61.25	70	52	62	41.5	54	31	46												
110	109.3	110.7	108.25	111.75	71.25	80	62	72	51.5	64	41	56	26.5	44										
120	119.3	120.7	118.25	121.75	81.25	90	72	82	61.5	74	51	66	36.5	54										
130	129.2	130.8	128	132			76	86	65.5	78	55	70	40.5	58										
140	139.2	140.8	138	142			86	96	75.5	88	65	80	50.5	68	36	56								
150	149.2	150.8	148	152			96	106	85.5	98	75	90	60.5	78	46	66								
160	–	–	158	162			106	116	95.5	108	85	100	70.5	88	56	76	41.5	64						
180	–	–	178	182					115.5	128	105	120	90.5	108	76	96	61.5	84	47	72				
200	–	–	197.3	202.3					135.5	148	125	140	110.5	128	96	116	81.5	104	67	92				
220	–	–	217.7	222.3							132	147	117.5	135	103	123	88.5	111	74	99	55.5	83		
240	–	–	237.7	242.3							152	167	137.5	155	123	143	108.5	131	94	119	75.5	103		
260	–	–	257.4	262.6									157.5	175	143	163	128.5	151	114	139	95.5	123	77	107
280	–	–	277.4	282.6									177.5	195	163	183	148.5	171	134	159	115.5	143	97	127
300	–	–	297.4	302.6									197.5	215	183	203	168.5	191	154	179	135.5	163	117	147
320	–	–	317.15	322.85											203	223	188.5	211	174	199	155.5	183	137	167
340	–	–	337.15	342.85											223	243	208.5	231	194	219	175.5	203	157	187
360	–	–	357.15	362.85											243	263	228.5	251	214	239	195.5	223	177	207
380	–	–	377.15	382.85													248.5	271	234	259	215.5	243	197	227
400	–	–	397.15	402.85													268.5	291	254	279	235.5	263	217	247
420	–	–	416.85	423.15													288.5	311	274	299	255.5	283	237	267
440	–	–	436.85	443.15													308.5	331	294	319	275.5	303	257	287
460	–	–	456.85	463.15															314	339	295.5	323	277	307
480	–	–	476.85	483.15															334	359	325.5	343	297	327
500	–	–	496.85	503.15																	335.5	363	317	347

備考：推奨する呼び長さは，太線の枠内とする．

【2】六角ナット（JIS B 1181）

ナットは，六角ナット（スタイル1：A，B）および（スタイル2：A，B），六角ナットC，六角低ナット（両面取り：A，B）および（面取りなし：B）の5種類がある．

表5.6は六角ナット－スタイル1－並目ねじ（第一選択），**表5.7**は六角ナット－スタイル2－並目ねじ，**表5.8**は六角低ナット－両面取り－並目ねじ（第一選択）の寸法表である．

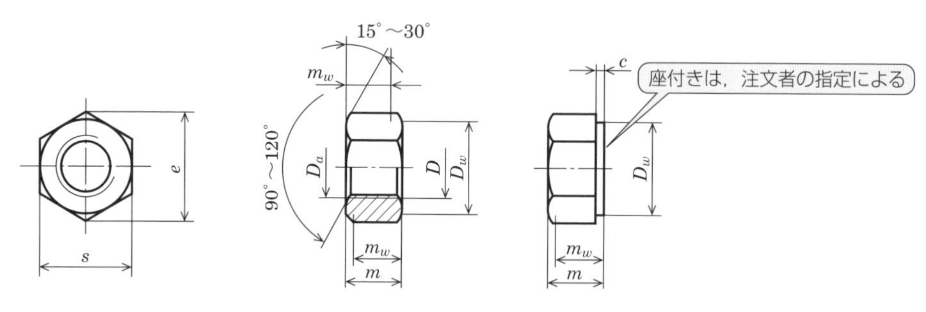

図5.5　六角ナット－スタイル1，2－並目ねじの形状

表5.6　六角ナット－スタイル1－並目ねじ（第一選択）の寸法

（単位：mm）

ねじの呼び（D）		M1.6	M2	M2.5	M3	M4	M5	M6	M8	M10	M12
ねじのピッチ（p）		0.35	0.4	0.45	0.5	0.7	0.8	1	1.25	1.5	1.75
c	最大	0.2	0.2	0.3	0.40	0.40	0.50	0.50	0.60	0.60	0.60
	最小	0.1	0.1	0.1	0.15	0.15	0.15	0.15	0.15	0.15	0.15
D_a	最大	1.84	2.3	2.9	3.45	4.6	5.75	6.75	8.75	10.8	13
	最小	1.60	2.0	2.5	3.00	4.0	5.00	6.00	8.00	10.0	12
D_w	最小	2.4	3.1	4.1	4.6	5.9	6.9	8.9	11.6	14.6	16.6
e	最小	3.41	4.32	5.45	6.01	7.66	8.79	11.05	14.38	17.77	20.03
m	最大	1.30	1.60	2.00	2.40	3.2	4.7	5.2	6.80	8.40	10.80
	最小	1.05	1.35	1.75	2.15	2.9	4.4	4.9	6.44	8.04	10.37
m_w	最小	0.8	1.1	1.4	1.7	2.3	3.5	3.9	5.2	6.4	8.3
s	基準寸法＝最大	3.20	4.00	5.00	5.50	7.00	8.00	10.00	13.00	16.00	18.00
	最小	3.02	3.82	4.82	5.32	6.78	7.78	9.78	12.73	15.73	17.73

ねじの呼び（D）		M16	M20	M24	M30	M36	M42	M48	M56	M64
ねじのピッチ（p）		2	2.5	3	3.5	4	4.5	5	5.5	6
c	最大	0.8	0.8	0.8	0.8	0.8	1.0	1.0	1.0	1.0
	最小	0.2	0.2	0.2	0.2	0.2	0.3	0.3	0.3	0.3
D_a	最大	17.3	21.6	25.9	32.4	38.9	45.4	51.8	60.5	69.1
	最小	16.0	20.0	24.0	30.0	36.0	42.0	48.0	56.0	64.0
D_w	最小	22.5	27.7	33.3	42.8	51.1	60	69.5	78.7	88.2
e	最小	26.75	32.95	39.55	50.85	60.79	71.3	82.6	93.56	104.86
m	最大	14.8	18.0	21.5	25.6	31.0	34.0	38.0	45.0	51.0
	最小	14.1	16.9	20.2	24.3	29.4	32.4	36.4	43.4	49.1
m_w	最小	11.3	13.5	16.2	19.4	23.5	25.9	29.1	34.7	39.3
s	基準寸法＝最大	24.00	30.00	36	46	55.0	65.0	75.0	85.0	95.0
	最小	23.67	29.16	35	45	53.8	63.1	73.1	82.8	92.8

表 5.7　六角ナット－スタイル 2 －並目ねじの寸法

（単位：mm）

ねじの呼び（D）		M5	M6	M8	M10	M12	（M14）	M16	M20	M24	M30	M36
ねじのピッチ（p）		0.8	1	1.25	1.5	1.75	2	2	2.5	3	3.5	4
c	最大	0.5	0.5	0.6	0.6	0.6	0.6	0.8	0.8	0.8	0.8	0.8
D_a	最大	5.75	6.75	8.75	10.8	13	15.4	17.3	21.6	25.9	32.4	38.9
	最小	5.00	6.00	8.00	10.0	12	14.0	16.0	20.0	24.0	30.0	36.0
D_w	最小	6.9	8.9	11.6	14.6	16.6	19.6	22.5	27.7	33.2	42.7	51.1
e	最小	8.79	11.05	14.38	17.77	20.03	23.36	26.75	32.95	39.55	50.85	60.79
m	最大	5.1	5.7	7.5	9.3	12.00	14.1	16.4	20.3	23.9	28.6	34.7
	最小	4.8	5.4	7.14	8.94	11.57	13.4	15.7	19.0	22.6	27.3	33.1
m_w	最小	3.84	4.32	5.71	7.15	9.26	10.7	12.6	15.2	18.1	21.8	26.5
s	基準寸法＝最大	8.00	10.00	13.00	16.00	18.00	21.00	24.00	30.00	36	46	55.0
	最小	7.78	9.78	12.73	15.73	17.73	20.67	23.67	29.16	35	45	53.8

注：ねじの呼びに括弧を付けたものは，なるべく用いない．

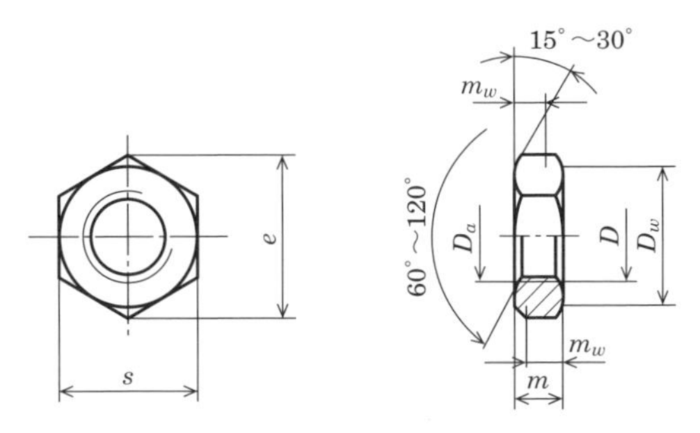

図 5.6　六角低ナット－並目ねじの形状

表 5.8　六角低ナット－両面取り－並目ねじ（第一選択）の寸法

（単位：mm）

ねじの呼び（D）		M1.6	M2	M2.5	M3	M4	M5	M6	M8	M10	M12
ねじのピッチ（p）		0.35	0.4	0.45	0.5	0.7	0.8	1	1.25	1.5	1.75
D_a	最大	1.84	2.3	2.9	3.45	4.6	5.75	6.75	8.75	10.8	13
	最小	1.60	2.0	2.5	3.00	4.0	5.00	6.00	8.00	10.0	12
D_w	最大	2.4	3.1	4.1	4.6	5.9	6.9	8.9	11.6	14.6	16.6
e	最小	3.41	4.32	5.45	6.01	7.66	8.79	11.05	14.38	17.77	20.03
m	最大	1.00	1.20	1.60	1.80	2.20	2.70	3.2	4.0	5.0	6.0
	最小	0.75	0.95	1.35	1.55	1.95	2.45	2.9	3.7	4.7	5.7
m_w	最小	0.6	0.8	1.1	1.2	1.6	2	2.3	3	3.8	4.6
s	基準寸法最大	3.20	4.00	5.00	5.50	7.00	8.00	10.00	13.00	16.00	18.00
	最小	3.02	3.82	4.82	5.32	6.78	7.78	9.78	12.73	15.73	17.73

ねじの呼び（D）		M16	M20	M24	M30	M36	M42	M48	M56	M64
ねじのピッチ（p）		2	2.5	3	3.5	4	4.5	5	5.5	6
D_a	最大	17.3	21.6	25.9	32.4	38.9	45.4	51.8	60.5	69.1
	最小	16.0	20.0	24.0	30.0	36.0	42.0	48.0	56.0	64.0
D_w	最大	22.5	27.7	33.2	42.8	51.1	60	69.5	78.7	88.2
e	最小	26.75	32.95	39.55	50.85	60.79	71.3	82.6	93.56	104.86
m	最大	8.00	10.0	12.0	15.0	18.0	21.0	24.0	28.0	32.0
	最小	7.42	9.1	10.9	13.9	16.9	19.7	22.7	26.7	30.4
m_w	最小	5.9	7.3	8.7	11.1	13.5	15.8	18.2	21.4	24.3
s	基準寸法最大	24.00	30.00	36	46	55.0	65.0	75.0	85.0	95.0
	最小	23.67	29.16	35	45	53.8	63.1	73.1	82.8	92.8

5.1.4 植込みボルト（JIS B 1173：2015）

植込みボルトは，棒の両端にねじが加工され，一方のねじを機械の本体に固くねじ込んで用いる．JIS B 1173 に規定されている植込みボルト（**図 5.7**）では，植込み部の長さ b_m に 3 種類があり，1 種は 1.25d，2 種は 1.5d，3 種は 2d の割合に基づいて寸法が決められている（**表 5.9**）．

1 種，2 種は炭素鋼に，3 種は合金鋼に植え込むものを対象としている．

呼び方は，規格番号または規格名称，ねじの呼び径×呼び長さ l，機械的性質の強度区分，植込み側のピッチ系列，b_m の種別，ナット側のピッチ系列および指定事項による．

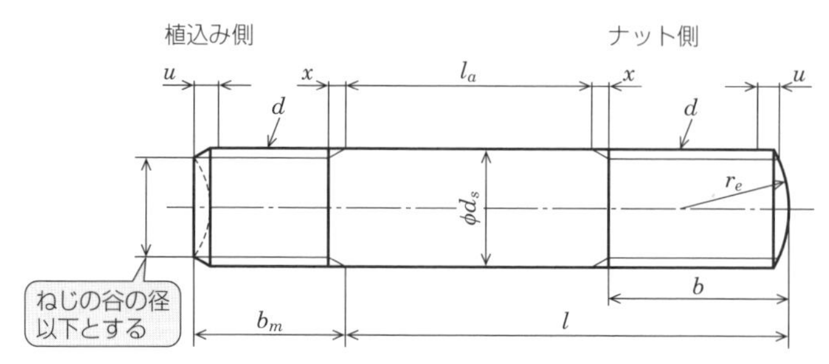

図 5.7　植込みボルトの形状

表 5.9　植込みボルトの寸法

（単位：mm）

呼び径（d）		4	5	6	8	10	12	（14）	16	（18）	20
ピッチ p	並目ねじ	0.7	0.8	1	1.25	1.5	1.75	2	2	2.5	2.5
	細目ねじ	–	–	–	–	1.25	1.25	1.5	1.5	1.5	1.5
b 最小（基準寸法）	l≦125	14	16	18	22	26	30	34	38	42	46
	l＞125	–	–	–	–	–	–	–	–	48	52
r_e（約）		5.6	7	8.4	11	14	17	20	22	25	28
b_m 最小	1 種	–	–	–	–	12	15	18	20	24	25
	2 種	6	7	8	11	15	18	21	24	27	30
	3 種	8	10	12	16	20	24	28	32	36	40
d_s 最大（基準寸法）		4	5	6	8	10	12	14	16	18	20
l		12～40	12～45	12～50	16～55	20～100	22～100	25～100	32～100	32～160	32～160

注：(1) 呼び径に括弧を付けたものはなるべく使用しない．
(2) 長さ l は次の数値から選ぶものとする．
12, 14, 16, 18, 20, 22, 25, 28, 30, 32, 35, 38, 40, 45, 50, 55, 60, 65, 70, 80, 90, 100, 110, 120, 140, 160
(3) x および u は不完全ねじ部の長さで，原則として $2p$ 以下とする．ただし，p はねじのピッチとする．
(4) b はナット側のねじの長さで，$l \leqq b+x+l_a$ の場合は，下表の l_a の値を標準長さとする円筒部を残してねじを加工するものとする．

呼び径（d）	4, 5	6, 8	10, 12	14, 16	18, 20
l_a	1	2	2.5	3	4

(5) 植込み先のねじ先は面取り先，ナット側は丸先とする．
(6) 植込みの長さ b_m は，1 種，2 種，3 種のうちいずれかを指定する．

5.1.5 止めねじ（JIS B 1117：2010）

ねじ先を利用して機械部分間の動きを止める．**図 5.8** に示されるねじ先の形状には，平先，丸先，棒先，とがり先，くぼみ先がある．**表 5.10** には，すりわり付き止めねじ（JIS B 1117）の寸法表を示す．その他，六角穴付き止めねじ（JIS B 1177），四角止めねじ（JIS B 1118）がある．

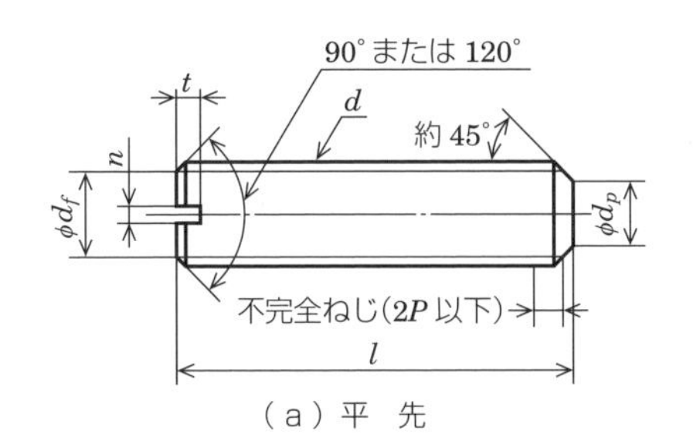

（a）平　先

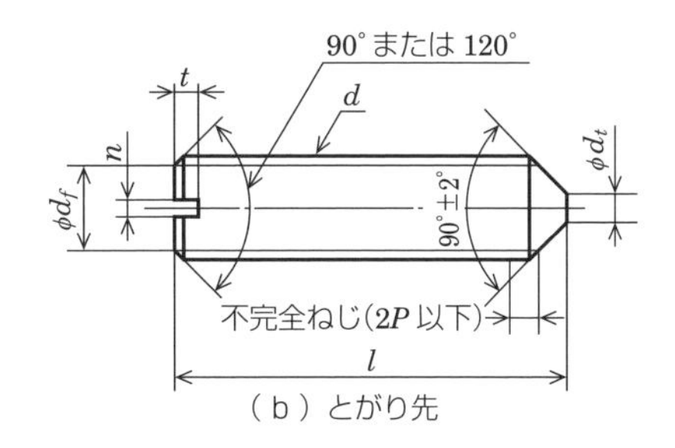

（b）とがり先

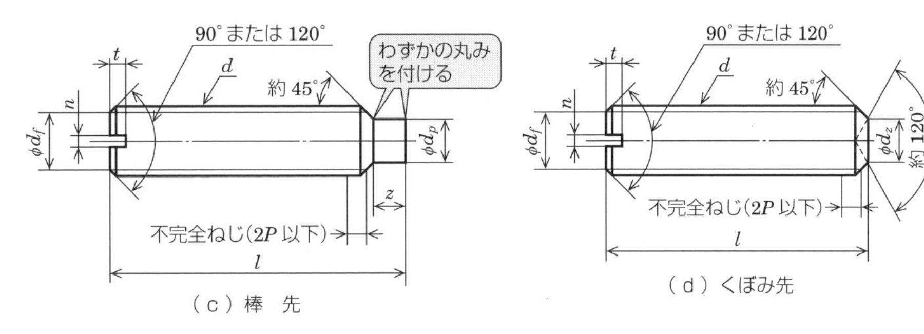

（c）棒　先

（d）くぼみ先

図 5.8　すりわり付き止めねじの形状（JIS B 1117）

表 5.10　すりわり付き止めねじの寸法

（単位：mm）

ねじの呼び d		M 1.2	M 1.6	M 2	M 2.5	M 3	(M 3.5)	M 4	M 5	M 6	M 8	M 10	M 12
ピッチ P		0.25	0.35	0.4	0.45	0.5	0.6	0.7	0.8	1	1.25	1.5	1.75
d_f	（約）	おねじの谷の径											
n	（呼び）	0.2	0.25	0.25	0.4	0.4	0.5	0.6	0.8	1	1.2	1.6	2
t	（最小）	0.4	0.56	0.64	0.72	0.8	0.96	1.12	1.28	1.6	2	2.4	2.8
先端部	平先 d_p（基準寸法）	0.6	0.8	1	1.5	2	2.2	2.5	3.5	4	5.5	7	8.5
	とがり先 d_t（最大）	0.12	0.16	0.2	0.25	0.3	0.35	0.4	0.5	1.5	2	2.5	3
	棒先 d_p（基準寸法）		0.8	1	1.5	2	2.2	2.5	3.5	4	5.5	7	8.5
	z（基準寸法）		0.8	1	1.25	1.5	1.75	2	2.5	3	4	5	6
	くぼみ先 d_z（基準寸法）		0.8	1	1.2	1.4	1.7	2	2.5	3	5	6	7
呼び長さ（基準寸法）	平先	2〜6	2〜8	2〜10	2.5〜14	3〜16	4〜20	4〜20	5〜25	6〜30	8〜40	10〜50	12〜60
	とがり先	2〜6	2〜8	3〜10	3〜12	4〜16	5〜20	6〜20	8〜25	8〜30	10〜40	12〜50	14〜60
	棒先		2.5〜8	3〜10	4〜12	5〜16	5〜20	6〜20	8〜25	8〜30	10〜40	12〜50	14〜60
	くぼみ先		2〜8	2.5〜10	3〜12	3〜16	4〜20	4〜20	5〜25	6〜30	8〜40	10〜50	12〜60

注：(1) ねじの呼びは，棒先，くぼみ先について M1.6 からとする．
(2) 呼び長さ l は，次の数値から取るものとする．
2, 2.5, 3, 4, 6, 8, 10, 12, 14, 16 ,20, 25, 30, 35, 40, 45, 55, 60
(3) ねじの呼びに括弧を付けたものは，なるべく用いない．

5.1.6 六角穴付きボルト（JIS B 1176：2014）

図 5.9 に六角穴付きボルトの形状，表 5.11 に六角穴付きボルト（並目ねじ）の寸法を示す．

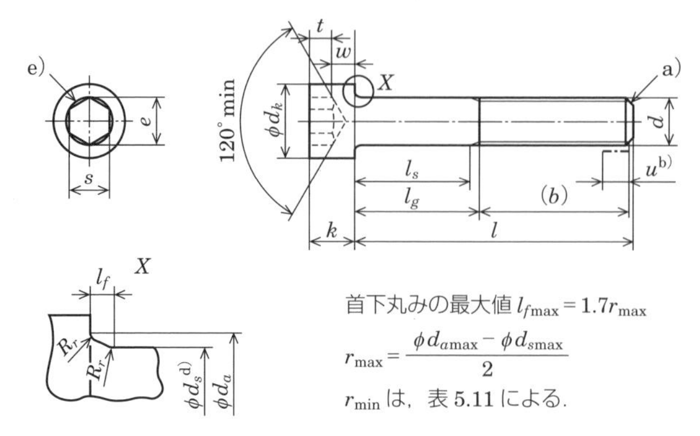

図 5.9　六角穴付きボルト

表 5.11　六角穴付きボルト（並目ねじ）の寸法

（単位：mm）

ねじの呼び d		M8	M10	M12	M14	M16	M20	M24
P		1.25	1.5	1.75	2	2	2.5	3
b	参考	28	32	36	40	44	52	60
d_k	最大	13.00	16.00	18.00	21.00	24.00	30.00	36.00
	最大	13.27	16.27	18.27	21.33	24.33	30.33	36.39
	最小	12.73	15.73	17.73	20.67	23.67	29.67	35.61
d_a	最大	9.2	11.2	13.7	15.7	17.7	22.4	26.4
d_s	最大	8.00	10.00	12.00	14.00	16.00	20.00	24.00
	最小	7.78	9.78	11.73	13.73	15.73	19.67	23.67
e	最小	6.863	9.149	11.429	13.716	15.996	19.437	21.734
l_f	最大	1.02	1.02	1.45	1.45	1.45	2.04	2.04
k	最大	8.00	10.00	12.00	14.00	16.00	20.00	24.00
	最小	7.64	9.64	11.57	13.57	15.57	19.48	23.48
r	最小	0.4	0.4	0.6	0.6	0.6	0.8	0.8
s	呼び	6	8	10	12	14	17	19
	最大	6.14	8.175	10.175	12.212	14.212	17.23	19.275
	最小	6.02	8.025	10.025	12.032	14.032	17.05	19.065
t	最小	4	5	6	7	8	10	12
v	最大	0.8	1	1.2	1.4	1.6	2	2.4
d_w	最小	12.33	15.33	17.23	20.17	23.17	28.87	34.81
w	最小	3.3	4	4.8	5.8	6.8	8.6	10.4

l			l_s および l_g													
			M8		M10		M12		M14		M16		M20		M24	
			l_s	l_g	l_s	l_g	l_s	l_g	l_s	l_g	l_s	l_g	l_s	l_g	l_s	l_g
呼び長さ	最小	最大	最小	最大	最小	最大	最小	最大	最小	最大	最小	最大	最小	最大	最小	最大
12	11.65	12.35														
16	15.65	16.35														
20	19.58	20.42														
25	24.58	25.42														
30	29.58	30.42														
35	34.5	35.5														
40	39.5	40.5	5.75	12												
45	44.5	45.5	10.75	17	5.5	13										
50	49.5	50.5	15.75	22	10.5	18										
55	54.4	55.6	20.75	27	15.5	23	10.25	19								
60	59.4	60.6	25.75	32	20.5	28	15.25	24	10	20						
65	64.4	65.6	30.75	37	25.5	33	20.25	29	15	25	11	21				
70	69.4	70.6	35.75	42	30.5	38	25.25	34	20	30	16	26				
80	79.4	80.6	45.75	52	40.5	48	35.25	44	30	40	26	36	15.5	28		
90	89.3	90.7			50.5	58	45.25	54	40	50	36	46	25.5	38	15	30
100	99.3	100.7			60.5	68	55.25	64	50	60	46	56	35.5	48	25	40
110	109.3	110.7					65.25	74	60	70	56	66	45.5	58	35	50
120	119.3	120.7					75.25	84	70	80	66	76	55.5	68	45	60
130	129.2	130.8							80	90	76	86	65.5	78	55	70
140	139.2	140.8							90	100	86	96	75.5	88	65	80
150	149.2	150.8									96	106	85.5	98	75	90
160	159.2	160.8									106	116	95.5	108	85	100
180	179.2	180.8											115.5	128	105	120
200	199.1	200.9											135.5	148	125	140

5.1.7 ねじ先形状（JIS B 1003：2014）

図 5.10 に，ねじ先形状，**表 5.12** にねじ先寸法を示す．

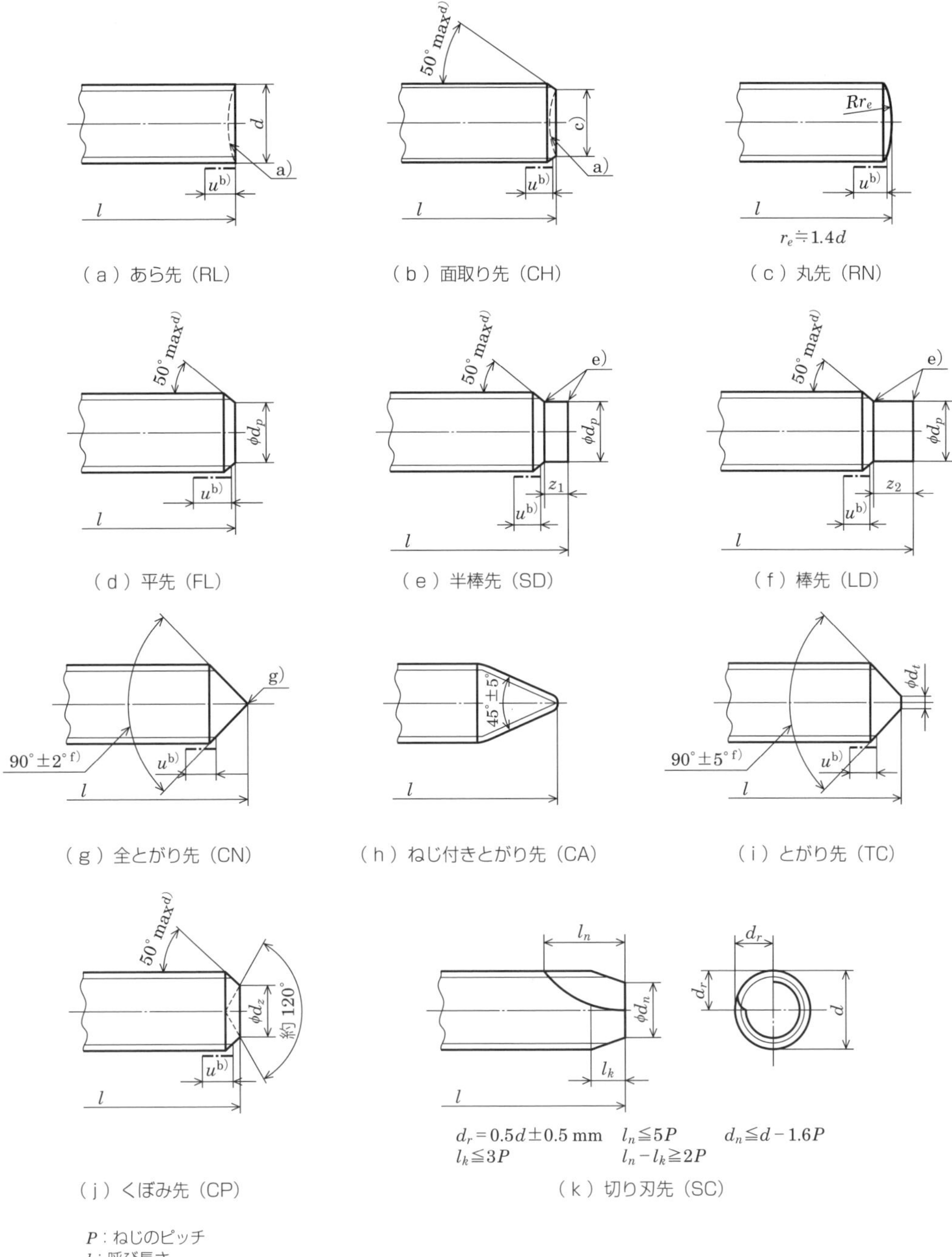

P：ねじのピッチ
l：呼び長さ

注：a) 端面は，くぼんでもよい．
　：b) ねじ先の不完全ねじ部長さ　u≦2P
　：c) この径の最大は，ねじの谷の径とする．
　：d) この角度は，ねじの谷の径から下の傾斜部だけに適用する．
　：e) 僅かな丸み．
　：f) 呼び長さが短いものに対しては，120°±2°としてもよい（製品規格を参照，例　JIS B 1177）
　：g) この先端は，僅かな丸みを付けるなどして，鋭くとがっていないようにする．

図 5.10　ねじ先形状

表 5.12　ねじ先先端寸法

（単位：mm）

ねじの呼び径 d [a]	d_p 許容差 [b]：h14	d_t [c] 許容差：h16	d_z 許容差：h14	z_1 許容差 [d]：$^{+IT14}_{0}$	z_2 許容差 [d]：$^{+IT14}_{0}$
1.6	0.8	−	0.8	0.4	0.8
1.8	0.9	−	0.9	0.45	0.9
2	1	−	1	0.5	1
2.2	1.2	−	1.1	0.55	1.1
2.5	1.5	−	1.2	0.63	1.25
3	2	−	1.4	0.75	1.5
3.5	2.2	−	1.7	0.88	1.75
4	2.5	−	2	1	2
4.5	3	−	2.2	1.12	2.25
5	3.5	−	2.5	1.25	2.5
6	4	1.5	3	1.5	3
7	5	2	4	1.75	3.5
8	5.5	2	5	2	4
10	7	2.5	6	2.5	5
12	8.5	3	8	3	6
14	10	4	8.5	3.5	7
16	12	4	10	4	8
18	13	5	11	4.5	9
20	15	5	14	5	10
22	17	6	15	5.5	11
24	18	6	16	6	12
27	21	8	−	6.7	13.5
30	23	8	−	7.5	15
33	26	10	−	8.2	16.5
36	28	10	−	9	18
39	30	12	−	9.7	19.5
42	32	12	−	10.5	21
45	35	14	−	11.2	22.5
48	38	14	−	12	24
52	42	16	−	13	26

注：a）ねじの呼び径が，1.6 mm 未満の場合には，寸法およびそれに対する許容差は，受渡当事者間の協定による．
：b）1 mm 以下の寸法に対する許容差は，h13 を適用する．
：c）ねじの呼び径が，5 mm 以下の場合には，ねじ先の先端は平らでなく，僅かな丸みがあってもよい．
：d）1 mm 以下の寸法に対する許容差は，$^{+IT13}_{0}$ を適用する．

5.1.8 ねじ下穴径（JIS B 1004：2009）

表 5.13 に，ねじ下穴径の寸法（JIS B 1004）を示す．

表 5.13 下穴径（メートル並目ねじ）

（単位：mm）

ねじ				下穴径 (2)								（参考）めねじ内径			
ねじの呼び	外径 d	ピッチ P	(1) 基準のひっかかりの高さ H_1	系列								下の許容サイズ	上の許容サイズ		
				100	95	90	85	80	75	70	65		4H (3) 5H (4)	5H (3) 6H (4)	7H
M 1	1.000	0.25	0.135	**0.73**	**0.74**	**0.76**	**0.77**	**0.78**	0.80	0.81	0.82	0.729	0.774	0.785	−
M 1.1	1.100	0.25	0.135	**0.83**	**0.84**	**0.86**	**0.87**	**0.88**	0.90	0.91	0.92	0.829	0.874	0.885	−
M 1.2	1.200	0.25	0.135	**0.93**	**0.94**	**0.96**	**0.97**	**0.98**	1.00	1.01	1.02	0.929	0.974	0.985	−
M 1.4	1.400	0.3	0.162	**1.08**	**1.09**	**1.11**	**1.12**	**1.14**	1.16	1.17	1.19	1.075	1.128	1.142	−
M 1.6	1.600	0.35	0.189	**1.22**	**1.24**	**1.26**	**1.28**	**1.30**	**1.32**	1.33	1.35	1.221	1.301	1.321	−
M 1.8	1.800	0.35	0.189	**1.42**	**1.44**	**1.46**	**1.48**	**1.50**	**1.52**	1.53	1.55	1.421	1.501	1.521	−
M 2	2.000	0.4	0.217	**1.57**	**1.59**	**1.61**	**1.63**	**1.65**	1.68	1.70	1.72	1.567	1.657	1.679	−
M 2.2	2.200	0.45	0.244	**1.71**	**1.74**	**1.76**	**1.79**	**1.81**	**1.83**	1.86	1.88	1.713	1.813	1.838	−
M 2.5	2.500	0.45	0.244	**2.01**	**2.04**	**2.06**	**2.09**	**2.11**	**2.13**	2.16	2.18	2.013	2.113	2.138	−
M 3×0.5	3.000	0.5	0.271	**2.46**	**2.49**	**2.51**	**2.54**	**2.57**	**2.59**	**2.62**	2.65	2.459	2.571	2.599	2.639
M 3.5	3.500	0.6	0.325	**2.85**	**2.88**	**2.92**	**2.95**	**2.98**	**3.01**	**3.05**	3.08	2.850	2.975	3.010	3.050
M 4×0.7	4.000	0.7	0.379	**3.24**	**3.28**	**3.32**	**3.36**	**3.39**	**3.43**	3.47	3.51	3.242	3.382	3.422	3.466
M 4.5	4.500	0.75	0.406	**3.69**	**3.73**	**3.77**	**3.81**	**3.85**	**3.89**	3.93	3.97	3.688	3.838	3.878	3.924
M 5×0.8	5.000	0.8	0.433	**4.13**	**4.18**	**4.22**	**4.26**	**4.31**	**4.35**	4.39	4.44	4.134	4.294	4.334	4.384
M 6	6.000	1	0.541	**4.92**	**4.97**	**5.03**	**5.08**	**5.13**	**5.19**	5.24	5.30	4.917	5.107	5.153	5.217
M 7	7.000	1	0.541	**5.92**	**5.97**	**6.03**	**6.08**	**6.13**	**6.19**	6.24	6.30	5.917	6.107	6.153	6.217
M 8	8.000	1.25	0.677	**6.65**	**6.71**	**6.78**	**6.85**	**6.92**	6.99	7.05	7.12	6.647	6.859	6.912	6.982
M 9	9.000	1.25	0.677	**7.65**	**7.71**	**7.78**	**7.85**	**7.92**	7.99	8.05	8.12	7.647	7.859	7.912	7.982
M10	10.000	1.5	0.812	**8.38**	**8.46**	**8.54**	**8.62**	**8.70**	8.78	8.86	8.94	8.376	8.612	8.676	8.751
M11	11.000	1.5	0.812	**9.38**	**9.46**	**9.54**	**9.62**	**9.70**	9.78	9.86	9.94	9.376	9.612	9.676	9.751
M12	12.000	1.75	0.947	**10.1**	**10.2**	**10.3**	**10.4**	**10.5**	10.6	10.7	10.8	10.106	10.371	10.441	10.531
M14	14.000	2	1.083	**11.8**	**11.9**	**12.1**	**12.2**	**12.3**	12.4	12.5	12.6	11.835	12.135	12.210	12.310
M16	16.000	2	1.083	**13.8**	**13.9**	**14.1**	**14.2**	**14.3**	14.4	14.5	14.6	13.835	14.135	14.210	14.310
M18	18.000	2.5	1.353	**15.3**	**15.4**	**15.6**	**15.7**	**15.8**	16.0	16.1	16.2	15.294	15.649	15.744	15.854
M20	20.000	2.5	1.353	**17.3**	**17.4**	**17.6**	**17.7**	**17.8**	18.0	18.1	18.2	17.294	17.649	17.744	17.854
M22	22.000	2.5	1.353	**19.3**	**19.4**	**19.6**	**19.7**	**19.8**	20.0	20.1	20.2	19.294	19.649	19.744	19.854
M24	24.000	3	1.624	**20.8**	**20.9**	**21.1**	**21.2**	21.4	21.6	21.7	21.9	20.752	21.152	21.252	21.382
M27	27.000	3	1.624	**23.8**	**23.9**	**24.1**	**24.2**	24.4	24.6	24.7	24.9	23.752	24.152	24.252	24.382
M30	30.000	3.5	1.894	**26.2**	**26.4**	**26.6**	**26.8**	27.0	27.2	27.3	27.5	26.211	26.661	26.771	26.921
M33	33.000	3.5	1.894	**29.2**	**29.4**	**29.6**	**29.8**	30.0	30.2	30.3	30.5	29.211	29.661	19.771	29.921
M36	36.000	4	2.165	**31.7**	**31.9**	**32.1**	**32.3**	32.5	32.8	33.0	33.2	31.670	32.145	32.270	32.420
M39	39.000	4	2.165	**34.7**	**34.9**	**35.1**	**35.3**	35.5	35.8	36.0	36.2	34.670	35.145	35.270	35.420

注：(1) $H_1 = 0.541266\mathrm{P}$　(2) 下穴径 $= d - 2 \times H_1 \left(\dfrac{\text{ひっかかり率}}{100} \right)$

(3) 4H は M1.4 以下，5H は M1.6 以上とする．

(4) 5H は M1.4 以下，6H は M1.6 以上とする．

＊一点鎖線，破線，実線から左側の太字体のものは，それぞれ JIS B 0209-3 の 4H（M1.4 以下）または 5H（M1.6 以上），5H（M1.4 以下）または 6H（M1.6 以上）および 7H のめねじ内径の許容限界サイズ内にあることを示す．

＊下穴径のひっかかり率による系列

ねじの種類	下穴径の系列							
メートル並目・細目	100	95	90	85	80	75	70	65
ひっかかり率	100	95	90	85	80	75	70	65

$$\text{ひっかかり率} = \frac{\text{おねじの外径}\,d - \text{下穴径}}{2 \times (\text{基準のひっかかり率の高さ}\,H_1)} \times 100\ 〔\%〕$$

5.1.9 六角穴付きボルト加工穴寸法（参考値）

表 5.14 に六角穴付きボルトに対するざぐりとボルト穴の寸法の参考寸法を示す．

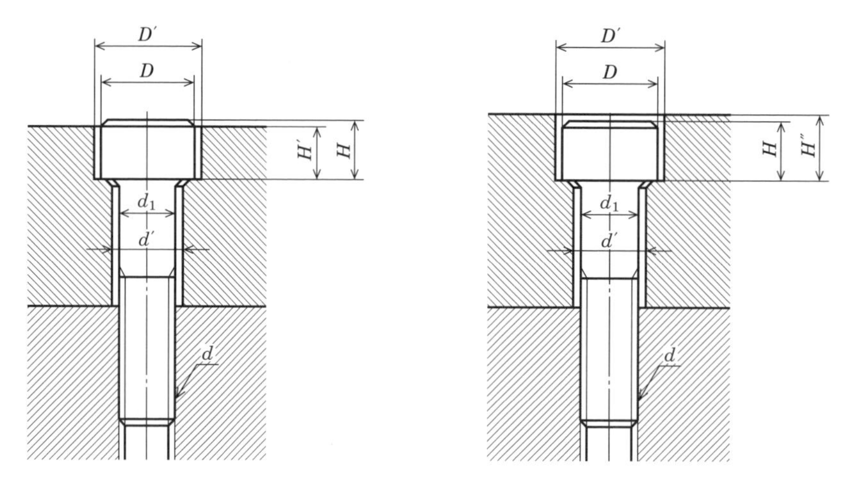

図 5.11

表 5.14　六角穴付きボルトに対するざぐりの参考寸法

（単位：mm）

ねじの呼び（d）	M3	M4	M5	M6	M8	M10	M12	M14	M16	M20	M24
d_1	3	4	5	6	8	10	12	14	16	20	24
d'	3.4	4.5	5.5	6.6	9	11	13.5	15.5	17.5	22	26
D	5.5	7	8.5	10	13	16	18	21	24	30	36
D'	6.5	8	9.5	11	14	17.5	20	23	26	32	39
H	3	4	5	6	8	10	12	14	16	20	24
H'	2.7	3.6	4.6	5.5	7.4	9.2	11	12.8	14.5	18.5	22.5
H''	3.3	4.4	5.4	6.5	8.6	10.8	13	15.2	17.5	21.5	25.5

備考　上表ボルト穴径（d'）は，JIS B 1001（ボルト穴径およびざぐり径）のボルト穴径 2 級による

5.2 座 金

5.2.1 平座金（JIS B 1256：2008，JIS B 1258：2012）

小ねじおよびボルトなどを締め付けるとき，座面と締付部との間に入れるもので，一般用（**図 5.12 ～図 5.13，表 5.15 ～表 5.16**）と作業能率を図る目的の組込用（**図 5.14 ～図 5.16，表 5.17 ～表 5.19**）がある．

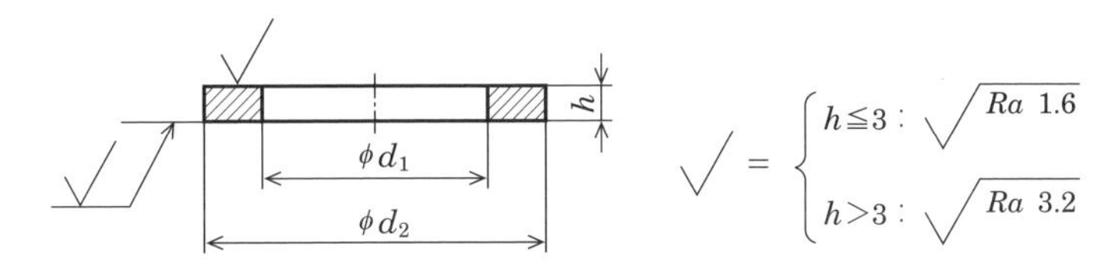

図 5.12　小形－部品等級 A（一般用）の形状

表 5.15　小形－部品等級 A（一般用）の寸法

（単位：mm）

平座金の呼び径（ねじの呼び径 d）	内径 d_1		外径 d_2		厚さ h		
	基準寸法（最小）	最大	基準寸法（最大）	最小	基準寸法	最大	最小
1.6	1.70	1.84	3.5	3.2	0.3	0.35	0.25
2	2.20	2.34	4.5	4.2	0.3	0.35	0.25
2.5	2.70	2.84	5.0	4.7	0.5	0.55	0.45
3	3.20	3.38	6.0	5.7	0.5	0.55	0.45
4	4.30	4.48	8.00	7.64	0.5	0.55	0.45
5	5.30	5.48	9.00	8.64	1	1.1	0.9
6	6.40	6.62	11.00	10.57	1.6	1.8	1.4
8	8.40	8.62	15.00	14.57	1.6	1.8	1.4
10	10.50	10.77	18.00	17.57	1.6	1.8	1.4
12	13.00	13.27	20.00	19.48	2	2.2	1.8
16	17.00	17.27	28.00	27.48	2.5	2.7	2.3
20	21.00	21.33	34.00	33.38	3	3.3	2.7
24	25.00	25.33	39.00	38.38	4	4.3	3.7
30	31.00	31.39	50.00	49.38	4	4.3	3.7
36	37.00	37.62	60.0	59.8	5	5.6	4.4

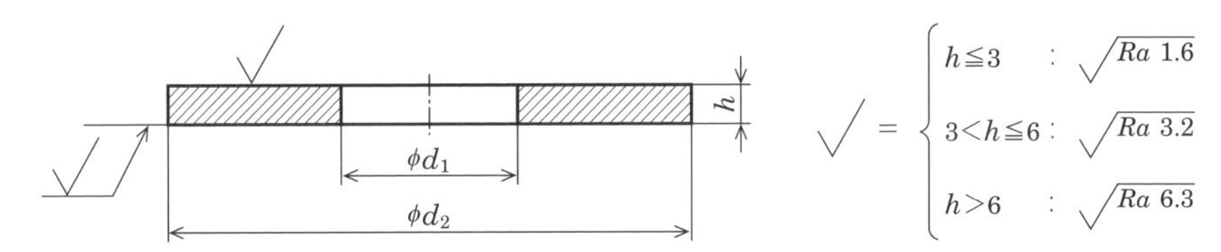

図 5.13　並形－部品等級 A（一般用）の形状

表 5.16　並形－部品等級 A（一般用）の寸法

（単位：mm）

平座金の呼び径（ねじの呼び径 d）	内径 d_1		外径 d_2		厚さ h		
	基準寸法（最小）	最大	基準寸法（最大）	最小	基準寸法	最大	最小
1.6	1.70	1.84	4.0	3.7	0.3	0.35	0.25
2	2.20	2.34	5.0	4.7	0.3	0.35	0.25
2.5	2.70	2.84	6.0	5.7	0.5	0.55	0.45
3	3.20	3.38	7.00	6.64	0.5	0.55	0.45
4	4.30	4.48	9.00	8.64	0.8	0.9	0.7
5	5.30	5.48	10.00	9.64	1	1.1	0.9
6	6.40	6.62	12.00	11.57	1.6	1.8	1.4
8	8.40	8.62	16.00	15.57	1.6	1.8	1.4
10	10.50	10.77	20.00	19.48	2	2.2	1.8
12	13.00	13.27	24.00	23.48	2.5	2.7	2.3
16	17.00	17.27	30.00	29.48	3	3.3	2.7
20	21.00	21.33	37.00	36.38	3	3.3	2.7
24	25.00	25.33	44.00	43.38	4	4.3	3.7
30	31.00	31.39	56.00	55.26	4	4.3	3.7
36	37.00	37.62	66.0	64.8	5	5.6	4.4
42	45.00	45.62	78.0	76.8	8	9	7
48	52.00	52.74	92.0	90.6	8	9	7
56	62.00	62.74	105.0	103.6	10	11	9
64	70.00	70.74	115.0	113.6	10	11	9

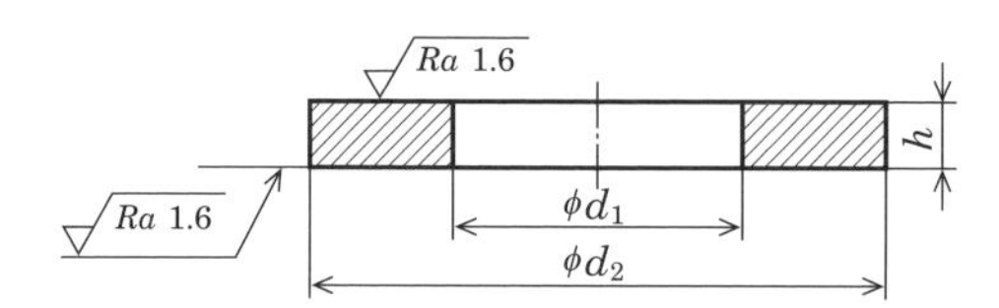

図 5.14　小形系列（S 形）の組込用座金の形状

表 5.17　小形系列（S 形）の組込用座金の寸法

（単位：mm）

呼び径（ねじの呼び径 d）	内径 d_1		外径 d_2		厚さ h		
	基準寸法（最小）	最大	基準寸法（最大）	最小	基準寸法	最大	最小
2	1.75	1.85	4.5	4.2	0.6	0.65	0.55
2.5	2.25	2.35	5	4.7	0.6	0.65	0.55
3	2.75	2.85	6	5.7	0.6	0.65	0.55
3.5	3.2	3.32	7	6.64	0.8	0.85	0.75
4	3.6	3.72	8	7.64	0.8	0.85	0.75
5	4.55	4.67	9	8.64	1	1.06	0.94
6	5.5	5.62	11	10.57	1.6	1.68	1.52
8	7.4	7.55	15	14.57	1.6	1.68	1.52
10	9.3	9.52	18	17.57	2	2.09	1.91
12	11	11.27	20	19.48	2	2.09	1.91

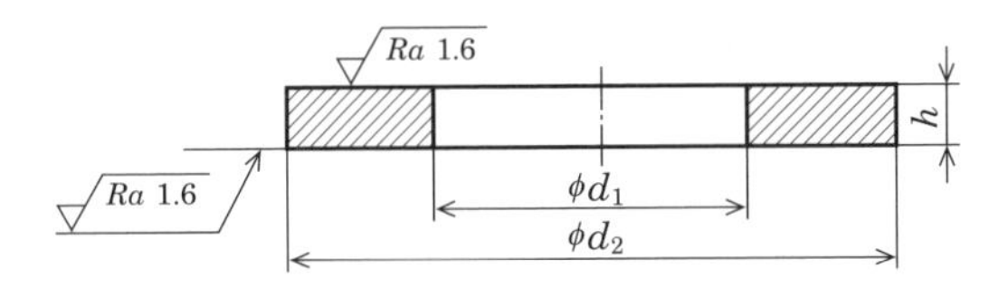

図 5.15　並形系列（N 形）の組込用座金の形状

表 5.18　並形系列（N 形）の組込用座金の寸法

（単位：mm）

呼び径（ねじの呼び径 d）	内径 d_1		外径 d_2		厚さ h		
	基準寸法（最小）	最大	基準寸法（最小）	最大	基準寸法	最大	最小
2	1.75	1.85	5	4.7	0.6	0.65	0.55
2.5	2.25	2.35	6	5.7	0.6	0.65	0.55
3	2.75	2.85	7	6.64	0.6	0.65	0.55
3.5	3.2	3.32	8	7.64	0.8	0.85	0.75
4	3.6	3.72	9	8.64	0.8	0.85	0.75
5	4.55	4.67	10	9.64	1	1.06	0.94
6	5.5	5.62	12	11.57	1.6	1.68	1.52
8	7.4	7.55	16	15.57	1.6	1.68	1.52
10	9.3	9.52	20	19.48	2	2.09	1.91
12	11	11.27	24	23.48	2.5	2.6	2.4

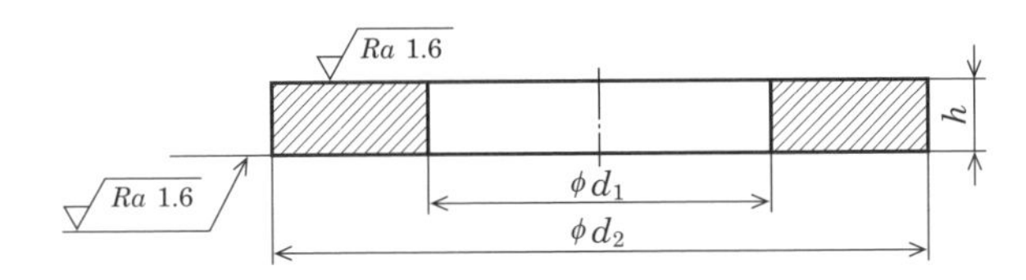

図 5.16　大形系列（L 形）の組込用座金の形状

表 5.19　大形系列（L 形）の組込用座金の寸法

（単位：mm）

呼び径（ねじの呼び径 d）	内径 d_1		外径 d_2		厚さ h		
	基準寸法（最小）	最大	基準寸法（最大）	最小	基準寸法	最大	最小
2	1.75	1.85	6	5.7	0.6	0.65	0.55
2.5	2.25	2.35	8	7.64	0.6	0.65	0.55
3	2.75	2.85	9	8.64	0.8	0.85	0.75
3.5	3.2	3.32	11	10.57	0.8	0.85	0.75
4	3.6	3.72	12	11.57	1	1.06	0.94
5	4.55	4.67	15	14.57	1	1.06	0.94
6	5.5	5.62	18	17.57	1.6	1.68	1.52
8	7.4	7.55	24	23.48	2	2.09	1.91
10	9.3	9.52	30	29.48	2.5	2.6	2.4
12	11	11.27	37	36.38	3	3.11	2.89

5.2.2　ばね座金（JIS B 1251：2018）

輪の一部を切断し，くい違わせて弾性をもたせた座金である．以下にばね座金の形状および寸法を示す（図 5.17，表 5.20，表 5.21）．

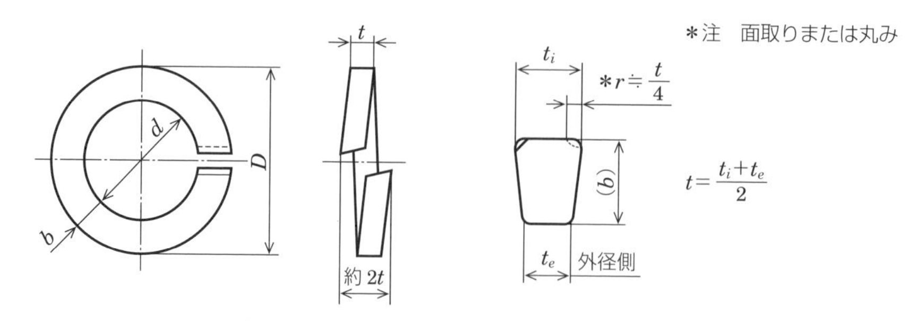

図 5.17　ばね座金の形状

表 5.20　ばね座金の寸法（一般用：2 号）

（単位：mm）

呼び	内径 d	断面寸法（最小）		外径 D（最大）	呼び	内径 d	断面寸法（最小）		外径 D（最大）
	基準寸法	幅 b	厚さ t			基準寸法	幅 b	厚さ t	
2	2.1	0.9	0.5	4.4	10	10.2	3.7	2.5	18.4
2.5	2.6	1	0.6	5.2	12	12.2	4.2	3	21.5
3	3.1	1.1	0.7	5.9	16	16.2	5.2	4	28
4	4.1	1.4	1	7.6	20	20.2	6.1	5.1	33.8
5	5.1	1.7	1.3	9.2	24	24.5	7.1	5.9	40.3
6	6.1	2.7	1.5	12.2	30	30.5	8.7	7.5	49.9
8	8.2	3.2	2	15.4	36	36.5	10.2	9	59.1

表 5.21　ばね座金の寸法（重荷重用：3 号）

（単位：mm）

呼び	内径 d	断面寸法（最小）		外径 D（最大）	呼び	内径 d	断面寸法（最小）		外径 D（最大）
	基準寸法	幅 b	厚さ t			基準寸法	幅 b	厚さ t	
6	6.1	2.7	1.9	12.2	16	16.2	5.3	4.8	28.2
8	8.2	3.3	2.5	15.6	20	20.2	6.4	6.0	34.4
10	10.2	3.9	3.0	18.8	24	24.5	7.6	7.2	41.3
12	12.2	4.4	3.6	21.9	–	–	–	–	–

5.3　キーおよびキー溝（JIS B 1301：2009）

5.3.1　平行キー

平行キー用キー溝の形状を図 5.18 に，寸法を表 5.22 に示す．

5.3.2　こう配キー

こう配キー用キー溝の形状を図 5.19 に，寸法を表 5.23 に示す．

5.3.3　半月キー

半月キーの形状を図 5.20 に，寸法を表 5.24 に示す．また，半月キー用キー溝の形状を図 5.21 に，寸法を表 5.25 に示す．

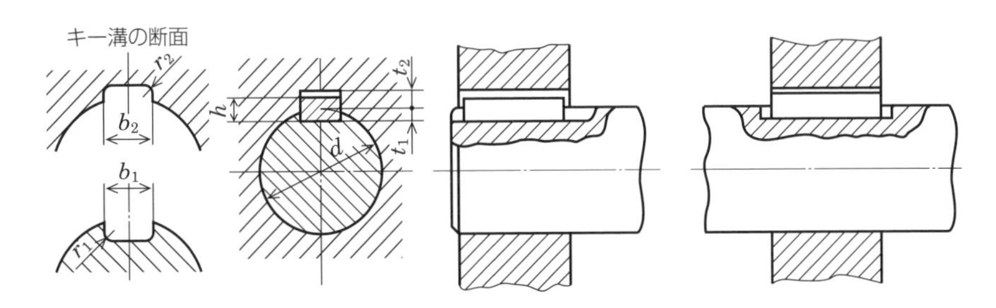

図 5.18　平行キー用キー溝の形状

表 5.22　平行キー用キー溝の寸法

（単位：mm）

キーの呼び寸法 $b \times h$	b_1 および b_2 の基準寸法	滑動形		普通形		締込み形	r_1 および r_2	t_1 の基準寸法	t_2 の基準寸法	t_1 および t_2 の許容差	参考
		b_1	b_2	b_1	b_2	b_1 および b_2					適応する軸径 [(1)]
		許容差（H9）	許容差（D10）	許容差（N9）	許容差（JS9）	許容差（P9）					d
2×2	2	+0.025 0	+0.060 +0.020	−0.004 −0.029	±0.0125	−0.006 −0.031	0.08～0.16	1.2	1.0	+0.1 0	6～ 8
3×3	3							1.8	1.4		8～10
4×4	4	+0.030 0	+0.078 +0.030	0 −0.030	±0.0150	−0.012 −0.042		2.5	1.8		10～12
5×5	5						0.16～0.25	3.0	2.3		12～17
6×6	6							3.5	2.8		17～22
(7×7)	7	+0.036 0	+0.098 +0.040	0 −0.036	±0.0180	−0.015 −0.051		4.0	3.3	+0.2 0	20～25
8×7	8							4.0	3.3		22～30
10×8	10						0.25～0.40	5.0	3.3		30～38
12×8	12	+0.043 0	+0.120 +0.050	0 −0.043	±0.0215	−0.018 −0.061		5.0	3.3		38～44
14×9	14							5.5	3.8		44～50
(15×10)	15							5.0	5.3		50～55
16×10	16							6.0	4.3		50～58
18×11	18							7.0	4.4		58～65
20×12	20	+0.052 0	+0.149 +0.065	0 −0.052	±0.0260	−0.022 −0.074	0.40～0.60	7.5	4.9		65～75
22×14	22							9.0	5.4		75～85
(24×16)	24							8.0	8.4		80～90
25×14	25							9.0	5.4		85～95
28×16	28							10.0	6.4		95～110
32×18	32	+0.062 0	+0.180 +0.080	0 −0.062	±0.0310	−0.026 −0.088		11.0	7.4		110～130
(35×22)	35						0.70～1.10	11.0	11.4	+0.3 0	125～140
36×20	36							12.0	8.4		130～150
(38×24)	38							12.0	12.4		140～160
40×22	40							13.0	9.4		150～170
(42×26)	42							13.0	13.4		160～180
45×25	45							15.0	10.4		170～200
50×28	50							17.0	11.4		200～230
56×32	56	+0.074 0	+0.220 +0.100	0 −0.074	±0.0370	−0.032 −0.106	1.20～1.60	20.0	12.4		230～260
63×32	63							20.0	12.4		260～290
70×36	70							22.0	14.4		290～330
80×40	80						2.00～2.50	25.0	15.4		330～380
90×45	90	+0.087 0	+0.260 +0.120	0 −0.087	±0.0435	−0.037 −0.124		28.0	17.4		380～440
100×50	100							31.0	19.5		440～500

注：(1)　適応する軸径は，キーの強さに対応するトルクから求められるものであって，一般用途の目安として示す．キーの大きさが伝達するトルクに対して適切な場合には，適応する軸径より太い軸を用いてもよい．その場合には，キーの側面が，軸およびハブに均等に当たるように t_1 および t_2 を修正するのがよい．適応する軸径より細い軸には用いないほうがよい．

備考：(　) を付けた呼び寸法のものは，対応国際規格には規定されていないので，新設計には使用しない．

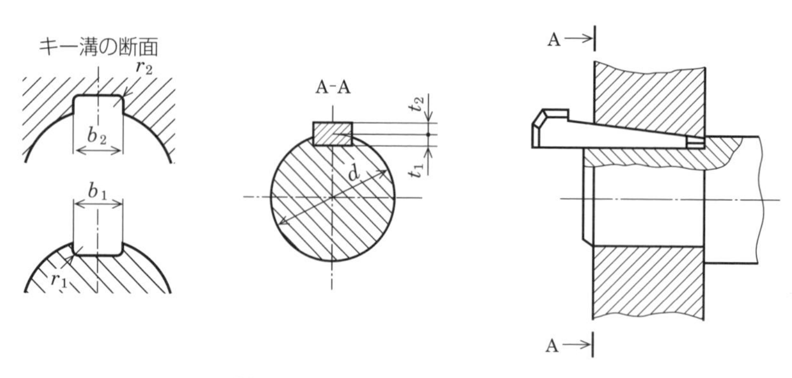

図 5.19　こう配キー用キー溝の形状

表 5.23　こう配キー用キー溝の寸法

（単位：mm）

キーの呼び寸法 $b \times h$	b_1 および b_2		r_1 および r_2	t_1 の基準寸法	t_2 の基準寸法	t_1 および t_2 の許容差	参考
	基準寸法	許容差（D10）					適応する軸径 d
2×2	2	+0.060 +0.020	0.86～0.16	1.2	0.5	+0.05 0	6～8
3×3	3			1.8	0.9		8～10
4×4	4	+0.078 +0.030		2.5	1.2	+0.1 0	10～12
5×5	5		0.16～0.25	3.0	1.7		12～17
6×6	6			3.5	2.2		17～22
（7×7）	7	+0.098 +0.040		4.0	3.0		20～25
8×7	8			4.0	2.4	+0.2 0	22～30
10×8	10		0.25～0.40	5.0	2.4		30～38
12×8	12	+0.120 +0.050		5.0	2.4		38～44
14×9	14			5.5	2.9		44～50
（15×10）	15			5.0	5.0	+0.1 0	50～55
16×10	16			6.0	3.4	+0.2 0	50～58
18×11	18			7.0	3.4		58～65
20×12	20	+0.149 +0.065	0.40～0.60	7.5	3.9		65～75
22×14	22			9.0	4.4		75～85
（24×16）	24			8.0	8.0	+0.1 0	80～90
25×14	25			9.0	4.4	+0.2 0	85～95
28×16	28			10.0	5.4		95～110
32×18	32	+0.180 +0.080		11.0	6.4		110～130
（35×22）	35		0.70～1.00	11.0	11.0	+0.15 0	125～140
36×20	36			12.0	7.1	+0.3 0	130～150
（38×24）	38			12.0	12.0	+0.15 0	140～160
40×22	40			13.0	8.1	+0.3 0	150～170
（42×26）	42			13.0	13.0	+0.15 0	160～180
45×25	45			15.0	9.1	+0.3 0	170～200
50×28	50			17.0	10.1		200～230
56×32	56	+0.220 +0.100	1.20～1.60	20.0	11.1		230～260
63×32	63			20.0	11.1		260～290
70×36	70			22.0	13.1		290～330
80×40	80		2.00～2.50	25.0	14.1		330～380
90×45	90	+0.260 +0.120		28.0	16.1		380～440
100×50	100			31.0	18.1		440～500

備考：（　）を付けた呼び寸法のものは，対応国際規格には規定されていないので，新設計には使用しない．

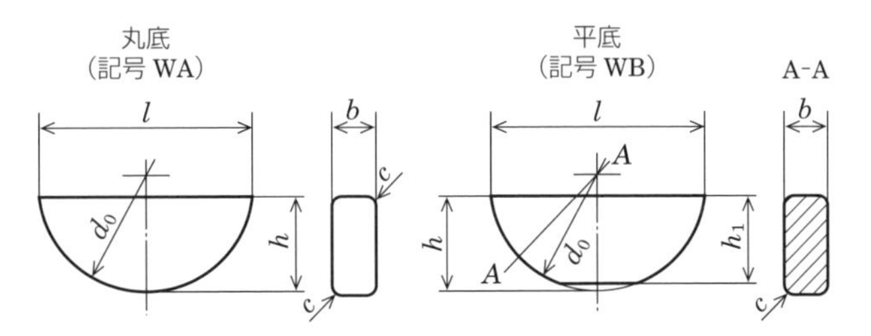

備考：表面粗さは両側面は *Ra* 1.6 とし，その他は *Ra* 6.3 とする．

図 5.20　半月キーの形状

表 5.24　半月キーの寸法

（単位：mm）

キーの呼び寸法 $b \times h$	キーの寸法									参考
	b		d_0		h		h_1		c	l（計算値）
	基準寸法	許容差（h9）	基準寸法	許容差	基準寸法	許容差（h11）	基準寸法	許容差		
1×4	1	0 −0.025	4	0 −0.120	1.4	0 −0.060	1.1	±0.1	0.16～0.25	−
1.5×7	1.5		7	0 −0.150	2.6		2.1			−
2×7	2		7		2.6		2.1			−
2×10			10		3.7	0 −0.075	3.0			−
2.5×10	2.5		10		3.7		3.0			9.6
(3×10)	3		10	0 −0.1	3.7		3.55			9.6
3×13			13	0 −0.180	5.0		4.0	±0.2		12.6
3×16			16		6.5	0 −0.090	5.2			15.7
(4×13)	4	0 −0.030	13	0 −0.1	5.0	0 −0.075	4.75			12.6
4×16			16	0 −0.180	6.5	0 −0.090	5.2		0.25～0.40	15.7
4×19			19	0 −0.210	7.5		6.0			18.5
5×16	5		16	0 −0.180	6.5		5.2			15.7
5×19			19	0 −0.210	7.5		6.0			18.5
5×22			22		9.0		7.2			21.6
6×22	6		22		9.0		7.2			21.6
6×25			25		10.0		8.0			24.4
(6×28)			28	0 −0.2	11.0	0 −0.110	10.6			27.3
(6×32)			32		13.0		12.5			31.3
(7×22)	7	0 −0.036	22	0 −0.1	9.0	0 −0.090	8.5			21.6
(7×25)			25	0 −0.2	10.0		9.5			24.4
(7×28)			28		11.0	0 −0.110	10.6			27.3
(7×32)			32		13.0		12.5			31.4
(7×38)			38		15.0		14.0			37.1
(7×45)			45		16.0		15.0			43.0
(8×25)	8		25		10.0	0 −0.090	9.5			24.4
8×28			28	0 −0.210	11.0	0 −0.110	8.8		0.40～0.60	27.3
(8×32)			32	0 −0.2	13.0		12.5		0.25～0.40	31.4
(8×38)			38		15.0		14.0			37.1
10×32	10		32	0 −0.250	13.0		10.4		0.40～0.60	31.4
(10×45)			45	0 −0.2	16.0		15.0			43.0
(10×55)			55		17.0		16.0			50.8
(10×65)			65		19.0	0 −0.130	18.0	±0.3		59.0
(12×65)	12	0 −0.043	65		19.0		18.0			59.0
(12×80)			80		24.0		22.4			73.3

備考：(　) を付けた呼び寸法のものは，対応国際規格には規定されていないので，新設計には使用しない．

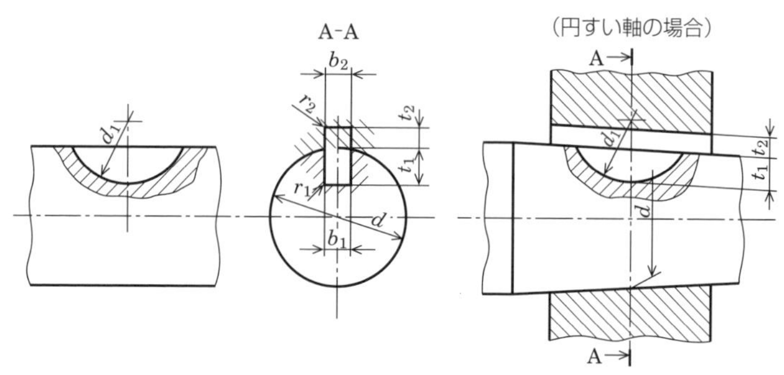

図 5.21　半月キー用キー溝の形状

表 5.25　半月キー用キー溝の寸法

(単位：mm)

キーの呼び寸法 $b \times h$	b_1 および b_2 の基準寸法	普通形		締込み形	t_1		t_2		r_1 および r_1	d_1	
		b_1 許容差 (N9)	b_2 許容差 (JS9)	b_1 および b_2 許容差 (P9)	基準寸法	許容差	基準寸法	許容差		基準寸法	許容差
1×4	1	−0.004 −0.029	±0.012	−0.006 −0.031	1.0	+0.1 0	0.6	+0.1 0	0.08〜0.16	4	+0.1 0
1.5×7	1.5				2.0		0.8			7	
2×7	2				1.8		1.0			7	
2×10					2.9					10	+0.2 0
2.5×10	2.5				2.7		1.2			10	
(3×10)	3				2.5		1.4			10	
3×13					3.8	+0.2 0				13	
3×16					5.3					16	
(4×13)	4	0 −0.030	±0.015	−0.012 −0.042	3.5	+0.2 0	1.7			13	
4×16					5.0	+0.2 0	1.8		0.16〜0.25	16	
4×19					6.0					19	+0.3 0
5×16	5				4.5		2.3			16	+0.2 0
5×19					5.5					19	+0.3 0
5×22					7.0	+0.3 0				22	
6×22	6				6.5		2.8			22	
6×25					7.5			+0.2 0		25	
(6×28)					8.6	+0.1 0	2.6	+0.1 0		28	
(6×32)					10.6					32	
(7×22)	7	0 −0.036	±0.018	−0.015 −0.051	6.4		2.8			22	
(7×25)					7.4					25	
(7×28)					8.4					28	
(7×32)					10.4	+0.1 0				32	
(7×38)					12.4					38	
(7×45)					13.4					45	
(8×25)	8				7.2		3.0			25	
8×28					8.0	+0.3 0	3.3	+0.2 0	0.25〜0.40	28	
(8×32)					10.2	+0.1 0	3.0	+0.1 0	0.16〜0.25	32	
(8×38)					12.2					38	
10×32	10				10.0	+0.3 0	3.3	+0.2 0	0.25〜0.40	32	
(10×45)					12.8	+0.1 0	3.4	+0.1 0		45	
(10×55)					13.8					55	
(10×65)					15.8					65	+0.5 0
(12×65)	12	0 −0.043	±0.022	−0.018 −0.061	15.2		4.0			65	
(12×80)					20.2					80	

備考：(　) を付けた呼び寸法のものは，対応国際規格には規定されていないので，新設計には使用しない．

5.4 シール

5.4.1 O リング（JIS B 2401-1：2012）

O リングは，矩形溝の中に取り付け，O リングを押しつぶしたときに発生する応力を利用して，密封機能を発揮する圧縮シールである．

表 5.26 (a)　O リングの種類

O リングの種類	種類を表す記号
運動用 O リング	P
固定用 O リング	G
真空フランジ用 O リング	V
ISO 一般工業用 O リング	F
ISO 精密機器用 O リング	S

【1】主な O リングの種類と規格

主な O リングの種類と規格を表 5.26 に示す．

表 5.26 (b)　O リングに用いる材料の種類およびその識別記号

材料の種類	タイプ A デュロメータ硬さ b)	材料の種類を表す識別記号	識別記号の意味	従来の識別記号（参考）
一般用ニトリルゴム［NBR a)］	70	NBR-70-1	耐鉱物油用でタイプ A デュロメータ硬さ A70 のもの	1 種 A または 1A
	90	NBR-90	耐鉱物油用でタイプ A デュロメータ硬さ A90 のもの	1 種 B または 1B
燃料用ニトリルゴム［NBR a)］	70	NBR-70-2	耐ガソリン用でタイプ A デュロメータ硬さ A70 のもの	2 種または 2
水素化ニトリルゴム［HNBR a)］	70	HNBR-70	耐鉱物油・耐熱用でタイプ A デュロメータ硬さ A70 のもの	−
	90	HNBR-90	耐鉱物油・耐熱用でタイプ A デュロメータ硬さ A90 のもの	−
ふっ素ゴム［FKM a)］	70	FKM-70	耐熱用でタイプ A デュロメータ硬さ A70 のもの	4 種 D または 4D
	90	FKM-90	耐熱用でタイプ A デュロメータ硬さ A90 のもの	=
エチレンプロピレンゴム［EPDM a)］	70	EPDM-70	耐植物油・ブレーキ油用でタイプ A デュロメータ硬さ A70 のもの	3 種または 3
	90	EPDM-90	耐植物油・ブレーキ油用でタイプ A デュロメータ硬さ A90 のもの	−
シリコーンゴム［VMQ a)］	70	VMQ-70	耐熱・耐寒用でタイプ A デュロメータ硬さ A70 のもの	4 種 C または 4C
アクリルゴム［ACM a)］	70	ACM-70	耐熱・耐鉱物油用でタイプ A デュロメータ硬さ A70 のもの	−

注：a）括弧内の略号は，JIS K 6397 を参照．
　：b）タイプ A デュロメータ硬さは，JIS K 6253-3 による．

表 5.27　固定用 O リング

（単位：mm）

呼び番号	太さ d_2	内径 d_1 基準寸法	内径 d_1 許容差	溝部の寸法（参考）軸径	溝部の寸法（参考）穴径
G 25		24.4	±0.25	25	30
G 30		29.4	±0.29	30	35
G 35		34.4	±0.33	35	40
G 40		39.4	±0.37	40	45
G 45		44.4	±0.41	45	50
G 50		49.4	±0.45	50	55
G 55		54.4	±0.49	55	60
G 60		59.4	±0.53	60	65
G 65		64.4	±0.57	65	70
G 70		69.4	±0.61	70	75
G 75		74.4	±0.65	75	80
G 80	3.1 ±0.10	79.4	±0.69	80	85
G 85		84.4	±0.73	85	90
G 90		89.4	±0.77	90	95
G 95		94.4	±0.81	95	100
G100		99.4	±0.85	100	105
G105		104.4	±0.87	105	110
G110		109.4	±0.91	110	115
G115		114.4	±0.94	115	120
G120		119.4	±0.98	120	125
G125		124.4	±1.01	125	130
G130		129.4	±1.05	130	135
G135		134.4	±1.08	135	140

（単位：mm）

呼び番号	太さ d_2	内径 d_1 基準寸法	内径 d_1 許容差	溝部の寸法（参考）軸径	溝部の寸法（参考）穴径
G140		139.4	±1.12	140	145
G145		144.4	±1.16	145	150
G150		149.3	±1.19	150	160
G155		154.3	±1.23	155	165
G160		159.3	±1.26	160	170
G165		164.3	±1.30	165	175
G170		169.3	±1.33	170	180
G175		174.3	±1.37	175	185
G180		179.3	±1.40	180	190
G185		184.3	±1.44	185	195
G190		189.3	±1.47	190	200
G195	5.7 ±0.13	194.3	±1.51	195	205
G200		199.3	±1.55	200	210
G210		209.3	±1.61	210	220
G220		219.3	±1.68	220	230
G230		229.3	±1.73	230	240
G240		239.3	±1.81	240	250
G250		249.3	±1.88	250	260
G260		259.3	±1.94	260	270
G270		269.3	±2.01	270	280
G280		279.3	±2.07	280	290
G290		289.3	±2.14	290	300
G300		299.3	±2.20	300	310

備考：4種のd_1の許容差は，4Cについては上記許容差の1.5倍，4Dについては上記許容差の1.2倍とする．

【2】 O リングの呼び方

規格番号または規格名称，材料別種類，呼び番号の例を下記に示す．

・表示例：JIS B 2401-2 種　G70　　　O リング　1 種 B　P20

・材料：合成ゴム，天然ゴム，合成樹脂を用いる．

表 5.28（1）　運動用 O リング（1）

（単位：mm）

呼び番号	太さ d_2	内径 d_1		溝部の寸法（参考）	
		基準寸法	許容差	軸径	穴径
P 3	1.9 ±0.08	2.8	±0.14	3	6
P 4		3.8	±0.14	4	7
P 5		4.8	±0.15	5	8
P 6		5.8	±0.15	6	9
P 7		6.8	±0.16	7	10
P 8		7.8	±0.16	8	11
P 9		8.8	±0.17	9	12
P10		9.8	±0.17	10	13
P10A	2.4 ±0.09	9.8	±0.17	10	14
P11		10.8	±0.18	11	15
P11.2		11.0	±0.18	11.2	15.2
P12		11.8	±0.19	12	16
P12.5		12.3	±0.19	12.5	16.5
P14		13.8	±0.19	14	18
P15		14.8	±0.20	15	19
P16		15.8	±0.20	16	20
P18		17.8	±0.21	18	22
P20		19.8	±0.22	20	24
P21		20.8	±0.2	21	25
P22		21.8	±0.24	22	26
P22A	3.5 ±0.10	21.7	±0.24	22	28
P22.4		22.1	±0.24	22.4	28.4
P24		23.7	±0.24	24	30
P25		24.7	±0.25	25	31
P25.5		25.2	±0.25	25.5	31.5
P26		25.7	±0.26	26	32
P28		27.7	±0.28	28	34
P29		28.7	±0.29	29	35
P29.5		29.2	±0.29	29.5	35.5
P30		29.7	±0.29	30	36
P31		30.7	±0.30	31	37
P31.5		21.2	±0.31	31.5	37.5
P32		31.7	±0.31	32	38
P34		33.7	±0.33	34	40
P35		34.7	±0.34	35	41
P35.5		35.2	±0.34	35.5	41.5
P36		35.7	±0.34	36	42
P38		37.7	±0.37	38	44
P39		38.7	±0.37	39	45
P40		39.7	±0.37	40	46
P41		40.7	±0.38	41	47
P42		41.7	±0.39	42	48
P44		43.7	±0.41	44	50
P45		44.7	±0.41	45	51
P46		45.7	±0.42	46	52
P48		47.7	±0.44	48	54
P49		48.7	±0.45	49	55
P50		49.7	±0.45	50	56
P48A	5.7 ±0.13	47.6	±0.44	48	58
P50A		49.6	±0.45	50	60
P52		51.6	±0.47	52	62
P53		52.6	±0.48	53	63
P55		54.6	±0.49	55	65
P56		55.6	±0.50	56	66

表 5.28（2）　運動用 O リング（2）

（単位：mm）

呼び番号	太さ d_2	内径 d_1		溝部の寸法（参考）	
		基準寸法	許容差	軸径	穴径
P 58	5.7 ±0.13	57.6	±0.52	58	68
P 60		59.6	±0.53	60	70
P 62		61.6	±0.55	62	72
P 63		62.6	±0.56	63	73
P 65		64.6	±0.57	65	75
P 67		66.6	±0.59	67	77
P 70		69.6	±0.61	70	80
P 71		70.6	±0.62	71	81
P 75		74.6	±0.65	75	85
P 80		79.6	±0.69	80	90
P 85		84.6	±0.73	85	95
P 90		89.6	±0.77	90	100
P 95		94.6	±0.81	95	105
P100		99.6	±0.84	100	110
P102		101.6	±0.85	102	112
P105		104.6	±0.87	105	115
P110		109.6	±0.91	110	120
P112		111.6	±0.92	112	122
P115		114.6	±0.94	115	125
P120		119.6	±0.98	120	130
P125		124.6	±1.01	125	135
P130		129.6	±1.05	130	140
P132		131.6	±1.06	132	142
P135		134.6	±1.09	135	145
P140		139.6	±1.12	140	150
P145		144.6	±1.16	145	155
P150		149.6	±1.19	150	160
P150A	8.4 ±0.15	149.5	±1.19	150	165
P155		154.5	±1.23	155	170
P160		159.5	±1.26	160	175
P165		164.5	±1.30	165	180
P170		169.5	±1.33	170	185
P175		174.5	±1.37	175	190
P180		179.5	±1.40	180	195
P185		184.5	±1.44	185	200
P190		189.5	±1.48	190	205
P195		194.5	±1.51	195	210
P200		199.5	±1.55	200	215
P205		204.5	±1.58	205	220
P209		208.5	±1.61	209	224
P210		209.5	±1.62	210	225
P215		214.5	±1.65	215	230
P220		219.5	±1.68	220	235
P225		224.5	±1.71	225	240
P230		229.5	±1.75	230	245
P235		234.5	±1.78	235	250
P240		239.5	±1.81	240	255
P245		244.5	±1.84	245	260
P250		249.5	±1.88	250	265
P255		254.5	±1.91	255	270
P260		259.5	±1.94	260	275
P265		264.5	±1.97	265	280
P270		269.5	±2.01	270	285
P275		274.5	±2.04	275	290
P280		279.5	±2.07	280	295

【3】形状・寸法

固定用，運動用 O リングの形状・寸法を表 5.27，表 5.28 に示す．

5.4.2 オイルシール（JIS B 2402-1：2013）

オイルシールは，回転軸に取り付け，潤滑油の漏れを防ぐと同時に塵埃などの浸入を防ぐ密封装置である．

【1】オイルシールの種類

表 5.29 にオイルシールの種類を示す．

【2】オイルシールの呼び番号

規格番号，種類の記号，呼び内径（3 桁数字）・外径，幅（2 桁数字），ゴム材料の種類記号の例を下記に示す．

・表示例：JIS B 2402-1　SM040 062 08 A

表 5.29　オイルシールの種類（JIS B 2402-1）

種　類	記号	内　容	参考図例	参考（NOK 形式）
ばね入り外周ゴム	タイプ 1	ばねを使用した単一のリップと金属環とからなり，外周面がゴムで覆われている形式のもの		SC
ばね入り外周金属	タイプ 2	ばねを使用した単一のリップと金属環とからなり，外周面が金属環から構成されている形式のもの		SB
ばね入り組立形外周金属	タイプ 3	ばねを使用した単一のリップと金属環とからなり，外周面が金属環から構成されている組立形式のもの		(SA)(1)
ばね入り外周ゴム保護リップ付き	タイプ 4	ばねを使用した単一のリップと金属環，およびばねを使用しないちりよけとからなり，外周面がゴムで覆われている形式のもの		TC
ばね入り外周金属保護リップ付き	タイプ 5	ばねを使用した単一のリップと金属環，およびばねを使用しないちりよけとからなり，外周面が金属環から構成されている形式のもの		TB
ばね入り組立形外周金属保護リップ付き	タイプ 6	ばねを使用した単一のリップと金属環，およびばねを使用しないちりよけとからなり，外周面が金属環から構成されている組立形式のもの		(TA)(1)
ばねなし外周ゴム	G	ばねを使用しない単一のリップと金属環とからなり，外周面がゴムから構成されている組立形式のもの		VC
ばねなし外周金属	GM	ばねを使用しない単一のリップと金属環とからなり，外周面がゴムから構成されている組立形式のもの		VB
ばねなし組立形外周金属	GA	ばねを使用しない単一のリップと金属環とからなり，外周面が金属環から構成されている組立形式のもの		(VA)(1)

注：(1) 組立形式であまり用いられていない．

ただし，ゴム材料は，A，BおよびCで，A，Bはニトリルゴム相当のもの，Cはアクリルゴム相当のものを対象とする．

【3】オイルシールの形状・寸法

オイルシールの形状・寸法を**図 5.22**（1），（2），**表 5.30**（1），（2）に示す．

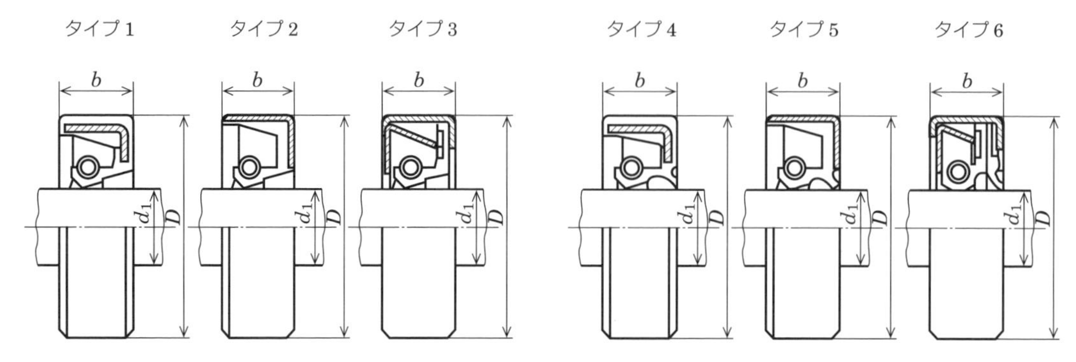

図 5.22（1） オイルシールの形状（1）

表 5.30（1） オイルシールの寸法（1）

（単位：mm）

呼び内径 d_1	外　径 D	幅 b
6	16	7
	22	
7	22	7
8	22	7
	24	
9	22	7
10	22	7
	25	
12	24	7
	25	
	30	
15	26	7
	30	
	35	
16	30	7
18	30	7
	35	
20	35	7
	40	
22	35	7
	40	
	47	
25	40	7
	47	

呼び内径 d_1	外　径 D	幅 b
25	52	7
28	40	7
	47	
	52	
30	42	7
	47	
	52	8
32	45	8
	47	
	52	
35	50	8
	52	
	55	
38	55	8
	58	
	62	
40	55	8
	62	
42	55	8
	62	
45	62	8
	65	
50	68	8
	72	

呼び内径 d_1	外　径 D	幅 b
55	72	8
	80	
60	80	8
	85	
65	85	10
	90	
70	90	10
	95	
75	95	10
	100	
80	100	10
	110	
85	110	12
	120	
90	120	12
95	120	12
100	125	12
110	140	12
120	150	12
130	160	12
140	170	15
150	180	15
160	190	15
170	200	15

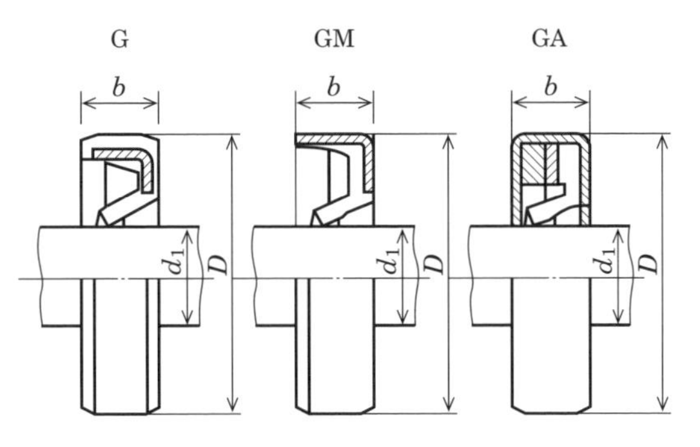

図 5.22 (2) オイルシールの形状 (2)

表 5.30 (2) オイルシールの寸法 (2)

(単位：mm)

呼び内径 d_1	外　径 D	幅 b	呼び内径 d_1	外　径 D	幅 b	呼び内径 d_1	外　径 D	幅 b
7	18	4	24	38	5	55	70	6
	20	7		40	8		78	12
8	18	4	25	38	5	56	70	6
	22	7		40	8		78	12
9	20	4	*26	38	5	*58	72	6
	22	7		42	8		80	12
10	20	4	28	40	5	60	75	6
	25	7		42	8		85	12
11	22	4	30	42	5	*62	75	6
	25	7		45	8		82	12
12	22	4	32	45	5	63	75	6
	25	7		52	8		85	12
*13	25	4	35	48	5	65	80	6
	28	7		55	11		90	13
14	25	4	38	50	5	*68	82	6
	28	7		58	11		95	13
15	25	4	40	52	5	70	85	6
	30	7		62	11		95	13
16	28	4	42	55	6	〔71〕	〔85〕	〔6〕
	30	7		65	12		〔95〕	〔13〕
17	30	5	45	60	6	75	90	6
	32	8		68	12		100	13
18	30	5	48	62	6	80	95	6
	35	8		70	12		105	13
20	32	5	50	65	6	85	100	6
	35	8		72	12		110	13
22	35	5	*52	65	6	90	105	6
	38	8		75	12		115	13

5.5 ロックナットおよび座金

ロックナットの形状を**図 5.23** に，寸法を**表 5.31** に示す．また，座金の形状を**図 5.24** に，寸法を**表 5.32** に示す．

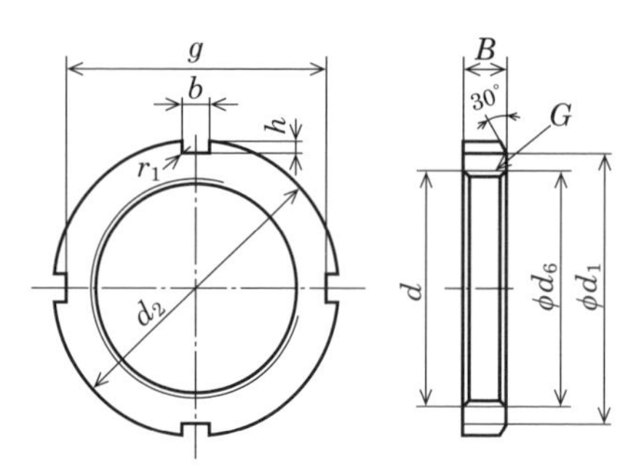

d：ロックナットの呼び径
G：ロックナットのねじの呼び径
ϕd_6：ロックナットの座面の呼び径

図 5.23　ロックナットの形状

表 5.31　ロックナットの寸法

（単位：mm）

ロックナットの呼び番号	ねじの呼び G	ロックナットの寸法								
		d	d_1	d_2	g	b	h	d_6	B	r_1
AN00	M10×0.75	10	13.5	18	14	3	2	10.5	4	0.4
AN01	M12×1	12	17	22	18	3	2	12.5	4	0.4
AN02	M15×1	15	21	25	21	4	2	15.5	5	0.4
AN03	M17×1	17	24	28	24	4	2	17.5	5	0.4
AN04	M20×1	20	26	32	28	4	2	20.5	6	0.4
AN05	M25×1.5	25	32	38	34	5	2	25.8	7	0.4
AN06	M30×1.5	30	38	45	41	5	2	30.8	7	0.4
AN07	M35×1.5	35	44	52	48	5	2	35.8	8	0.4
AN08	M40×1.5	40	50	58	53	6	2.5	40.8	9	0.5
AN09	M45×1.5	45	56	65	60	6	2.5	45.8	10	0.5
AN10	M50×1.5	50	61	70	65	6	2.5	50.8	11	0.5
AN11	M55×2	55	67	75	69	7	3	56	11	0.5
AN12	M60×2	60	73	80	74	7	3	61	11	0.5
AN13	M65×2	65	79	85	79	7	3	66	12	0.5
AN14	M70×2	70	85	92	85	8	3.5	71	12	0.5
AN15	M75×2	75	90	98	91	8	3.5	76	13	0.5
AN16	M80×2	80	95	105	98	8	3.5	81	15	0.6
AN17	M85×2	85	102	110	103	8	3.5	86	16	0.6
AN18	M90×2	90	108	120	112	10	4	91	16	0.6
AN19	M95×2	95	113	125	117	10	4	96	17	0.6
AN20	M100×2	100	120	130	122	10	4	101	18	0.6
AN21	M105×2	105	126	140	130	12	5	106	18	0.7
AN22	M110×2	110	133	145	135	12	5	111	19	0.7
AN23	M115×2	115	137	150	140	12	5	116	19	0.7
AN24	M120×2	121	138	155	145	12	5	121	20	0.7
AN25	M125×2	125	148	160	150	12	5	126	21	0.7
AN26	M130×2	130	149	165	155	12	5	131	21	0.7
AN27	M135×2	135	160	175	163	14	6	136	22	0.7
AN28	M140×2	140	160	180	168	14	6	141	22	0.7
AN29	M145×2	145	171	190	178	14	6	146	24	0.7
AN30	M150×2	150	171	195	183	14	6	151	24	0.7
AN31	M155×3	155	182	200	186	16	7	156.5	25	0.7
AN32	M160×3	160	182	210	196	16	7	161.5	25	0.7
AN33	M165×3	165	193	210	196	16	7	166.5	26	0.7
AN34	M170×3	170	193	220	206	16	7	171.5	26	0.7
AN36	M180×3	180	203	230	214	18	8	181.5	27	0.7
AN38	M190×3	190	214	240	224	18	8	191.5	28	0.7
AN40	M200×3	200	226	250	234	18	8	201.5	29	0.7

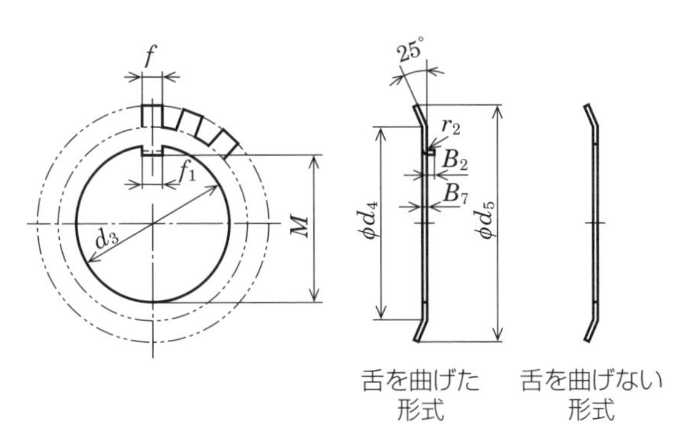

図 5.24　座金の形状

表 5.32　座金の寸法

（単位：mm）

座金の呼び番号			座金の寸法									
舌を曲げた形式		舌を曲げない形式 (1)	d_3	M	f_1	B_7	f	d_4	d_5	B_2		r_2
区分 A(1)	区分 B(2)									区分 A	区分 B	区分 A
–	AW00B	AW00X	10	8.5	3	1	3	13.5	21	–	3	–
–	AW01B	AW01X	12	10.5	3	1	3	17	25	–	3	–
AW02	AW02B	AW02X	15	13.5	4	1	4	21	28	3.5	4	1
AW03	AW03B	AW03X	17	15.5	4	1	4	24	32	3.5	4	1
AW04	AW04B	AW04X	20	18.5	4	1	4	26	36	3.5	4	1
AW05	AW05B	AW05X	25	23	5	1.25	5	32	42	3.75	4	1
AW06	AW06B	AW06X	30	27.5	5	1.25	5	38	49	3.75	4	1
AW07	AW07B	AW07X	35	32.5	6	1.25	5	44	57	3.75	4	1
AW08	AW08B	AW08X	40	37.5	6	1.25	6	50	62	3.75	5	1
AW09	AW09B	AW09X	45	42.5	6	1.25	6	56	69	3.75	5	1
AW10	AW10B	AW10X	50	47.5	6	1.25	6	61	74	3.75	5	1
AW11	AW11B	AW11X	55	52.5	8	1.5	7	67	81	5.5	5	1
AW12	AW12B	AW12X	60	57.5	8	1.5	7	73	86	5.5	6	1.2
AW13	AW13B	AW13X	65	62.5	8	1.5	7	79	92	5.5	6	1.2
AW14	AW14B	AW14X	70	66.5	8	1.5	8	85	98	5.5	6	1.2
AW15	AW15B	AW15X	75	71.5	8	1.5	8	90	104	5.5	6	1.2
AW16	AW16B	AW16X	80	76.5	10	1.8	8	95	112	5.8	6	1.2
AW17	AW17B	AW17X	85	81.5	10	1.8	8	102	119	5.8	6	1.2
AW18	AW18B	AW18X	90	86.5	10	1.8	10	108	126	5.8	8	1.2
AW19	AW19B	AW19X	95	91.5	10	1.8	10	113	133	5.8	8	1.2
AW20	AW20B	AW20X	100	96.5	12	1.8	10	120	142	7.8	8	1.2
AW21	AW21B	AW21X	105	100.5	12	1.8	12	126	145	7.8	10	1.2
AW22	AW22B	AW22X	110	105.5	12	1.8	12	133	154	7.8	10	1.2
AW23	AW23B	AW23X	115	110.5	12	2	12	137	159	8	10	1.5
AW24	AW24B	AW24X	120	115	14	2	12	138	164	8	10	1.5
AW25	AW25B	AW25X	125	120	14	2	12	148	170	8	10	1.5
AW26	AW26B	AW26X	130	125	14	2	12	149	175	8	10	1.5
AW27	AW27B	AW27X	135	130	14	2	14	160	185	8	10	1.5
AW28	–	AW28X	140	135	16	2	14	160	192	10	–	1.5
AW29	–	AW29X	145	140	16	2	14	171	202	10	–	1.5
AW30	–	AW30X	150	145	16	2	14	171	205	10	–	1.5
AW31	AW31B	AW31X	155	147.5	16	2.5	16	182	212	10.5	12	1.5
AW32	AW32B	AW32X	160	154	18	2.5	16	182	217	10.5	12	1.5
AW33	AW33B	AW33X	165	157.5	18	2.5	16	193	222	10.5	12	1.5
AW34	AW34B	AW34X	170	164	18	2.5	16	193	232	10.5	12	1.5
AW36	AW36B	AW36X	180	174	20	2.5	18	203	242	10.5	12	1.5
AW38	AW38B	AW38X	190	184	20	2.5	18	214	252	10.5	12	1.5
AW40	AW40B	AW40X	200	194	20	2.5	18	226	262	10.5	12	1.5

注 (1)：国内仕様
(2)：対応国際規格あり

5.6 軸と軸受

軸の直径を**表 5.33**，円筒軸端の形状と寸法（JIS B 0903）を**図 5.25** および**表 5.34**，テーパ比 1：10 円すい軸端の形状と寸法（JIS B 0904）を**図 5.26** および**表 5.35**，単列深溝玉軸受の形状と寸法を**表 5.36** にそれぞれ示す．なお，表 5.33 は廃止となった JIS B 0901 の内容であるが，参考資料として掲載している．

表 5.33　軸の直径

（単位：mm）

軸径	（参考）軸径数値のより所 標準数（1） R 5	R 10	R 20	(2) 円筒軸端	(3) 転がり軸受
4	○	○	○		○
4.5			○		
5		○	○		○
5.6			○		
6				○	○
6.3	○	○	○		
7				○	○
7.1			○		
8		○	○	○	○
9			○	○	○

軸径	（参考）軸径数値のより所 標準数（1） R 5	R 10	R 20	(2) 円筒軸端	(3) 転がり軸受
10	○	○	○	○	○
11				○	
11.2			○		
12				○	○
12.5		○	○		
14			○	○	
15					○
16	○	○	○	○	○
17					○
18			○	○	
19				○	
20		○	○	○	
22				○	○
22.4			○		
24				○	
25	○	○	○	○	○
28			○	○	○
30				○	○
31.5		○	○		
32				○	○
35				○	○
35.5			○		
38				○	

軸径	（参考）軸径数値のより所 標準数（1） R 5	R 10	R 20	(2) 円筒軸端	(3) 転がり軸受
40	○	○	○	○	○
42				○	
45			○	○	○
48				○	
50		○	○	○	○
55				○	○
56			○	○	
60				○	○
63	○	○	○	○	
65				○	○
70				○	○
71			○	○	
75				○	○
80		○	○	○	○
85				○	○
90			○	○	○
95				○	○

軸径	（参考）軸径数値のより所 標準数（1） R 5	R 10	R 20	(2) 円筒軸端	(3) 転がり軸受
100	○	○	○	○	○
105					○
110				○	○
112			○		
120				○	○
125		○	○	○	
130				○	○
140			○	○	○
150				○	○
160	○	○	○	○	○
170				○	○
180			○	○	○
190				○	○
200		○	○	○	○
220				○	○
224			○		
240				○	○
250	○	○	○	○	
260				○	○
280			○	○	○
300				○	○
315		○	○		
320				○	○
340				○	○
355			○		
360				○	○
380				○	○

軸径	（参考）軸径数値のより所 標準数（1） R 5	R 10	R 20	(2) 円筒軸端	(3) 転がり軸受
400	○	○	○	○	○
420				○	○
440				○	○
450			○	○	
460				○	○
480				○	○
500		○	○	○	○
530				○	○
560			○	○	○
600				○	○
630	○	○	○	○	○

注（1）：JIS Z 8601（標準数）による．
　（2）：JIS B 0903（円筒軸端）の軸端の直径による．
　（3）：JIS B 1512（転がり軸受の主要寸法）の軸受内径による．
参考：表中の○印は，軸径数値のより所を示す．
　　例えば，軸径 4.5 は，標準数 R20 によることを示す．

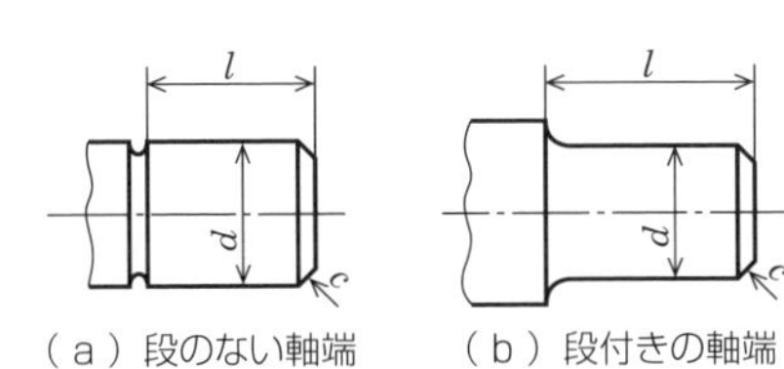

（a）段のない軸端　（b）段付きの軸端

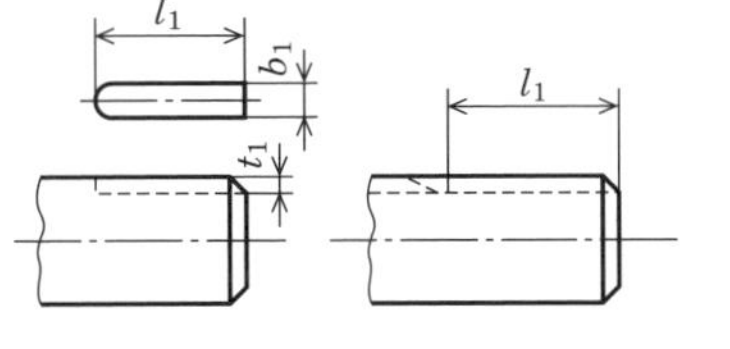

（c）平行キーまたはこう配キーの溝を設ける軸端

図 5.25　円筒軸端の形状

表 5.34　円筒軸端の寸法（JIS B 0903）

（単位：mm）

軸の直径 d	軸端の長さ l		（参考）端部の面取り c	平行またはこう配キーを用いる場合				
				キー溝				キーの呼び寸法
	短軸端	長軸端		b_1	t_1	l_1（参考）		
						短軸端用	長軸端用	$b \times h$
12	25	30	0.5	4	2.5	–	20	4×4
14	25	30	0.5	5	3.0	–	25	5×5
16	28	40	0.5	5	3.0	25	36	5×5
18	28	40	0.5	6	3.5	25	36	6×6
19	28	40	0.5	6	3.5	25	36	6×6
20	36	50	0.5	6	3.5	32	45	6×6
22	36	50	0.5	6	3.5	32	45	6×6
24	36	50	0.5	8	4.0	32	45	8×7
25	42	60	0.5	8	4.0	36	50	8×7
28	42	60	1	8	4.0	36	50	8×7
30	58	80	1	8	4.0	50	70	8×7
32	58	80	1	10	5.0	50	70	10×8
35	58	80	1	10	5.0	50	70	10×8
38	58	80	1	10	5.0	50	70	10×8
40	82	110	1	12	5.0	70	90	12×8
42	82	110	1	12	5.0	70	90	12×8
45	82	110	1	14	5.5	70	90	14×9
48	82	110	1	14	5.5	70	90	14×9
50	82	110	1	14	5.5	70	90	14×9
55	82	110	1	16	6.0	70	90	16×10
56	82	110	1	16	6.0	70	90	16×10
60	105	140	1	18	7.0	90	110	18×11
63	105	140	1	18	7.0	90	110	18×11
65	105	140	1	18	7.0	90	110	18×11
70	105	140	1	20	7.5	90	110	20×12
71	105	140	1	20	7.5	90	110	20×12
75	105	140	1	20	7.5	90	110	20×12
80	130	170	1	22	9.0	110	140	22×14
85	130	170	1	22	9.0	110	140	22×14
90	130	170	1	25	9.0	110	140	25×14
95	130	170	1	25	9.0	110	140	25×14
100	165	210	1	28	10.0	140	180	28×16
110	165	210	2	28	10.0	140	180	28×16
120	165	210	2	32	11.0	140	180	32×18
125	165	210	2	32	11.0	140	180	32×18
130	200	250	2	32	11.0	180	220	32×18
140	200	250	2	36	12.0	180	220	36×20
150	200	250	2	36	12.0	280	220	36×20
160	240	300	2	40	13.0	220	250	40×22

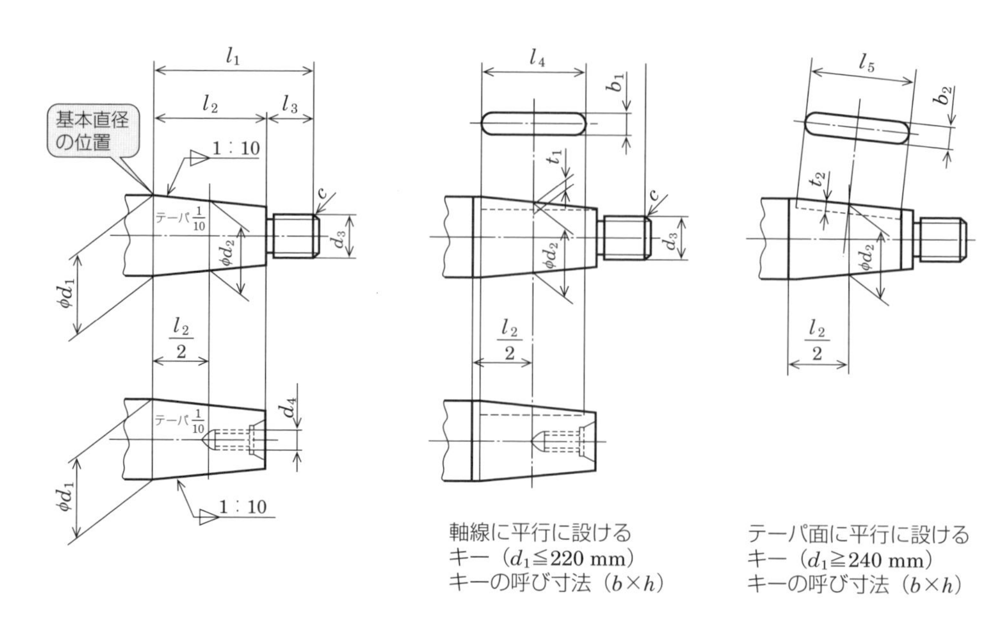

（ａ）軸端の基本寸法　　　　（ｂ）平行キーのキー溝を設ける軸端

図 5.26　テーパ比 1：10 円すい軸端の形状（JIS B 0904）

表 5.35（1）　テーパ比 1：10 円すい軸端の寸法（JIS B 0904）

（単位：mm）

軸端の基本直径 d_1	短軸端			長軸端			ねじ			キーおよびキー溝						
	l_1	l_2	l_3	l_1	l_2	l_3	おねじ		めねじ	平行キー						
							ねじの呼び d_3	（参考）面取り c	ねじの呼び d_4	キー溝		キーの呼び寸法	短軸端		長軸端	
										b_1 または b_2	t_1 または t_2	b×h	d_2	（参考）l_4 または l_5	d_2	（参考）l_4 または l_5
6	–	–	–	16	10	6	M4	0.8	–	–	–	–	–	–	5.5	–
7	–	–	–	16	10	6	M4	0.8	–	–	–	–	–	–	6.5	–
8	–	–	–	20	12	8	M6	1	–	–	–	–	–	–	7.4	–
9	–	–	–	20	12	8	M6	1	–	–	–	–	–	–	8.4	–
10	–	–	–	23	15	8	M6	1	–	–	–	–	–	–	9.25	–
11	–	–	–	23	15	8	M6	1	–	2	1.2	2×2	–	–	10.25	12
12	–	–	–	30	18	12	M8×1	1	M4	2	1.2	2×2	–	–	11.1	16
14	–	–	–	30	18	12	M8×1	1	M4	3	1.8	3×3	–	–	13.1	16
16	28	16	12	40	28	12	M10×1.25	1.2	M4	3	1.8	3×3	15.2	14	14.6	25
18	28	16	12	40	28	12	M10×1.25	1.2	M5	4	2.5	4×4	17.2	14	16.6	25
19	28	16	12	40	28	12	M10×1.25	1.2	M5	4	2.5	4×4	18.2	14	17.6	25
20	36	22	14	50	36	14	M12×1.25	1.2	M6	4	2.5	4×4	18.9	20	18.2	32
22	36	22	14	50	36	14	M12×1.25	1.2	M6	4	2.5	4×4	20.9	20	20.2	32
24	36	22	14	50	36	14	M12×1.25	1.2	M6	5	3	5×5	22.9	20	22.2	32
25	42	24	18	60	42	18	M16×1.25	1.5	M8	5	3	5×5	23.8	22	22.9	36
28	42	24	18	60	42	18	M16×1.5	1.5	M8	5	3	5×5	26.8	22	25.9	36
30	58	36	22	80	58	22	M20×1.5	1.5	M10	5	3	5×5	28.2	32	27.1	50
32	58	36	22	80	58	22	M20×1.5	1.5	M10	6	3.5	6×6	30.2	32	29.1	50
35	58	36	22	80	58	22	M20×1.5	1.5	M10	6	3.5	6×6	33.2	32	32.1	50
38	38	36	22	80	58	22	M24×2	2	M12	6	3.5	6×6	36.2	32	35.1	50
40	82	54	28	110	82	28	M24×2	2	M12	10	5	10×8	37.3	50	35.9	70
42	82	54	28	110	82	28	M24×2	2	M12	10	5	10×8	39.3	50	37.9	70
45	82	54	28	110	82	28	M30×2	2	M16	12	5	12×8	42.3	50	40.9	70
48	82	54	28	110	82	28	M30×2	2	M16	12	5	12×8	45.3	50	43.9	70

表 5.35（2） テーパ比 1：10 円すい軸端の寸法（JIS B 0904）

（単位：mm）

軸端の基本直径 d_1	短軸端			長軸端			ねじ			キーおよびキー溝						
	l_1	l_2	l_3	l_1	l_2	l_3	おねじ		めねじ	平行キー						
							ねじの呼び d_3	（参考）面取り c	ねじの呼び d_4	キー溝		キーの呼び寸法	短軸端		長軸端	
										b_1 または b_2	t_1 または t_2	$b \times h$	d_2	（参考）l_4 または l_5	d_2	（参考）l_4 または l_5
50	82	54	28	110	82	28	M36×3	3	M16	12	5	12×8	47.3	50	45.9	70
55	82	54	28	110	82	28	M36×3	3	M20	14	5.5	14×9	52.3	50	50.9	70
56	82	54	28	110	82	28	M36×3	3	M20	14	5.5	14×9	53.3	50	51.9	70
60	105	70	35	140	105	35	M42×3	3	M20	16	6	16×10	56.5	63	54.75	100
63	105	70	35	140	105	35	M42×3	3	M20	16	6	16×10	59.5	63	57.75	100
65	105	70	35	140	105	35	M42×3	3	M20	16	6	16×10	61.5	63	59.75	100
70	105	70	35	140	105	35	M48×4	3	M24	18	7	18×11	66.5	63	64.75	100
71	105	70	35	140	105	35	M48×4	3	M24	18	7	18×11	67.5	63	65.75	100
75	105	70	35	140	105	35	M48×4	3	M24	18	7	18×11	71.5	63	69.75	100
80	130	90	40	170	130	40	M56×4	4	M30	20	7.5	20×12	75.5	80	73.5	110
85	130	90	40	170	130	40	M56×4	4	M30	20	7.5	20×12	80.5	80	78.5	110
90	130	90	40	170	130	40	M64×4	4	M30	22	9	22×14	85.5	80	83.5	110
95	130	90	40	170	130	40	M64×4	4	M36	22	9	22×14	90.5	80	88.5	110
100	165	120	45	210	165	45	M72×4	4	M36	25	9	25×14	94	110	91.75	140
110	165	120	45	210	165	45	M80×4	4	M42	25	9	25×14	104	110	101.75	140
120	165	120	45	210	165	45	M90×4	4	M42	28	10	28×16	114	110	111.75	140
125	165	120	45	210	165	45	M90×4	4	M48	28	10	28×16	119	110	116.75	140
130	200	150	50	250	200	50	M100×4	4	−	28	10	28×16	122.5	125	120	180
140	200	150	50	250	200	50	M100×4	4	−	32	11	32×18	132.5	125	130	180
150	200	150	50	250	200	50	M110×4	4	−	32	11	32×18	142.5	125	140	180
160	240	180	60	300	240	60	M125×4	4	−	36	12	36×20	151	160	148	220
170	240	180	60	300	240	60	M125×4	4	−	36	12	36×20	161	160	158	220
180	240	180	60	300	240	60	M125×6	6	−	40	13	40×22	171	160	168	220
190	280	210	70	350	280	70	M140×6	6	−	40	13	40×22	179.5	180	176	250

備考：1. おねじの呼び M4 および M6 は，JIS B 0205-4 による．
ねじの許容限界寸法および公差は，JIS B 0209-3 の 6g または 6H による．
：2. めねじの呼び M4 以上 M48 以下については，JIS B 0205-4 による．
めねじの許容限界寸法および公差は，JIS B 0209-3 の 6H による．
：3. 平行キーを用いる場合には，JIS B 1301 による．
：4. 軸端の長さ（l_2）の普通公差は，JIS B 0405 の m による．
：5. ねじ部の長さ（l_3）の普通公差は，JIS B 0405 の m による．
：6. 円すいテーパの公差 円すいテーパの公差は，JIS B 0614 による．

表 5.36　単列深溝玉軸受の寸法（(株) ジェイテクトカタログ)

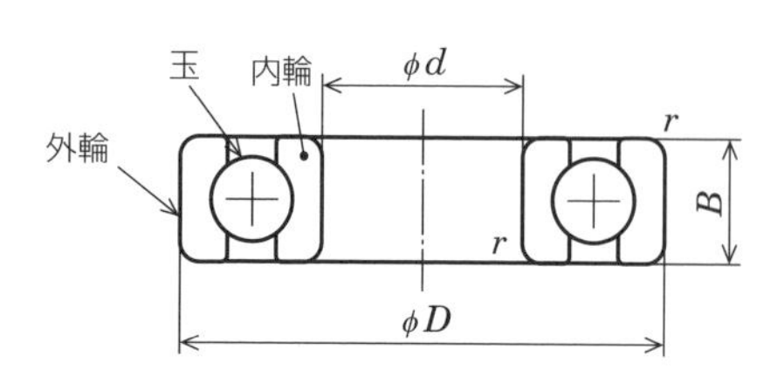

軸受系列 60（寸法系列 00）						
呼び番号	主要寸法〔mm〕				基本定格荷重〔kN〕	
	d	D	B	r	C_r	C_{0r}
6000	10	26	8	0.3	4.55	1.95
6001	12	28	8	0.3	5.10	2.40
6002	15	32	9	0.3	5.60	2.85
6003	17	35	10	0.3	6.00	3.25
6004	20	42	12	0.6	9.40	5.05
6005	25	47	12	0.6	10.1	5.85
6006	30	55	13	1	13.2	8.25
6007	35	62	14	1	15.9	10.3
6008	40	68	15	1	16.7	11.5
6009	45	75	16	1	21.0	15.1
6010	50	80	16	1	21.8	16.6
6011	55	90	18	1.1	28.3	21.2
6012	60	95	18	1.1	29.4	23.2
6013	65	100	18	1.1	30.5	25.2
6014	70	110	20	1.1	38.1	30.9
6015	75	115	20	1.1	39.6	33.5
6016	80	125	22	1.1	47.6	39.8
6017	85	130	22	1.1	49.5	43.1
6018	90	140	24	1.5	58.2	49.7
6019	95	145	24	1.5	60.4	53.9
6020	100	150	24	1.5	60.2	54.2

軸受系列 62（寸法系列 02）						
呼び番号	主要寸法〔mm〕				基本定格荷重〔kN〕	
	d	D	B	r	C_r	C_{0r}
6200	10	30	9	0.6	5.10	2.40
6201	12	32	10	0.6	6.80	3.05
6202	15	35	11	0.6	7.65	3.75
6203	17	40	12	0.6	9.55	4.08
6204	20	47	14	1	12.8	6.65
6205	25	52	15	1	14.0	7.85
6206	30	62	16	1	19.5	11.3
6207	35	72	17	1.1	25.7	15.4
6208	40	80	18	1.1	29.1	17.8
6209	45	85	19	1.1	32.7	20.3
6210	50	90	20	1.1	35.1	23.3
6211	55	100	21	1.5	43.4	29.4
6212	60	110	22	1.5	52.4	36.2
6213	65	120	23	1.5	57.2	40.1
6214	70	125	24	1.5	62.2	44.1
6215	75	130	25	1.5	67.4	48.3
6216	80	140	26	2	72.7	53.0
6217	85	150	28	2	84.0	61.9
6218	90	160	30	2	96.1	71.5
6219	95	170	32	2.1	109	81.9
6220	100	180	34	2.1	122	93.1

軸受系列 63（寸法系列 03）						
呼び番号	主要寸法〔mm〕				基本定格荷重〔kN〕	
	d	D	B	r	C_r	C_{0r}
6300	10	35	11	0.6	8.10	3.45
6301	12	37	12	1	9.70	4.20
6302	15	42	13	1	11.4	5.45
6303	17	47	14	1	13.6	6.65
6304	20	52	15	1.1	15.9	7.85
6305	25	62	17	1.1	20.6	11.3
6306	30	72	19	1.1	26.7	15.0
6307	35	80	21	1.5	33.4	19.3
6308	40	90	23	1.5	40.7	24.0
6309	45	100	25	1.5	48.9	29.5
6310	50	110	27	2	62.0	38.3
6311	55	120	29	2	71.6	45.0
6312	60	130	31	2.1	81.9	52.2
6313	65	140	33	2.1	92.7	59.9
6314	70	150	35	2.1	104	68.2
6315	75	160	37	2.1	113	77.2
6316	80	170	39	2.1	123	86.7
6317	85	180	41	3	133	96.8
6318	90	190	43	3	143	107
6319	95	200	45	3	153	119
6320	100	215	47	3	173	141

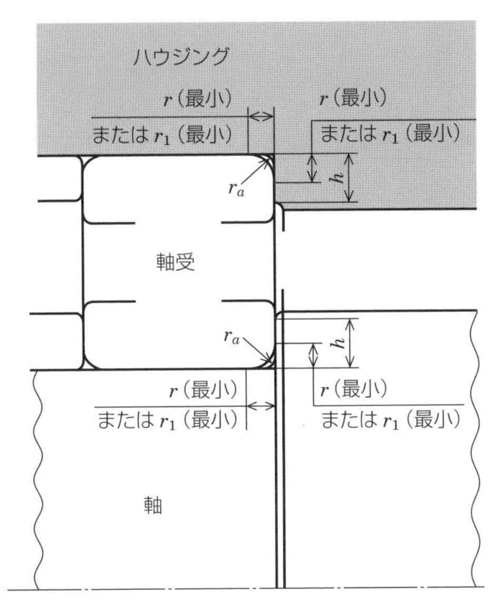

図 5.27　ラジアル軸受の面取り寸法と軸・ハウジングの隅の丸みの半径と肩の高さ

表 5.37　軸およびハウジングの隅の丸みの半径とラジアル軸受に対する肩の高さ

（単位：mm）

内輪または外輪の面取寸法 r（最小）または r_1（最小）	軸またはハウジング		
	隅の丸みの半径 r_a（最大）	肩の高さ h（最小）	
		深溝玉軸受 自動調心玉軸受 円筒ころ軸受 ソリッド形針状ころ軸受	アンギュラ玉軸受 円すいころ軸受 自動調心ころ軸受
0.05	0.05	0.2	–
0.08	0.08	0.3	–
0.1	0.1	0.4	–
0.15	0.15	0.6	–
0.2	0.2	0.8	–
0.3	0.3	1	1.25
0.6	0.6	2	2.5
1	1	2.5	3
1.1	1	3.25	3.5
1.5	1.5	4	4.5
2	2	4.5	5
2.1	2	5.5	6
2.5	2	–	6
3	2.5	6.5	7
4	3	8	9
5	4	10	11
6	5	13	14
7.5	6	16	18
9.5	8	20	22
12	10	24	27
15	12	29	32
19	15	38	42

引用：日本精工 産業機械用転がり軸受カタログ CAT.No.1103c 2019F-9 A270，A271 より

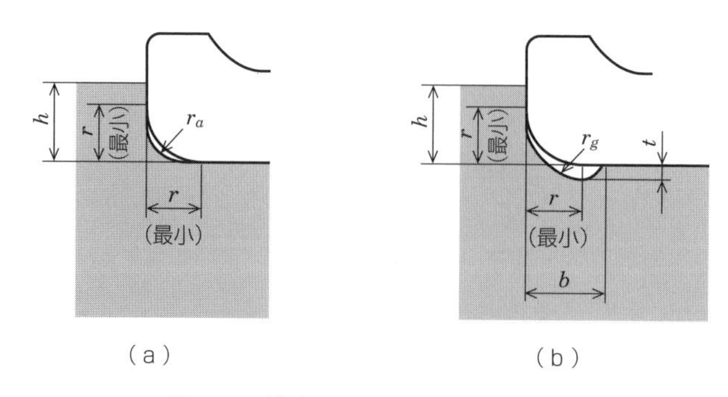

図 5.28　軸受けの面取り寸法と隅形状

表 5.38　軸を研削仕上げする場合の逃げ寸法

（単位：mm）

内輪および外輪の面取寸法 r（最小）または r_1（最小）	逃げの寸法		
	t	r_g	b
1	0.2	1.3	2
1.1	0.3	1.5	2.4
1.5	0.4	2	3.2
2	0.5	2.5	4
2.1	0.5	2.5	4
2.5	0.5	2.5	4
3	0.5	3	4.7
4	0.5	4	5.9
5	0.6	5	7.4
6	0.6	6	8.6
7.5	0.6	7	10

引用：日本精工 産業機械用転がり軸受カタログ
CAT.No.1103c 2019F-9 A271 より

止め輪（JIS B2804）の種類には，C 型，E 型，グリップ止め輪がある．さらに C 型止め輪には，輪の内径の軸心と外形の軸心が異なる C 型偏心止め輪と，同一な C 型同心止め輪があり，それぞれにおいて，軸に作られた溝にはめ込む軸用と，穴に作られた溝にはめ込む穴用がある．

C 型軸用偏心止め輪の形状と寸法を**図 5.29** および**表 5.39** に示す．

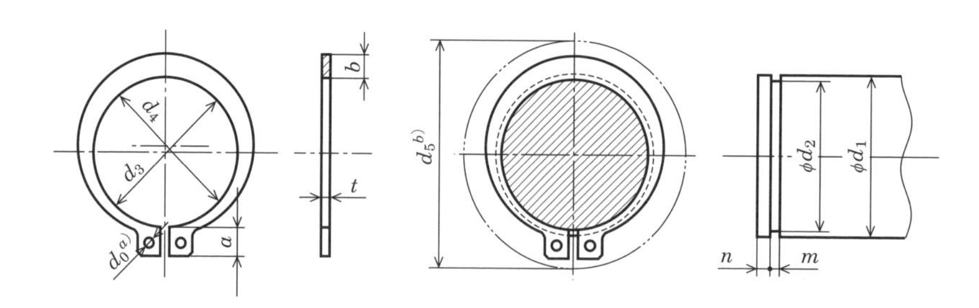

注：a）直径 d_0 の穴の位置は，止め輪を適用する軸に入れたとき，溝に隠れない位置とする．
b）d_5 は，止め輪の外部に干渉物がある場合の干渉物の最小半径である．

図 5.29　C 型止め輪（JIS B2804）

表 5.39　C 型止め輪（JIS B2804）

（単位：mm）

<table>
<tr><th colspan="2" rowspan="2">呼び [c)]</th><th colspan="7">止め輪</th><th colspan="7">適用する軸（参考）</th></tr>
<tr><th colspan="2">d_3</th><th colspan="2">t</th><th>b</th><th>a</th><th>d_0</th><th rowspan="2">d_5</th><th rowspan="2">d_1</th><th colspan="2">d_2</th><th colspan="2">m</th><th>n</th></tr>
<tr><th>1 欄</th><th>2 欄</th><th>基準寸法</th><th>許容差</th><th>基準寸法</th><th>許容差</th><th>約</th><th>約</th><th>最小</th><th>基準寸法</th><th>許容差</th><th>基準寸法</th><th>許容差</th><th>最小</th></tr>
<tr><td>10</td><td></td><td>9.3</td><td rowspan="2">±0.15</td><td rowspan="7">1</td><td rowspan="7">±0.05</td><td>1.6</td><td>3.0</td><td rowspan="2">1.2</td><td>17</td><td>10</td><td>9.6</td><td>0
−0.09</td><td rowspan="7">1.15</td><td rowspan="32">+0.14
0</td><td rowspan="18">1.5</td></tr>
<tr><td></td><td>11</td><td>10.2</td><td>1.8</td><td>3.1</td><td>18</td><td>11</td><td>10.5</td><td rowspan="8">0
−0.11</td></tr>
<tr><td>12</td><td></td><td>11.1</td><td rowspan="7">±0.18</td><td>1.8</td><td>3.2</td><td>1.5</td><td>19</td><td>12</td><td>11.5</td></tr>
<tr><td>14</td><td></td><td>12.9</td><td>2.0</td><td>3.4</td><td rowspan="5">1.7</td><td>22</td><td>14</td><td>13.4</td></tr>
<tr><td>15</td><td></td><td>13.8</td><td>2.1</td><td>3.5</td><td>23</td><td>15</td><td>14.3</td></tr>
<tr><td>16</td><td></td><td>14.7</td><td>2.2</td><td>3.6</td><td>24</td><td>16</td><td>15.2</td></tr>
<tr><td>17</td><td></td><td>15.7</td><td>2.2</td><td>3.7</td><td>25</td><td>17</td><td>16.2</td></tr>
<tr><td>18</td><td></td><td>16.5</td><td rowspan="7">1.2</td><td rowspan="11">±0.06</td><td>2.6</td><td>3.8</td><td>26</td><td>18</td><td>17.0</td><td rowspan="7">1.35</td></tr>
<tr><td></td><td>19</td><td>17.5</td><td>2.7</td><td>3.8</td><td rowspan="8">2</td><td>27</td><td>19</td><td>18.0</td></tr>
<tr><td>20</td><td></td><td>18.5</td><td rowspan="8">±0.20</td><td>2.7</td><td>3.9</td><td>28</td><td>20</td><td>19.0</td><td rowspan="7">0
−0.21</td></tr>
<tr><td>22</td><td></td><td>20.5</td><td>2.7</td><td>4.1</td><td>31</td><td>22</td><td>21.0</td></tr>
<tr><td></td><td>24</td><td>22.2</td><td>3.1</td><td>4.2</td><td>33</td><td>24</td><td>22.9</td></tr>
<tr><td>25</td><td></td><td>23.2</td><td>3.1</td><td>4.3</td><td>34</td><td>25</td><td>23.9</td></tr>
<tr><td></td><td>26</td><td>24.2</td><td>3.1</td><td>4.4</td><td>35</td><td>26</td><td>24.9</td></tr>
<tr><td>28</td><td></td><td>25.9</td><td rowspan="4">1.5 [d)]</td><td>3.1</td><td>4.6</td><td>38</td><td>28</td><td>26.6</td><td rowspan="4">1.65 [d)]</td></tr>
<tr><td>30</td><td></td><td>27.9</td><td>3.5</td><td>4.8</td><td>40</td><td>30</td><td>28.6</td></tr>
<tr><td>32</td><td></td><td>29.6</td><td>3.5</td><td>5.0</td><td rowspan="16">2.5</td><td>43</td><td>32</td><td>30.3</td><td rowspan="9">0
−0.25</td></tr>
<tr><td>35</td><td></td><td>32.2</td><td rowspan="3">±0.25</td><td>4.0</td><td>5.4</td><td>46</td><td>35</td><td>33.0</td></tr>
<tr><td></td><td>36</td><td>33.2</td><td rowspan="6">1.75 [e)]</td><td rowspan="10">±0.07</td><td>4.0</td><td>5.4</td><td>47</td><td>36</td><td>34.0</td><td rowspan="6">1.90 [e)]</td><td rowspan="10">2</td></tr>
<tr><td></td><td>38</td><td>35.2</td><td>4.5</td><td>5.6</td><td>50</td><td>38</td><td>36.0</td></tr>
<tr><td>40</td><td></td><td>37.0</td><td rowspan="5">±0.40</td><td>4.5</td><td>5.8</td><td>53</td><td>40</td><td>38.0</td></tr>
<tr><td></td><td>42</td><td>38.5</td><td>4.5</td><td>6.2</td><td>55</td><td>42</td><td>39.5</td></tr>
<tr><td>45</td><td></td><td>41.5</td><td>4.8</td><td>6.3</td><td>58</td><td>45</td><td>42.5</td></tr>
<tr><td></td><td>48</td><td>44.5</td><td>4.8</td><td>6.5</td><td>62</td><td>48</td><td>45.5</td></tr>
<tr><td>50</td><td></td><td>45.8</td><td rowspan="4">2</td><td>5.0</td><td>6.7</td><td>64</td><td>50</td><td>47.0</td><td rowspan="4">2.2</td></tr>
<tr><td>55</td><td></td><td>50.8</td><td rowspan="7">±0.45</td><td>5.0</td><td>7.0</td><td>70</td><td>55</td><td>52.0</td><td rowspan="7">0
−0.30</td></tr>
<tr><td></td><td>56</td><td>51.8</td><td>5.0</td><td>7.0</td><td>71</td><td>56</td><td>53.0</td></tr>
<tr><td>60</td><td></td><td>55.8</td><td>5.5</td><td>7.2</td><td>75</td><td>60</td><td>57.0</td></tr>
<tr><td>65</td><td></td><td>60.8</td><td rowspan="4">2.5</td><td rowspan="4">±0.08</td><td>6.4</td><td>7.4</td><td>81</td><td>65</td><td>62.0</td><td rowspan="4">2.7</td><td rowspan="4">2.5</td></tr>
<tr><td>70</td><td></td><td>65.5</td><td>6.4</td><td>7.8</td><td>86</td><td>70</td><td>67.0</td></tr>
<tr><td>75</td><td></td><td>70.5</td><td>7.0</td><td>7.9</td><td>92</td><td>75</td><td>72.0</td></tr>
<tr><td>80</td><td></td><td>74.5</td><td>7.4</td><td>8.2</td><td>97</td><td>80</td><td>76.5</td></tr>
</table>

注：※ b は止め輪円環部の最大値である．

※ 止め輪円環部の最小幅は，厚さ t より大きいことが望ましい．また d_4 は，$d_4 = d_3 + (1.4 \sim 1.5)\,b$ とすることが望ましい．

※ 適用する軸の寸法は，推奨する寸法を参考として示したものである．

c) 呼びは，1 欄のものを優先し，必要に応じて 2 欄を用いてもよい．

d) 厚さの基準寸法 1.5 は，受渡当事者間の協定によって 1.6 としてもよい．ただし，この場合 m は 1.75 とする．

e) 厚さの基準寸法 1.75 は，受渡当事者間の協定によって 1.8 としてもよい．ただし，この場合 m は 1.95 とする．

5 章

規格および参考資料

5.7 フランジ形軸継手

軸端と軸端とをつなぎ合わせ，駆動側から非駆動側へ動力を伝達するものであり，ここでは，フランジ形固定軸継手，フランジ形たわみ軸継手の規格を示す．

5.7.1 フランジ形固定軸継手（JIS B 1451：1991）

【1】品　質

① 軸穴中心に対する継手外径の振れおよび外径付近における継手面の振れ公差は，0.03 mm とする．
② 継手を組み合わせた場合，一方の軸穴中心に対する他方の軸穴の振れ公差は，0.05 mm とする．
③ 継手の外周には，組合せ位置を示す合いマークを刻印する．

【2】形状および寸法

① 継手各部のサイズ公差は，原則として**表 5.40** による．
② 継手のボルトには，リーマボルトを用い，ゆるみ止めには，原則としてばね座金を使用する．
③ 継手本体およびボルトの形状・寸法は，**図 5.30**，**図 5.31** および**表 5.41**，**表 5.42** による．

表 5.40　継手各部のサイズ公差

継手軸穴	H7	−
継手外径	−	g7
はめ込み部	H7	g7
ボルト穴とボルト	H7	h7

【3】材　料

① 継手各部に使用する材料は，次に示すものまたは品質がこれと同等以上のものとする．
・継手本体：JIS G 5501 の FC200，JIS G 5101 の SC410，JIS G 3201 の SF440，JIS G 4051 の S25C
・ボルト・ナット：JIS G 3101 の SS400
・ばね座金：JIS G 3506 の SWRH62（A，B）

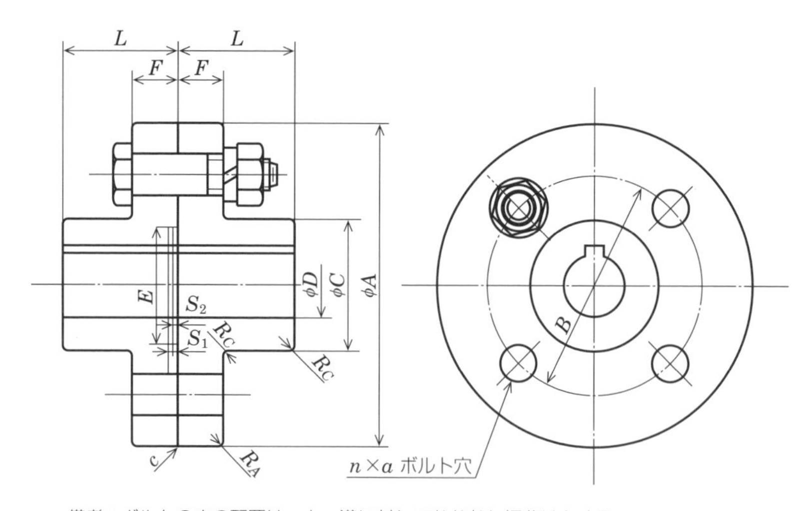

備考：ボルトの穴の配置は，キー溝に対しておおむね振分けとする．

図 5.30　フランジ形固定軸継手の本体形状

表 5.41　フランジ形固定軸継手の本体寸法

（単位：mm）

継手外径 A	D 最大軸穴直径	D （参考）最小軸穴直径	L	C	B	F	n（個）	a	参考 はめ込み部[3] E	S_2	S_1	R_C（約）	R_A（約）	c（約）	ボルト抜き代
112	28	16	40	50	75	16	4	10	40	2	3	2	1	1	70
125	32	18	45	56	85	18	4	14	45	2	3	2	1	1	81
140	38	20	50	71	100	18	6	14	56	2	3	2	1	1	81
160	45	25	56	80	115	18	8	14	71	2	3	3	1	1	81
180	50	28	63	90	132	18	8	14	80	2	3	3	1	1	81
200	56	32	71	100	145	22.4	8	16	90	3	4	3	2	1	103
224	63	35	80	112	170	22.4	8	16	100	3	4	3	2	1	103
250	71	40	90	125	180	28	8	20	112	3	4	4	2	1	126
280	80	50	100	140	200	28	8	20	125	3	4	4	2	1	126
315	90	63	112	160	236	28	10	20	140	3	4	4	2	1	126
355	100	71	125	180	260	35.5	8	25	160	3	4	5	2	1	157

備考：(1) ボルト抜き代は，軸端からの寸法を示す．
(2) 継手を軸から抜きやすくするためのねじ穴は，適宜設けてさしつかえない．
(3) インロー部とも呼ぶ．

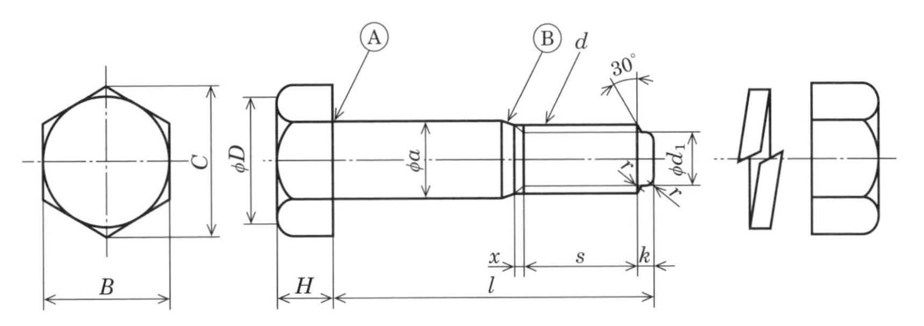

図 5.31　フランジ形固定軸継手用継手ボルトの形状

表 5.42　フランジ形固定軸継手用継手ボルトの寸法

（単位：mm）

呼び $a \times l$	ねじの呼び d	a	d_1	s	k	l	r（約）	H	B	C（約）	D（約）
10×46	M10	10	7	14	2	46	0.5	7	17	19.6	16.5
14×53	M12	14	9	16	3	53	0.6	8	19	21.9	18
16×67	M16	16	12	20	4	67	0.8	10	24	27.7	23
20×82	M20	20	15	25	4	82	1	13	30	34.6	29
25×102	M24	25	18	27	5	102	1	15	36	41.6	34

備考：(1) 六角ナットは，JIS B 1181 のスタイル 1（部品等級 A）のもので，強度区分は 6，ねじ精度は 6H とする．
(2) ばね座金は，JIS B 1251 の 2 号 S による．
(3) 二面幅の寸法は，JIS B 1002 による．
(4) ねじ先の形状・寸法は JIS B 1003 の半棒先による．
(5) ねじ部の精度は，JIS B 0209 の 6g による．
(6) Ⓐ部には，研削用逃げを施してもよい．Ⓑ部はテーパで段付きでもよい．
(7) x は，不完全ねじ部でもねじ切り用逃げでもよい．ただし，不完全ねじ部のときは，その長さを約 2 山とする．

【4】呼び方

① 規格番号または名称，継手外径×軸穴直径（軸穴直径が異なる場合は，それぞれの直径を示す）および本体材料．はめ込み部があるときは出張り側に記号 M，へこみ側に記号 F を付記する．

記入例：JIS B 1451　140×35（FC200）

　　　　フランジ形固定軸継手　160×45M×40F（SC410）

5.7.2 フランジ形たわみ軸継手（JIS B 1452：1991）

【1】品　質

① 軸穴中心に対する継手外径の振れおよび外径付近における継手面の振れ公差は，0.03 mm とする．

② ボルト穴ピッチ円の直径およびブシュ挿入穴ピッチ円直径の許容差，ピッチ許容差ならびに軸穴中心に対する振れの公差は，原則として**表 5.43** による．

表 5.43　許容差

（単位：mm）

ピッチ円直径　B	ピッチ円直径および ピッチの許容差	ピッチ円直径 振れの公差
60, 67, 75	±0.16	0.12
85, 100, 115, 132, 145	±0.20	0.14
170, 180, 200, 236	±0.26	0.18
260, 300, 355, 450, 530	±0.32	0.22

【2】形状および寸法

① 継手各部のサイズ公差および許容差は，原則として**表 5.44**，**表 5.45** による．

② 継手本体およびボルトの形状・寸法は，**図 5.32**，**図 5.33** および**表 5.46**，**表 5.47** による．

表 5.44　継手各部のサイズ公差

継手軸穴	D	H7	−
継手外径	A	−	g7
ボルト穴とボルト	a	H7	g7
座金内径 [1]	a	−	$^{+0.4}_{0}$
ブシュ内径，座金内径およびボルトのブシュ挿入部直径	a_1	$^{+0.4}_{0}$	e9
ブシュ挿入穴	M	H8	−
ブシュ外形		−	$^{0}_{-0.4}$
ボルトのブシュ挿入部の長さ	m	−	k12

注 [1]：図示サイズが 8 のものは，$^{+0.2}_{0}$ とする．

表 5.45　継手各部の許容差

（単位：mm）

ブシュ幅　q		座金厚さ　t	
図示サイズ	許容値	図示サイズ	許容値
14, 16, 18	±0.3	3	$^{+0.03}_{-0.43}$
22.4, 28, 40	$^{+0.1}_{-0.5}$	4	±0.29
56	$^{+0.2}_{-0.6}$	5	±0.40

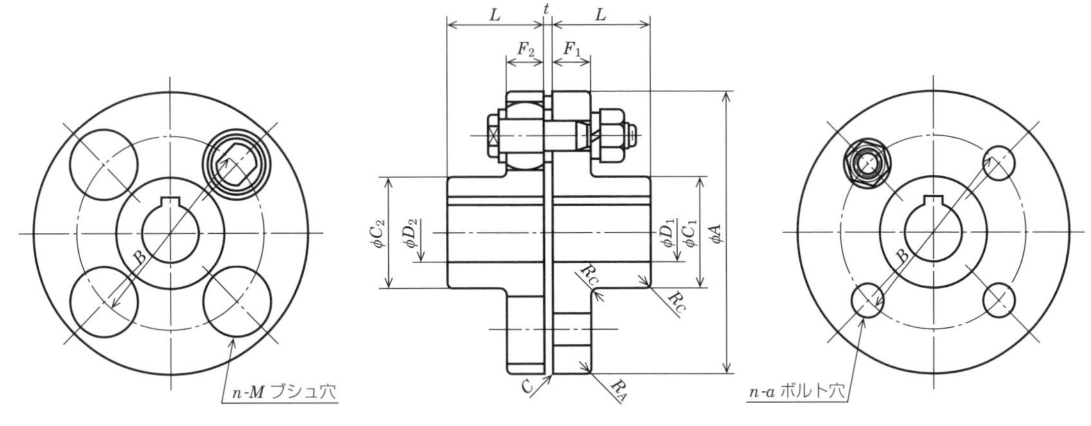

備考：ボルト穴の配置は，キー溝に対しておおむね振分けとする.

図 5.32　フランジ形たわみ軸継手の形状

表 5.46　フランジ形たわみ軸継手の寸法

（単位：mm）

継手外径 A	D 最大軸穴直径 D_1	D 最大軸穴直径 D_2	D (参考) 最小軸穴直径	L	C C_1	C C_2	B	F F_1	F F_2	[(1)] n (個)	a	M	[(2)] t	参考 R_C (約)	参考 R_A (約)	参考 c (約)	参考 ボルト抜き代
90	20		−	28	35.5		60	14		4	8	19	3	2	1	1	50
100	25		−	35.5	42.5		67	16		4	10	23	3	2	1	1	56
112	28		16	40	50		75	16		4	10	23	3	2	1	1	56
125	32	28	18	45	56	50	85	18		4	14	32	3	2	1	1	64
140	38	35	20	50	71	63	100	18		6	14	32	3	2	1	1	64
160	45		25	56	80		115	18		8	14	32	3	3	1	1	64
180	50		28	63	90		132	18		8	14	32	3	3	1	1	64
200	56		32	71	100		145	22.4		8	20	41	4	3	2	1	85
224	63		35	80	112		170	22.4		8	20	41	4	3	2	1	85
250	71		40	90	125		180	28		8	25	51	4	4	2	1	100
280	80		50	100	140		200	28	40	8	28	57	4	4	2	1	116
315	90		63	112	160		236	28	40	10	28	57	4	4	2	1	116
355	100		71	125	180		260	35.5	56	8	35.5	72	5	5	2	1	150
400	110		80	125	200		300	35.5	56	10	35.5	72	5	5	2	1	150
450	125		90	140	224		355	35.5	56	12	35.5	72	5	5	2	1	150
560	140		100	160	250		450	35.5	56	14	35.5	72	5	6	2	1	150
630	160		110	180	280		530	35.5	56	18	35.5	72	5	6	2	1	150

注 [(1)]：n は，ブシュ穴または，ボルトの穴の数をいう.
　[(2)]：t は，組み立てたときの継手本体のすきまであって，継手ボルトの座金の厚さに相当する.

備　考：(1) ボルト抜き代は，軸端からの寸法を示す.
　　　　(2) 継手を軸から抜きやすくするためのねじ穴は，適宜設けてさしつかえない.

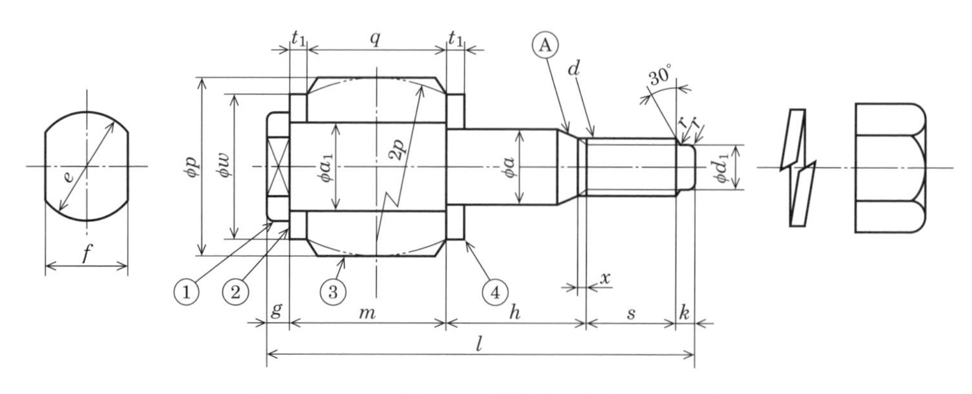

図 5.33　フランジ形たわみ軸継手用継手ボルトの形状

表 5.47　フランジ形たわみ軸継手用継手ボルトの寸法

（単位：mm）

呼び $a\times l$	① ボルト												
	ねじの呼び d	a_1	a	d_1	e	f	g	m	h	s	k	l	r（約）
8×50	M8	9	8	5.5	12	10	4	17	15	12	2	50	0.4
10×56	M10	12	10	7	16	13	4	19	17	14	2	56	0.5
14×64	M12	16	14	9	19	17	5	21	19	16	3	64	0.5
20×85	M20	22.4	20	15	28	24	5	26.4	24.6	25	4	85	1
25×100	M24	28	25	18	34	30	6	32	30	27	5	100	1
28×116	M24	31.5	28	18	38	32	6	44	30	31	5	116	1
35.5×150	M30	40	35.5	23	48	41	8	61	38.5	36.5	6	150	1.2

（単位：mm）

呼び $a\times l$	② 座金			③ ブシュ			④ 座金		
	a_1	w	t_1	a_1	p	q	a	w	t_1
8×50	9	14	3	9	18	14	8	14	3
10×56	12	18	3	12	22	16	10	18	3
14×64	16	25	3	16	31	18	14	25	3
20×85	22.4	32	4	22.4	40	22.4	20	32	4
25×100	28	40	4	28	50	28	25	40	4
28×115	31.5	45	4	31.5	56	40	28	45	4
35.5×150	40	56	5	40	71	56	35.5	56	5

備考：(1) 六角ナットは，JIS B 1181（六角ナット）のスタイル 1（部品等級 A）のもので，強度区分は 6，ねじ精度は 6H とする．
(2) ばね座金は，JIS B 1251 の 2 号 S による．
(3) 二面幅の寸法は，JIS B 1002（二面幅の寸法）による．
(4) ねじ先の形状・寸法は JIS B 1003（ねじ先の形状・寸法）の半棒先による．
(5) ねじ部の精度は，JIS B 0209（メートル並目ねじの許容限界サイズおよび公差）の 6g による．
(6) Ⓐ部はテーパでも段付きでもよい．
(7) x は，不完全ねじ部でもねじ切り用逃げでもよい．ただし，不完全ねじ部のときは，その長さを約 2 山とする．
(8) ブシュは，円筒形でも球形でもよい．円筒形の場合には，原則として外周の両端部に面取りを施す．
(9) ブシュは，金属ライナをもったものでもよい．

【3】材　料

継手各部に使用する材料は，次に示すものまたは品質がこれと同等以上のものとする．

・**継手本体**：JIS G 5501 の FC200，JIS G 5101 の SC410，JIS G 3201 の SF440，JIS G 4051 の S25C

・**ボルト・ナット**：JIS G 3101 の SS400

・**ばね座金**：JIS G 3506 の SWRH62（A，B）

・**ブシュ**：JIS K 6386 の B（12）－J1a1［Hs（JIS A）＝70］（耐油性の加硫ゴム）

【4】呼び方

① 規格番号または名称，継手外径×軸穴直径（軸穴直径が異なる場合は，それぞれの直径を示す）および本体材料．軸穴直径が異なる場合はボルトを取り付ける側に記号 M を付記する．

② 記入例：JIS B 1452　125×28M×25（FC200）

フランジ形たわみ軸継手　250×71M×63（S25C）

5.8　JIS 材料記号

【1】S 45 CM　みがき特殊帯鋼

- CM：みがき
- 45：0.45% C（炭素）（Carbon）
- S：鋼（Steel）

【2】A 2 0 14　アルミニウム展伸材

- 14：旧アルコア記号（14s）
- 0：制定順位（合金の変形）
- 2：合金系統（Al-Cu-Mg 系合金）
- A：アルミニウムまたはアルミニウム合金を表す記号

加工図面上に示す材料は，表題欄あるいは部品表の材質欄に，JIS で定めた材料記号を用いて材質を記入する．この JIS に規定された金属材料の構成を以下に示す．

5.8.1　鉄鋼材料記号の表し方

鉄鋼に関する規格は JIS G で定められ，次の三つの部分から構成されている．

①	②	③
S	S	400
F	C	200

① **材質を表す記号**：英語・ローマ字の頭文字，または元素記号などで材質を表す．鉄鋼材料では S（Steel：鋼），F（Ferrum：鉄）で始まるものが大部分である．

② **規格名または製品名を表す記号**：英語・ローマ字の頭文字を使って材料の成分，製法・製品の形状別の種類や用途などを表す（**表 5.48**）．

③ **材料の種類を表す記号**：最低引張強さを示す数字，または 1 ～ 3 種などの番号数字，その他 A，B，C などの種別を示す記号．

その他，必要に応じて加工法，熱処理，製造法，形状などの記号を付け加える．

表 5.48　鉄鋼材料記号

（a）成分別記号

記号文字	記号文字の意味
10C	0.1％の炭素
CM	Cr・Mo（クロム・モリブデン）
Cr	クロム
Mn	マンガン
NC	ニッケル・クロム
NCM	ニッケル・クロム・モリブデン

（b）製品形状別記号

記号文字	記号文字の意味
TPA	配管用合金鋼鋼管（T：Tube，P：Pipe，A：Alloy）
TB	ボイラ・熱交換器用管（T：Tube，B：Boiler）
TKM	機械構造用炭素鋼鋼管（T：Tube，K：構造，M：Machine）
TK	構造用炭素鋼鋼管（T：Tube，K：構造）
W	線（W：Wire）
WP	ピアノ線（W：Wire，P：Piano）
WRH	硬鋼線材（W：Wire，R：Rod，H：Hard）
WRM	軟鋼線材（W：Wire，R：Rod，M：Mild）
WRS	ピアノ線材（W：Wire，R：Rod，S：Spring）

（c）用途別記号

記号文字	記号文字の意味
S	一般構造用圧延鋼材（S：Structural）
M	溶接構造用圧延鋼材（M：Marine）
MA	溶接構造用耐候性熱間圧延鋼材（M：Marine，A：Atmospheric）
PV	圧力容器用鋼材（P：Pressure，V：Vessel）
K	工具鋼
KH	高速度鋼（K：工具，H：High Speed）
US	ステンレス鋼（U：Use，S：Stainless）
UH	耐熱鋼（U：Use，H：Heat，Resisting）
UP	ばね鋼鋼材（U：Use，P：Spring）
UJ	高炭素鋼クロム軸受鋼鋼材（U：Use，J：軸受）
C100	最低引張強さ 100N/mm^2
CD	球状黒鉛鋳鉄（C：Casting，D：Ductile）
CMB	黒心可鍛鋳鉄品（C：Casting，M：Malleable，B：Black）
CMP	パーライト可鍛鋳鉄品（C：Casting，M：Malleable，P：Pearlite）
CMW	白心可鍛鋳鉄品（C：Casting，M：Malleable，W：White）

5.8.2 鉄鋼関係材料記号

機械材料を選択する場合について，材料記号，性質および特徴を**表 5.49**，**表 5.50**（1），（2）に示す．

表 5.49　一般構造用圧延鋼材（JIS G 3101）

記号	降伏点または耐力〔N/mm²〕				引張強さ〔N/mm²〕	用　途
	鋼材の厚さ〔mm〕					
	16 以下	16 を超え 40 以下	40 を超え 100 以下	100 を超えるもの		
SS330	205 以上	195 以上	175 以上	165 以上	330～430	鋼板，鋼帯，平鋼，棒鋼
SS400	245 以上	235 以上	215 以上	205 以上	400～510	
SS490	285 以上	275 以上	255 以上	245 以上	490～610	
SS540	400 以上	390 以上	—	—	540 以上	

表 5.50（1）　みがき特殊帯鋼（JIS G 3311）

材料名	記号	ビッカース硬さ HV		用　途
		焼なまし	冷間圧延	
炭素鋼	S30CM	160 以下	160～230	リテーナー
	S35CM	170 以下	170～250	事務機部品
	S45CM	170 以下	170～260	クラッチ部品，チェーン部品，座金，リテーナー
	S50CM	180 以下	180～270	カメラなどの構造部品，チェーン部品，ばね，クラッチ部品，座金
	S55CM	180 以下	180～270	ばね，缶切，カメラなどの構造部品，トムソン刃
	S60CM	190 以下	190～280	チェーン部品，事務機部品，座金
	S65CM	190 以下	190～280	クラッチ部品，ばね，座金
	S70CM	190 以下	190～280	事務機部品，ばね，座金
	S75CM	200 以下	200～290	クラッチ部品，座金，ばね
炭素工具鋼	SK120M	220 以下	220～310	替刃，刃物，ハクソー，シャッター，ぜんまい
	SK105M	220 以下	220～310	ハクソー，刃物，ばね
	SK95M	210 以下	210～300	ゲージ，ばね，刃物
	SK85M	200 以下	200～290	ばね，クラッチ部品，事務機部品，ぜんまい
	SK75M	190 以下	190～280	クラッチ部品，座金，ホーン，ばね，刃物
	SK65M	190 以下	190～280	クラッチ部品，座金，ばね，刃物，ホーン
合金工具鋼	SKS2M	230 以下	230～320	メタルバンドソー，ハクソー，刃物
	SKS5M	200 以下	200～290	刃物，丸のこ，木工用・製材用帯のこ
	SKS51M	200 以下	200～290	
	SKS7M	250 以下	250～340	メタルソー，ハクソー，刃物
	SKS81M	220 以下	220～310	メタルソー，ハクソー，刃物，シャッター
	SKS95M	200 以下	200～290	クラッチ部品，ばね，刃物
クロム鋼	SCr420M	180 以下	180～270	チェーン部品
	SCr435M	190 以下	180～270	チェーン部品，事務機部品
	SCr440M	200 以下	200～290	

表 5.50（2） みがき特殊帯鋼（JIS G 3311）

材料名	記号	ビッカース硬さ HV		用　途
		焼なまし	冷間圧延	
ニッケルクロム鋼	SNC415M	170 以下	170～240	事務機部品
	SNC631M	180 以下	180～240	
	SNC836M	190 以下	190～250	
ニッケルクロムモリブデン鋼	SNCM220M	180 以下	180～240	チェーン部品
	SNCM415M	170 以下	170～240	安全バックル，チェーン部品
クロムモリブデン鋼	SCM415M	170 以下	170～240	チェーン部品，トムソン刃
	SCM430M	180 以下	180～250	チェーン部品，事務機部品
	SCM435M	190 以下	190～270	
	SCM440M	200 以下	200～280	
ばね鋼	SUP6M	210 以下	210～310	ばね
	SUP9M	200 以下	200～290	
	SUP10M	200 以下	200～290	
マンガン鋼	SMn438M	200 以下	200～290	チェーン部品
	SMn443M	200 以下	200～290	

5.8.3 機械構造用炭素鋼・合金鋼の材料記号

機械材料を選択する場合について，材料記号，性質および特徴を表 5.51 (1)，(2) に示す．表 5.51 (1) に示す強度値は JIS から削除されたが，参考として旧規格値を掲載している．

表 5.51 (1)　機械構造用炭素鋼・合金鋼の材料記号

材料名	記　号	引張強さ〔N/mm^2〕熱処理後（焼なまし）	用　途
炭素鋼	S20C	400 以上	この鋼材は，熱間圧延，熱間鍛造など，熱間加工によって作られたもので，通常さらに鍛造，切削などの加工と熱処理を施して使用する．
	S22C	400 以上	
	S25C	440 以上	
	S28C	440 以上	
	S30C	470 以上	
	S33C	470 以上	
	S35C	510 以上	
	S38C	510 以上	
	S40C	540 以上	
	S43C	540 以上	
	S45C	570 以上	
	S48C	570 以上	
	S50C	610 以上	
	S53C	650 以上	
	S55C	650 以上	
	S58C	650 以上	
ニッケルクロム鋼鋼材	SNC236	740 以上	ボルト，ナット，クランク軸，軸類，歯車 * 印は，主として肌焼用に使用する． （軸類，歯車類）
	SNC415*	780 以上	
	SNC631	830 以上	
	SNC815*	980 以上	
	SNC836	930 以上	
ニッケルクロムモリブデン鋼鋼材	SNCM220*	830 以上	クランク軸，タービン翼，連接棒，歯車，軸類，強力ボルト，割環 * 印は主として肌焼用に使用する． （軸類，歯車類）
	SNCM240	880 以上	
	SNCM415*	880 以上	
	SNCM420*	980 以上	
	SNCM431	830 以上	
	SNCM439	980 以上	
	SNCM447	1030 以上	
	SNCM616*	1180 以上	
	SNCM625	930 以上	
	SNCM630	1080 以上	
	SNCM815*	1080 以上	
クロム鋼鋼材	SCr415*	780 以上	ボルト，ナット，アーム類，スタッド，強力ボルト，軸類，キー，ノックピン * 印は，主として肌焼用に使用する． （カム軸，歯車類，ピン，スプライン軸）
	SCr420*	830 以上	
	SCr430	780 以上	
	SCr435	880 以上	
	SCr440	930 以上	
	SCr445	980 以上	

表 5.51 (2)　鋳鉄品の材料記号

ねずみ鋳鉄品（JIS G 5501）		
記　号	引張強さ〔N/mm^2〕	硬　さ〔HB〕
FC100	100 以上	201 以下
FC150	150 以上	212 以下
FC200	200 以上	223 以下
FC250	250 以上	241 以下
FC300	300 以上	262 以下
FC350	350 以上	277 以下

白心可鍛鋳鉄品（JIS G 5705）			
記　号	試験片の直径（主要寸法 mm）	引張強さ N/mm^2 以上	硬さ HB 以下
FCMW350-4	9	310	230
	12	350	
	15	360	
FCMW400-5	9	360	220
	12	400	
	15	420	

黒心可鍛鋳鉄品およびパーライト可鍛鋳鉄品（JIS G 5705）			
記　号	試験片の直径 mm	引張強さ N/mm^2 以上	硬さ HB
FCMB275-5	12 または 15	275	150 以下
FCMB300-6	12 または 15	300	150 以下
FCMB350-10	12 または 15	350	150 以下
FCMP450-6	12 または 15	450	150-200
FCMP500-5	12 または 15	500	165-215
FCMP550-4	12 または 15	550	180-230
FCMP600-3	12 または 15	600	195-245
FCMP650-2	12 または 15	650	210-260
FCMP700-2	12 または 15	700	240-290

5.8.4　非鉄金属記号の表し方

非鉄金属記号の表し方は以下のとおりである．

	①	②	③	④	
例：CAC4	4	0	6		青銅鋳物 6 種
例：CAC4	4	0	6	C	青銅連続鋳物 6 種

CAC は，Copper Alloy Castings の頭文字である．

① 合金種類を表す．

1：銅鋳物　2：黄銅鋳物　3：高力黄銅鋳物　4：青銅鋳物
5：りん青銅鋳物　6：鉛青銅鋳物　7：アルミニウム青銅鋳物　8：シルジン青銅鋳物

② 予備（すべて 0）．

③ 合金種類の中の分類を表す（旧記号の種類を表す数字と同じ）．

④ 末尾の C は Continuous castings の頭文字で，連続鋳物であることを示す．

5.8.5 非鉄金属の材料記号

機械材料を選択する場合について，材料記号，種類および用途を**表 5.52** に示す．

表 5.52 非鉄金属の材料記号（JIS H 5120）

種　類	記　号	用　途
青銅鋳物 1 種	CAC101	羽口，大羽口，冷却板，熱風弁，電極ホルダー，一般機械部品など
青銅鋳物 2 種	CAC102	羽口，電気用ターミナル，分岐スリーブ，コンタクト，導体，一般電機部品など
青銅鋳物 3 種	CAC103	転炉用ランスノズル，電気用ターミナル，分岐スリーブ，通電サポート，導体，一般電気部品など
黄銅鋳物 1 種	CAC201	フランジ類，電気部品，装飾用品など
黄銅鋳物 2 種	CAC202	電気部品，計器部品，一般機械部品など
黄銅鋳物 3 種	CAC203	電機部品，給排水金具，建築用金具，一般機械部品，日用品，雑貨品
高力黄銅鋳物 1 種	CAC301	船用プロペラ，プロペラボンネット，軸受，弁座，弁棒，軸受保持器，レバー，アーム，ギヤ，船舶用ぎ装品など
高力黄銅鋳物 2 種	CAC302	船用プロペラ，軸受，軸受保持器，スリッパー，エンドプレート，弁座，弁棒，特殊シリンダー，一般機械部品など
高力黄銅鋳物 3 種	CAC303	低速高荷重の摺動部品，大形バルブ，ステム，ブシュ，ウォームギヤ，スリッパー，カム，水圧シリンダ部品など
高力黄銅鋳物 4 種	CAC304	低高速荷重の摺動部品，軸受，ブシュ，ナット，ウォームギヤ，耐摩耗板など
青銅鋳物 1 種	CAC401	軸受，銘板，一般機械部品など
青銅鋳物 2 種	CAC402	軸受，スリーブ，ブシュ，ポンプ胴体，羽根車，バルブ，歯車，電動機器部品など
青銅鋳物 3 種	CAC403	軸受，スリーブ，ブシュ，ポンプ胴体，羽根車，バルブ，歯車，電動機器部品，一般機械部品など
青銅鋳物 6 種	CAC406	バルブ，ポンプ胴体，羽根車，給水栓，軸受，スリーブ，ブシュ，一般機械部品，景観鋳物，美術鋳物など
青銅鋳物 7 種	CAC407	軸受，小形ポンプ部品，バルブ，燃料ポンプ，一般機械部品など
りん青銅鋳物 2 種 A	CAC502A	歯車，ウォームギヤ，軸受，ブシュ，スリーブ，羽根車，一般機械部品など
りん青銅鋳物 2 種 B	CAC502B	
りん青銅鋳物 3 種 A	CAC503A	摺動部品，油圧シリンダ，スリーブ，歯車，製紙用各種ロールなど
りん青銅鋳物 3 種 B	CAC503B	
鉛青銅鋳物 2 種	CAC602	中高速・高荷重用軸受，シリンダ，バルブなど
鉛青銅鋳物 3 種	CAC603	中高速・高荷重用軸受，大形エンジン用軸受など
鉛青銅鋳物 4 種	CAC604	中高速・中荷重用軸受，車両用軸受，ホワイトメタルの裏金など

5.9 工作精度標準の例

工作箇所の形状と工作機械の種類による工作精度の標準の例を**表 5.53** に示す.

表 5.53 工作精度標準

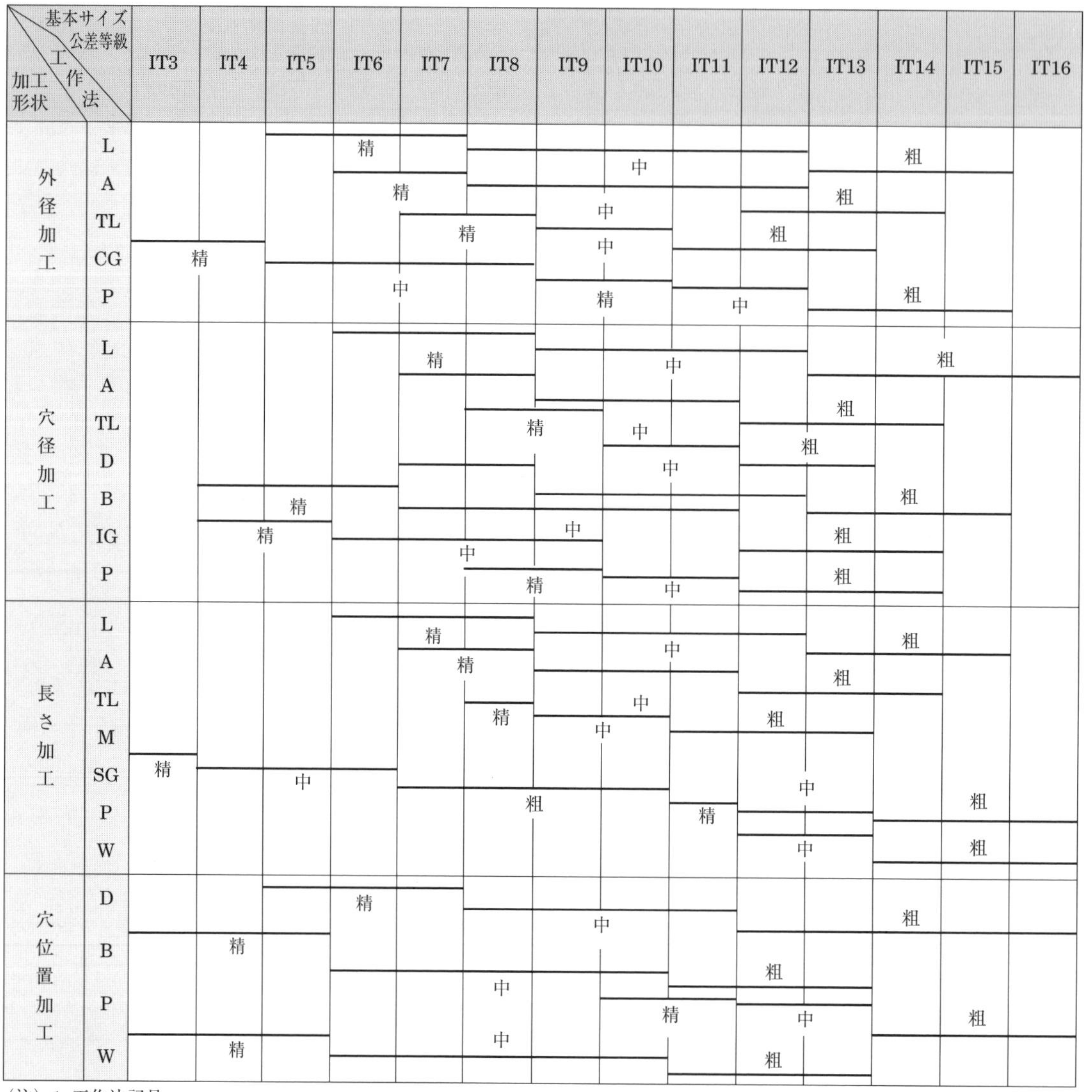

加工形状	工作法＼基本サイズ公差等級	IT3	IT4	IT5	IT6	IT7	IT8	IT9	IT10	IT11	IT12	IT13	IT14	IT15	IT16
外径加工	L				精				中				粗		
	A					精			中			粗			
	TL						精		中		粗				
	CG		精												
	P					中			精		中		粗		
穴径加工	L					精				中				粗	
	A											粗			
	TL							精	中						
	D									中		粗			
	B			精									粗		
	IG			精			中	中				粗			
	P							精		中		粗			
長さ加工	L					精			中				粗		
	A						精					粗			
	TL						精		中						
	M							中			粗				
	SG	精		中											
	P						粗			精		中		粗	
	W											中		粗	
穴位置加工	D				精				中				粗		
	B		精								粗				
	P						中			精		中		粗	
	W		精				中				粗				

（注）1. 工作法記号
L：旋盤　P：プレス　B：中ぐり盤　SG：平面研削盤　CG：円筒研削盤
TL：タレット旋盤　W：溶接機　M：フライス盤　D：ボール盤　IG：内面研削盤　A：自動旋盤
2. 加工コスト比　粗級：中級：精級＝1：(1.5～2.5)：(3～5)

6章 製図課題の参考例

6.1 線　引　き

【1】課題の名称：線引き

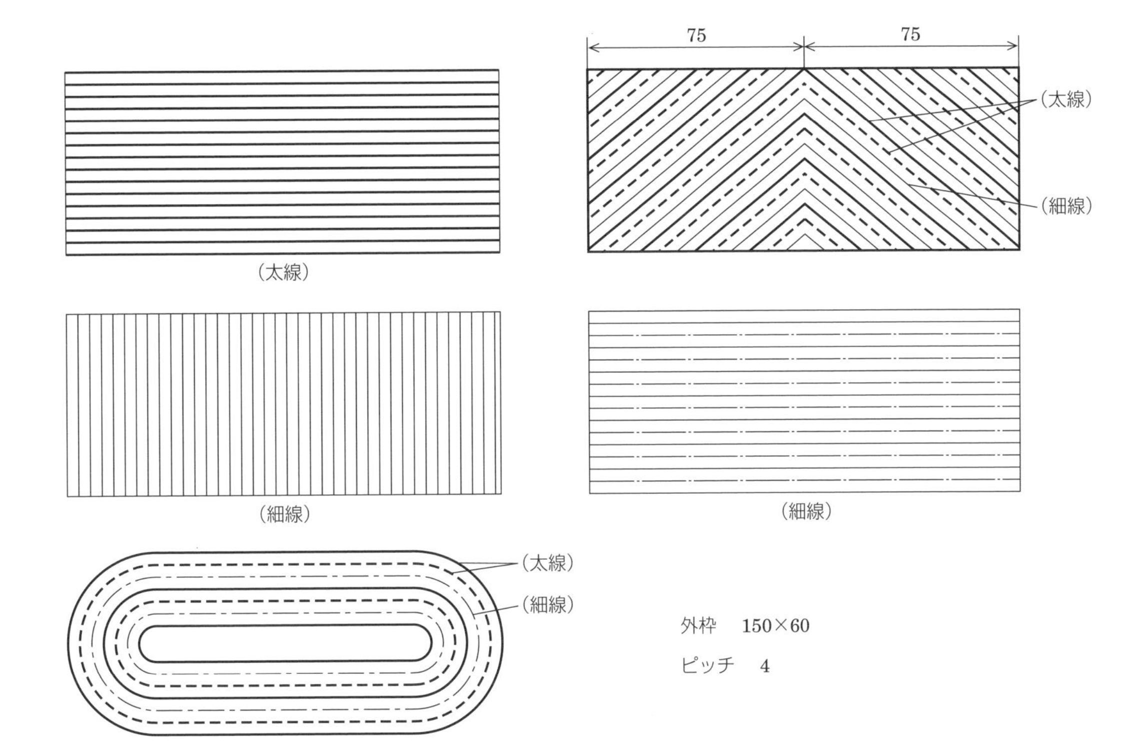

【2】課題の目的

① ドラフターの使い方を学ぶ.

② 実線・破線・一点鎖線の描き方を習得する.

【3】製図上特に注意すべき個所

① 破線，一点鎖線の長さと間隔を一定にする.

② 太線と細線の線の太さ（区別は濃淡ではない）

③ 斜めの線の間隔（間隔は，線に垂直に測った距離である）

6.2 ハンドル

【1】課題の名称：ハンドル（第一角法・第三角法）

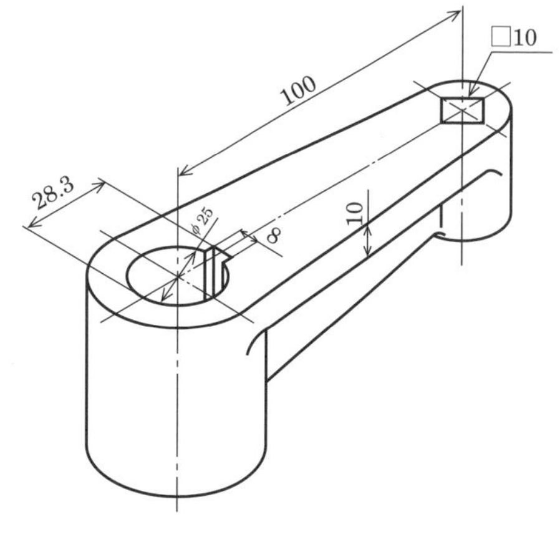

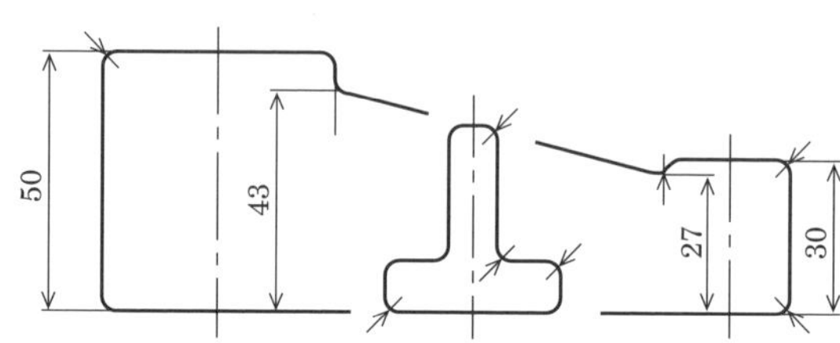

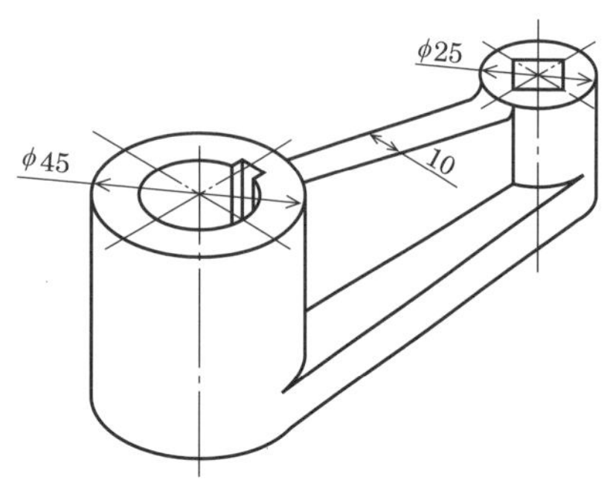

注：加工部分（穴とキー溝）以外の面と
面との交わりは R3

【2】課題の目的

① 第一角法・第三角法による図形表示の習得

② 断面図による図形表示の習得

③ 面と面との交線の表示法の習得

【3】製図上特に注意すべき個所

① 図形の配置

② 正面図の選び方

③ 各投影図の位置（上，下，左右の関係）について配慮する．

④ 断面図は，品物の外から見えない部分の形が複雑な場合，断面を使って描く．ただし，リブの部分は切断せずに外から見えるように描く．

⑤ 線が重なる場合の優先順位を理解する．

6.3 フランジ

【1】課題の名称：フランジ

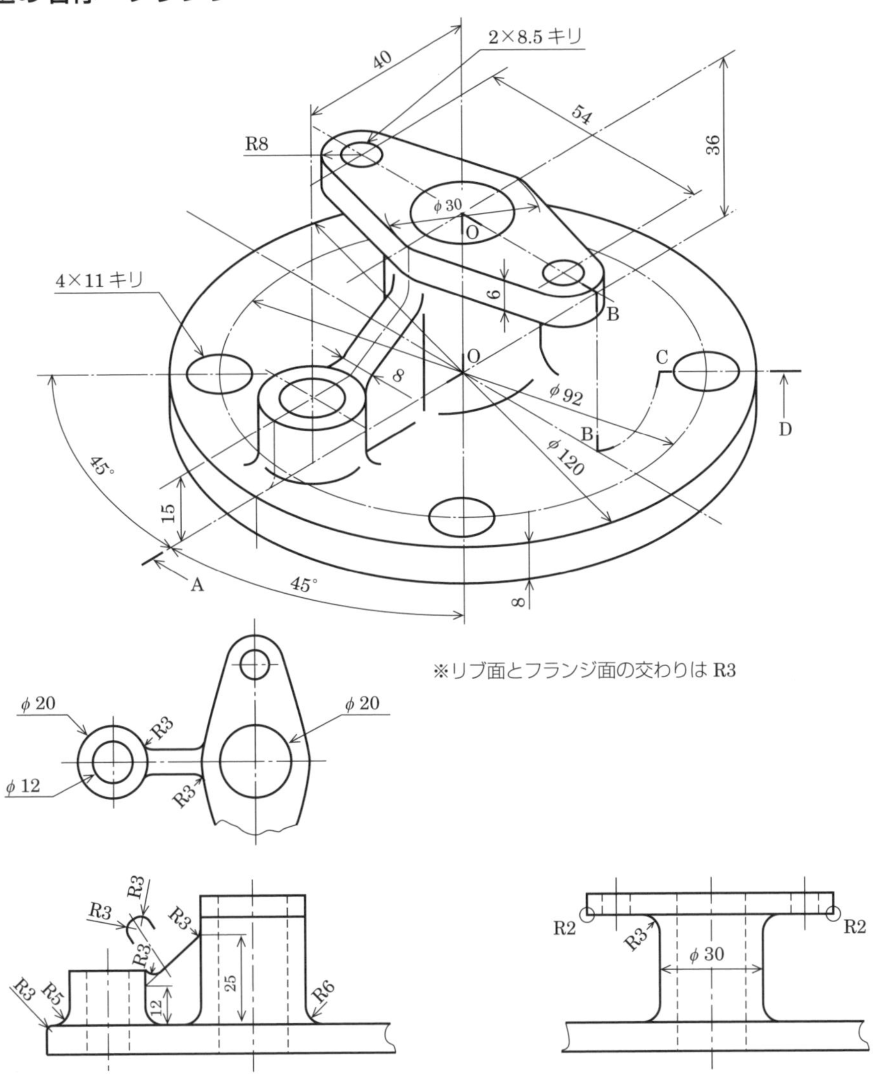

【2】課題の目的

① 図形の描き方を習得

② 正面図の選定

③ 図形の数

【3】製図上特に注意すべき箇所

① 断面の描き方

・本課題では合成断面図（直角断面図＋鋭角断面図）を使う.

・リブ（力骨）は切断しない.

・断面の指示（断面図の上に A-O-B-C-D などと記す）をすること.

② 断面両端と曲り角の部分を太くして記号を付け，その他の部分は，細い一点鎖線とする.

③ 断面両端には見る方向を示す端末記号を付ける.

6.4 箱スパナ

【1】課題の名称：箱スパナ

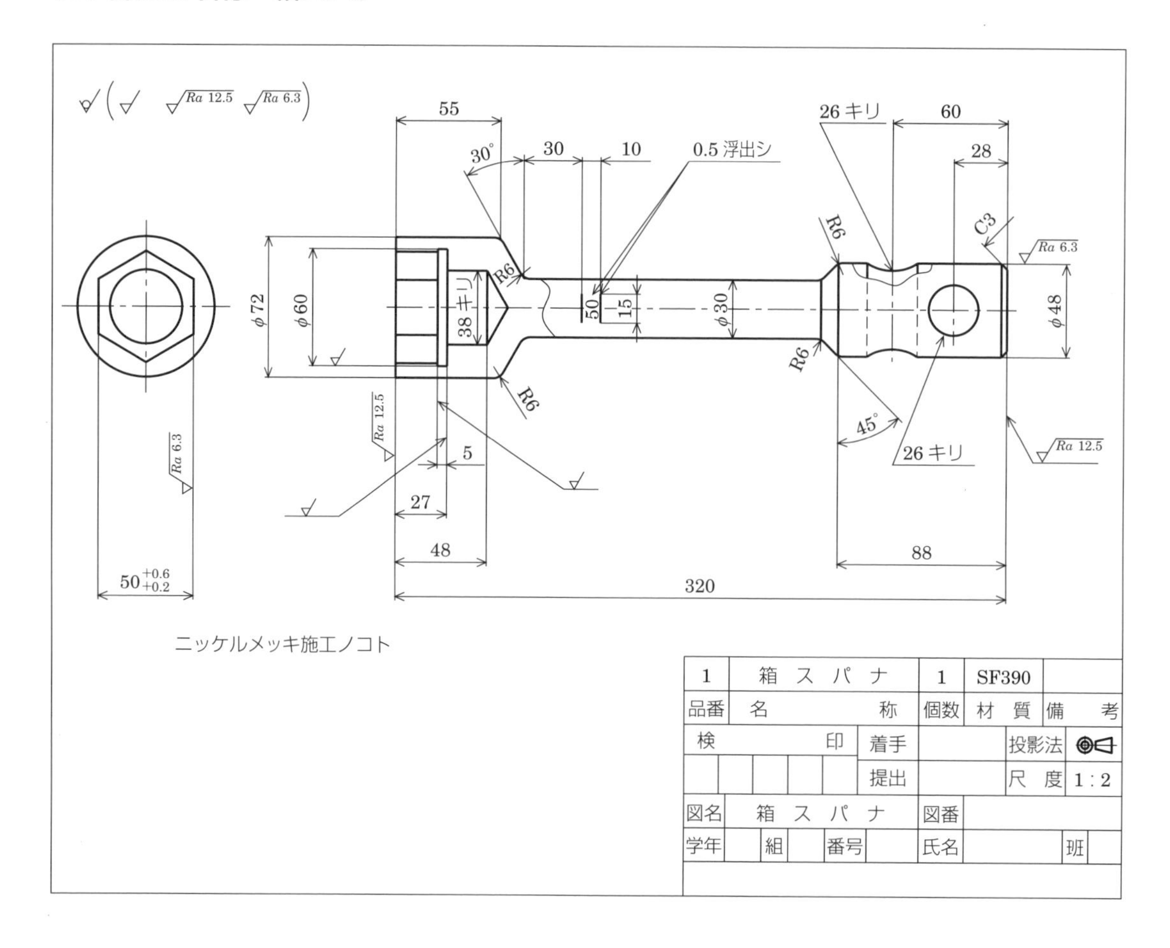

【2】課題の目的

① 箱スパナの描き方を習得する．

② 寸法記入法の習得

③ 表面性状記号の記入法の習得

【3】製図上特に注意すべき箇所

① 破断線の描き方（極端にぎざぎざにしないこと）

② 寸法線の引き方

・隣接する寸法線には段のつかないこと．

・円弧で示す寸法線の円弧の中心は正しくとること．

・半径で示す寸法線の長さと引き方

③ 端末記号（形，濃さ，太さ），寸法補助線，寸法線の間隔

6.5 歯　車

【1】課題の名称：歯車

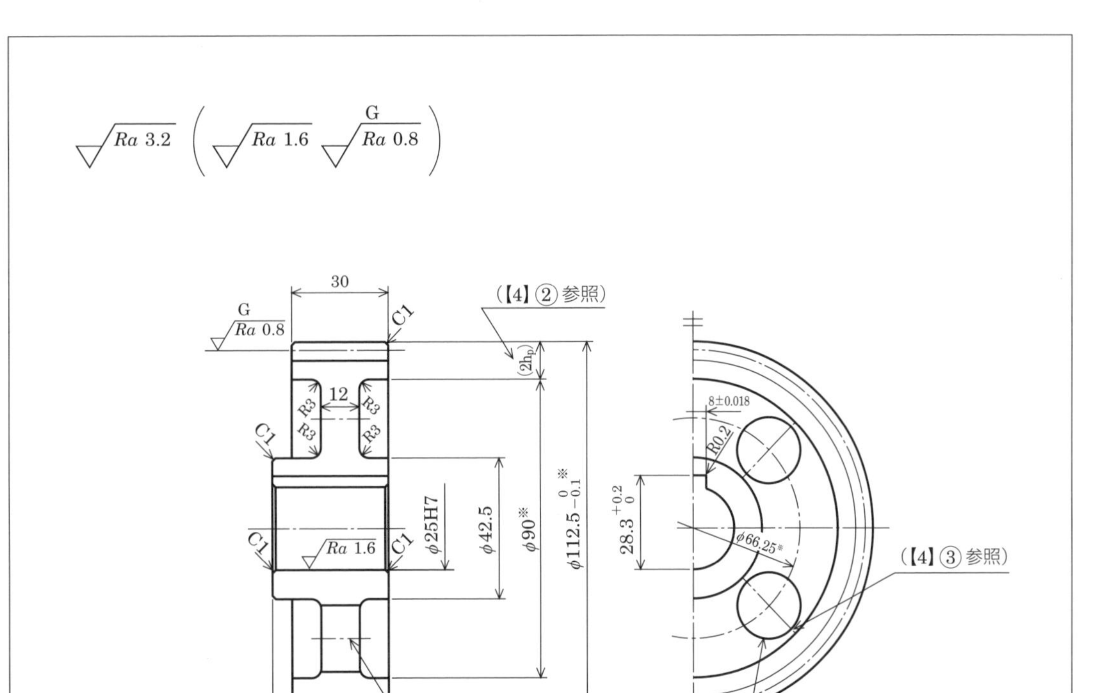

（単位：mm）

平歯車				
歯車歯形		標準	仕上方法	研削
基準ラック	歯形	並歯	精度	JIS SB1702 3 級
	モジュール	2.5※	備考	相手歯車転位量　0 相手歯車歯数　21 中心距離　80※ バックラッシ　0.07 ～ 0.25 歯面高周波焼入れ 硬化深さ（歯底）　0.5 ～ 0.6 硬度　HRC50 ～ 55
	圧力角	20°		
歯数		43※		
基準円直径		107.5※		
歯たけ		5.625※		
またぎ歯厚		$34.717^{-0.066※}_{-0.273}$ （またぎ歯数 =5）		

1	平歯車	1	S45C	
品番	名称	個数	材質	備考

検　印							
				着手		投影法	◎◁
				提出		尺度	1：1
図名	平歯車			図番	0208		
学年		組		番号		氏名	班

【2】課題の目的

① 平歯車の描き方の習得（平歯車の歯各部の寸法を計算する）
② 計算結果にもとづき平歯車の部品図を書く．
③ 歯車製図の特質の習得（要目表の使用法）
④ 平歯車に対する寸法記入法，表面性状記号記入法の習得

【3】特に注意すべき個所

課題図は一例であり，与えられた歯数（z_1），モジュール（m），相手歯車の歯数（z_2）から歯車の各部寸法を算出して作図する．

【4】図面作図上の注意

① 図中※印を付けた寸法は，課題「モジュール m，歯数 z」によって異なる．
② リムの内径は，目安として歯先からリム内径までの距離が歯たけの 2 倍になるように決める．
③ 肉抜きの穴は，リム内径線とボス外形線それぞれから 3 ～ 5 mm 離れるような径とする．
④ 中心線は，ボス外径とリム内径との中間とする．

6.6 ボルト・ナット

【1】課題の名称：ボルトとナットを使用した部品締結の組立図

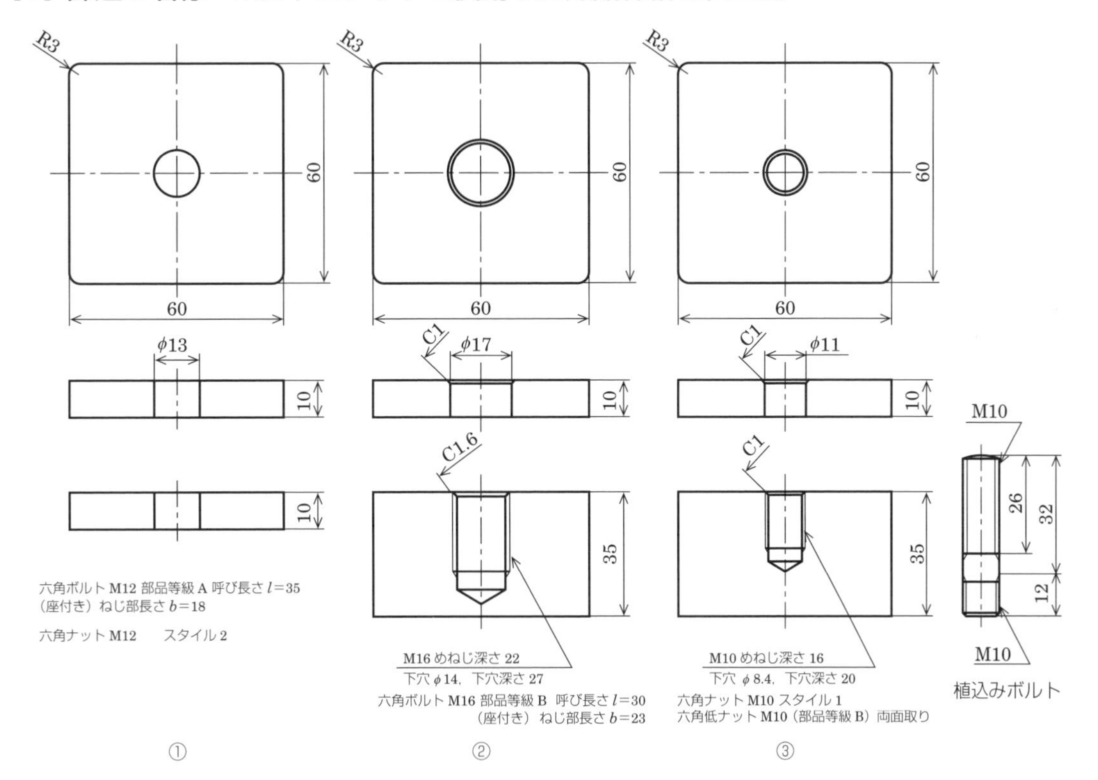

【2】課題の目的

代表的な機械要素としてのねじ，および，ねじ部品の製図法を習得し，組み立てられたねじの描き方を理解する．

【3】特に注意すべき箇所

このボルト・ナットの製図課題例は，ねじの代表であるボルトとナットを使用して，板とブロックを締結させたときの組立図を作成する課題である．締結条件は下記のとおりとする．

① 2枚の板を六角ボルトと六角ナットを使用して締結する．六角ボルトは下から入れる配置とする．
② 1枚の板とブロックを押えボルトで締結する．ブロックにはめねじの加工を施し，押えボルトには六角ボルトを使用する．
③ 1枚の板とブロックを植込みボルトとナットで締結する．使用するナットは六角ナットと六角低ナットの二つを使用する．ブロックにはめねじの加工を施す．

【4】作成上の注意

- ねじの山の頂（おねじの外径，めねじの内径）とねじの谷底（おねじの谷径，めねじの谷径）の線の太さを明確に区別すること．
- 組み立てられたねじ部品の製図では，おねじ優先の原則に従って，つねにおねじ部品が表に出るように描く．線の太さの使い分けに注意すること．
- 植込みボルトの不完全ねじ部は最後までねじ込んだ状態で描くこと．
- ボルトの頭部やナットの面取り部の形状は，ねじの呼び径またはJISの寸法を基準とした方法による描き方（図4.11参照）を適用する．

6.7 滑　車

【1】課題の名称：滑　車

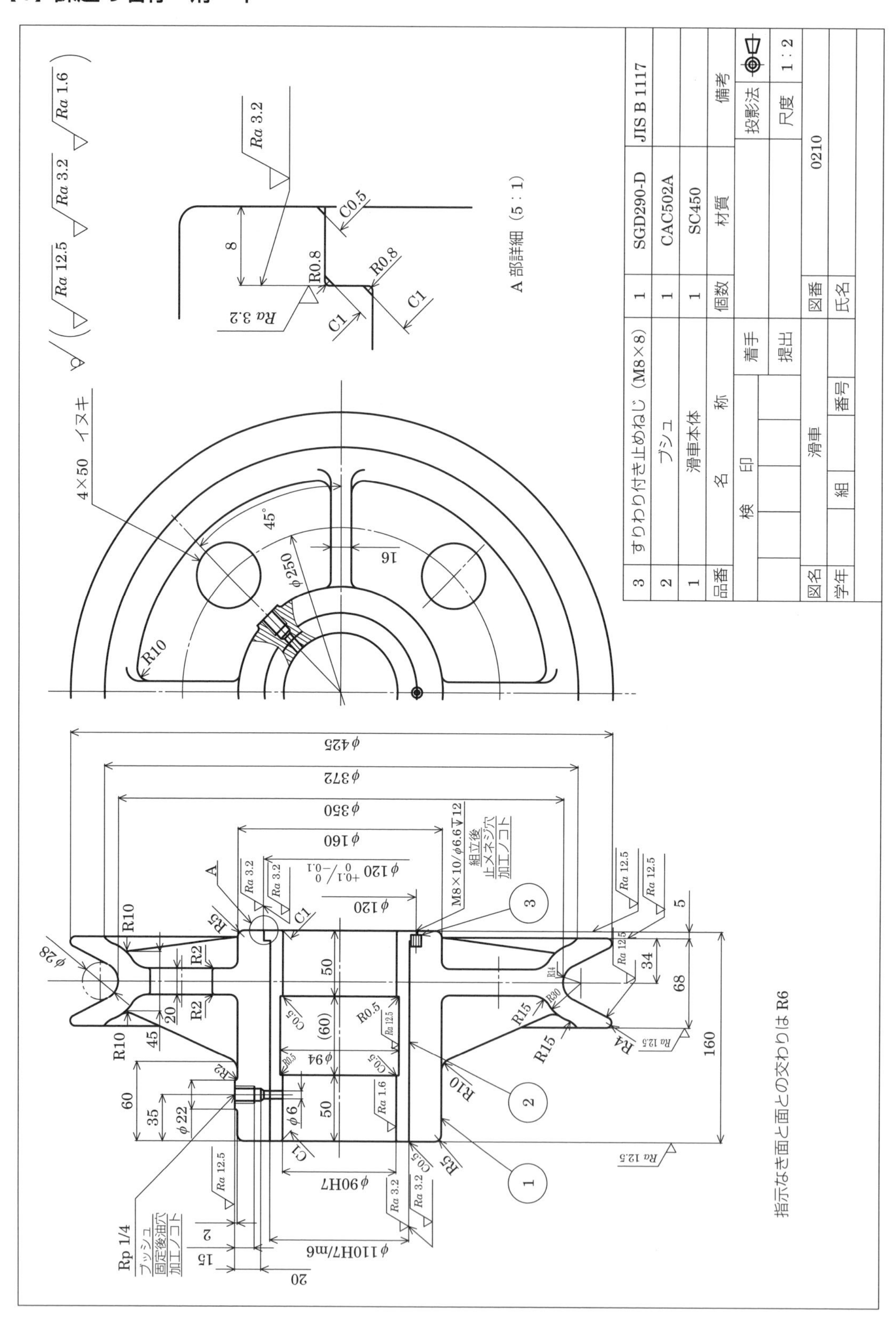

【2】課題の目的

① 滑車の描き方を習得する.

② 組立図および多品一葉式による部品図の描き方を習得する.

③ はめあい，面の指示記号，拡大図，グリスニップル取付け穴，および組付け後加工すべき部分の表示について習得する.

【3】組立図の描き方

組立図は，品物全体の構造作用や各部品の関連がわかると同時に，組立や分解の手順を知るうえで必要である.

① 課題での組立図は，正面図（断面図）で示す．ただし，必要に応じて側面図，平面図を付け加える.

② 寸法は，主要寸法および組立に必要な寸法以外は記入しない．課題で必要な寸法は次のとおりである.

- **外形寸法**（**梱包寸法**）：厚さ・直径
- **機能寸法**：プーリー谷底径・軸径・ロープ径
- **組立後の加工寸法**：油穴加工・止めねじ穴加工

③ 組立図中の各部品には，照合番号を示して部品図や部品表などとの関係を明らかにする.

- 照合番号は，大きい部品から小さい部品への順番で番号を付ける.
- 照合番号は，原則として円内にアラビア数字で記入し，部品の図形から引出線を用いて記入する.
- 照合番号を囲む円は，直径 10 ～ 12 mm とし細線で描き，円の中には照合番号を示す数字を太さ 0.7 mm で高さ 7 ～ 10 mm で書く．なお，同一図面では円の大きさを統一する.

【4】部品図の描き方

- 滑車本体は，組立図からブシュを取り去り，止めねじ穴加工前および油穴加工前の状態で描く.
- 滑車本体は，正面図と側面図とを描き，製作に必要なすべての寸法を記入する.
- グリスニップルを取り付けるねじ穴 R_P1/4 は，管用テーパねじ用の平行めねじで，寸法はインチサイズを示す.

【5】図面作図上の注意

① リム端末丸み部の描画（**図 6.1**）

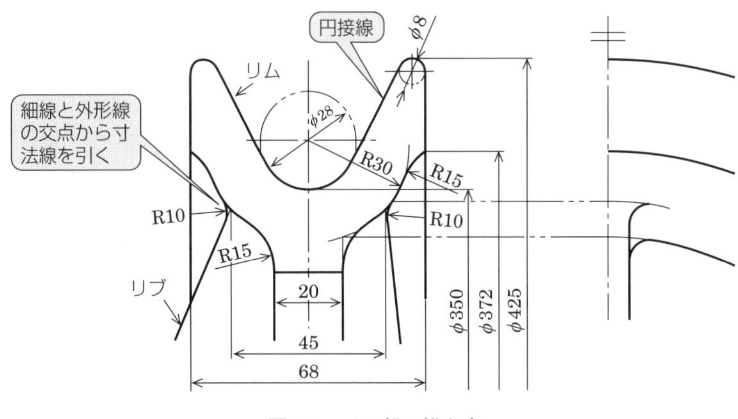

図 6.1　リム部の描き方

・リム幅68の中心線，ロープの中心線を引く．
・リム幅68とϕ425を細線で薄く描く．
・リムの端とϕ425に接するようにϕ8の円弧を描く．
・ロープの中心からR14の円弧を描く．
・R14とϕ8との円弧に接する接線を引く．
・R30の円弧を描く．
・リム外形線上のϕ372の点をとおりR30の円弧に接する円弧をR15で描く．
・円板の厚さ20を描く．
・円板の厚さ20とR30の円弧に接する円弧をR15で描く．
・ロープを想像線で描く（ϕ28）．
・R30の円弧上にリブの取付け寸法45の点をとり，その点からリブの外形線を引く．
・リブの外形線とR30の円弧に接するR10の円弧を描く．

② グリスニップル取付け穴の表し方を**図6.2**に示す．

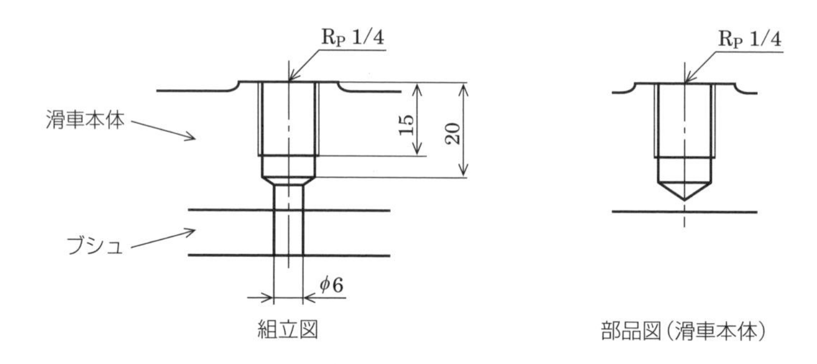

図6.2 グリスニップル取付け穴

6.8 安全逃がし弁

【1】課題名称：安全逃がし弁

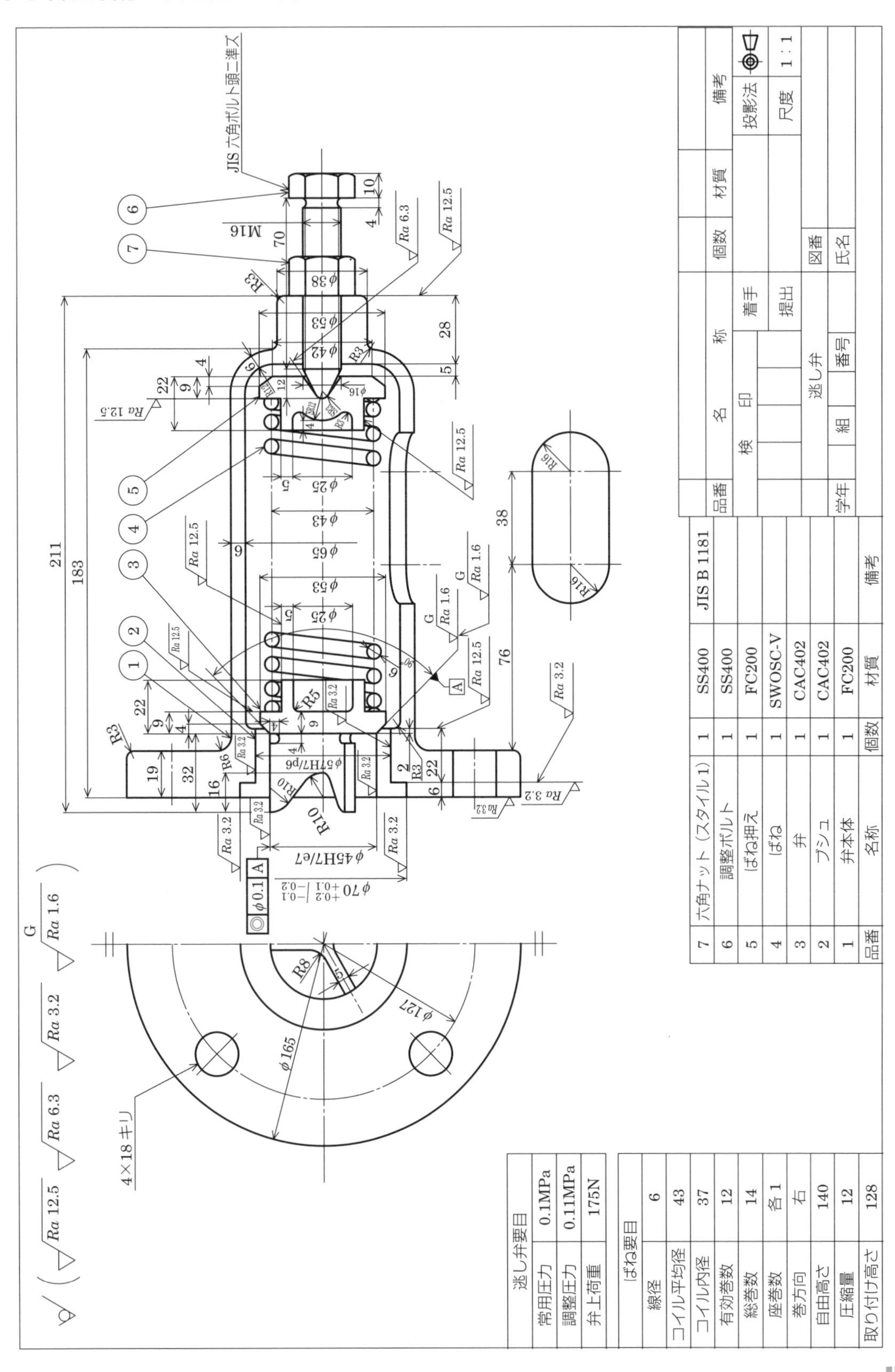

【2】課題の目的

① 安全逃がし弁の描き方の習得

② 一品一葉式による組立図と部品図の描き方の習得

③ 寸法と表面性状表記法の習得

【3】組立図の描き方

寸法記入は，下記の主要寸法および組立に必要な寸法以外は記入しない．

・**外形寸法**：フランジ外径，高さまたは全高さ．

・**機能寸法**：フランジのボルト穴のピッチ円直径，流体通路穴径．

【4】部品図の描き方

① 弁本体

・製作に必要なすべての寸法を記入する．その際，加工または組立の基準となる箇所を基に寸法を記入する．

・表示なき R 部分は R3 とする．

② ブシュ

・ブシュと弁との合わせ面の粗さ記号表示は，$\overset{\mathrm{G}}{\bigtriangledown\!\!\!\sqrt{Ra\ 1.6}}$とする．

③ 弁

・弁の下部（スカート部）は断面表示不可，ϕ45e7 の寸法記入方法に注意する．

・弁とブシュとの合わせ面の粗さ記号表示は，$\overset{\mathrm{G}}{\bigtriangledown\!\!\!\sqrt{Ra\ 1.6}}$とする．

④ ばね

・図面内にばね要目表を表示する．

【5】図面作図上の注意

① 流体逃し穴形状の描き方を**図 6.3** に示す．

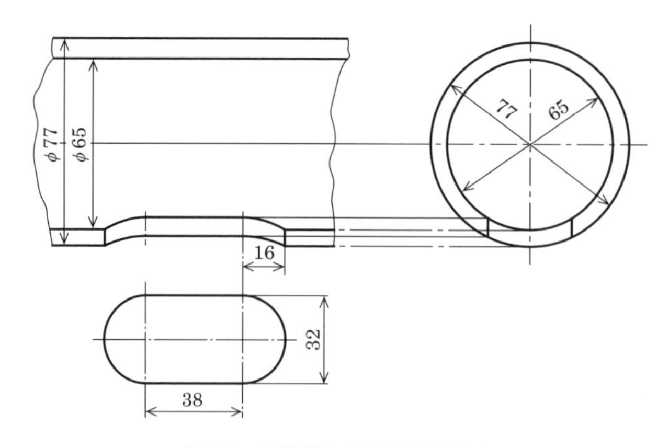

図 6.3　流体逃し穴形状の描き方

6.9 テクニカルイラストレーション

演習1　立体図に示す形状を等測投影図（アイソメトリック図）で示せ.

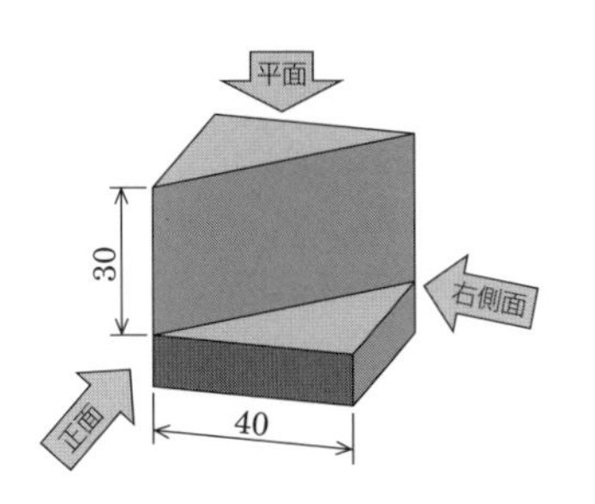

形状 A：1 辺 40 mm の立方体から三角柱を切り取った形状

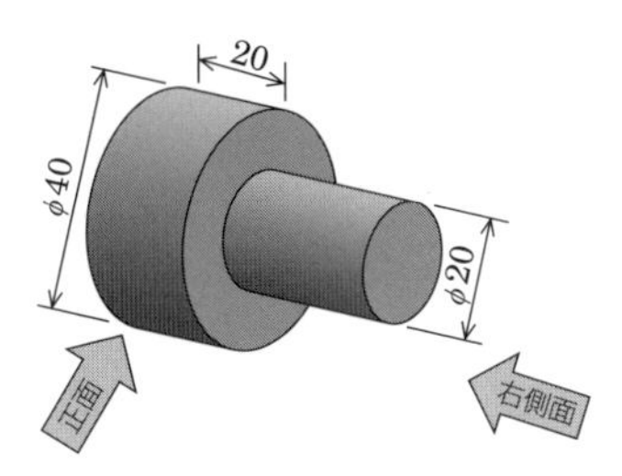

形状 B：直径 40 mm，長さ 50 mm の円柱から切り出した形状

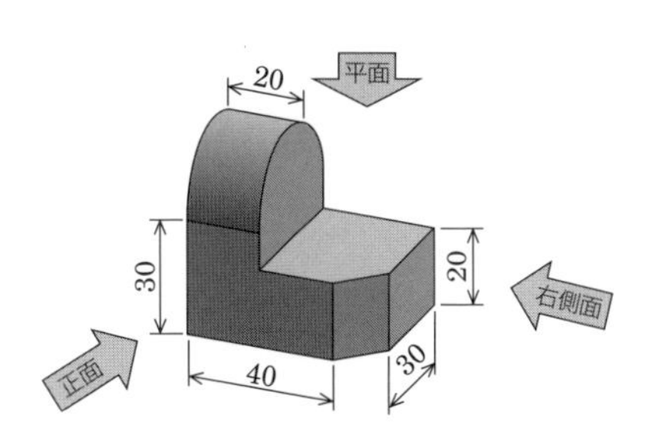

形状 C：50×50×40 mm の直方体から切り出した形状．丸みの部分は円弧形状

演習2　二面図もしくは三面図よりアイソメトリック図を作図せよ.

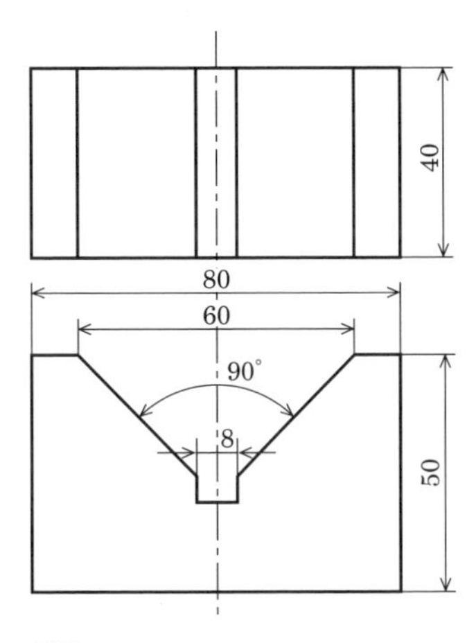

形状 2-1

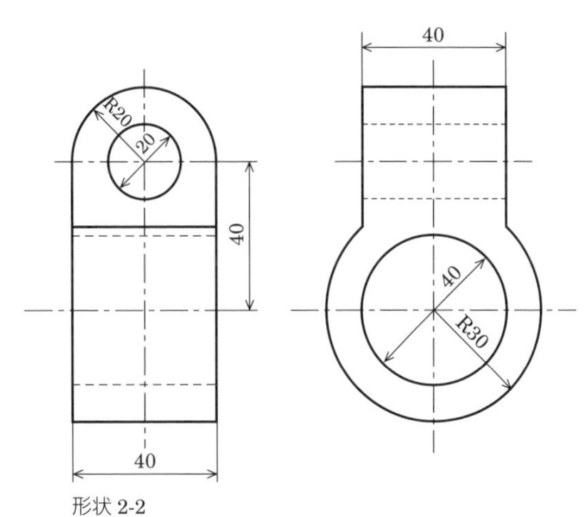

形状 2-2

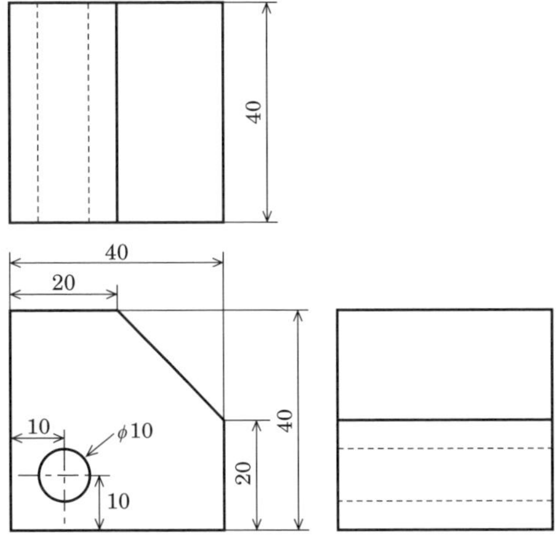

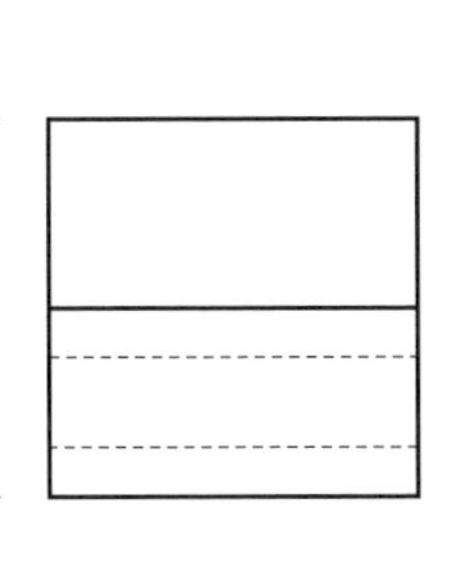

形状 2-3

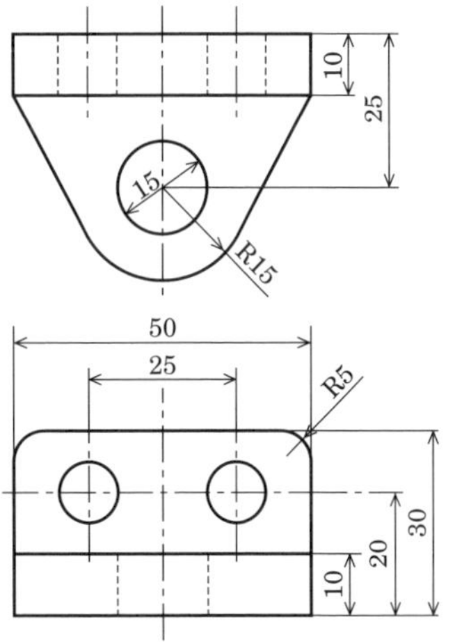

形状 2-4

＊　付録 B の解説と参考図を参照とのこと

7章 参考図面

7.1 歯車減速機

7.2 歯車ポンプ

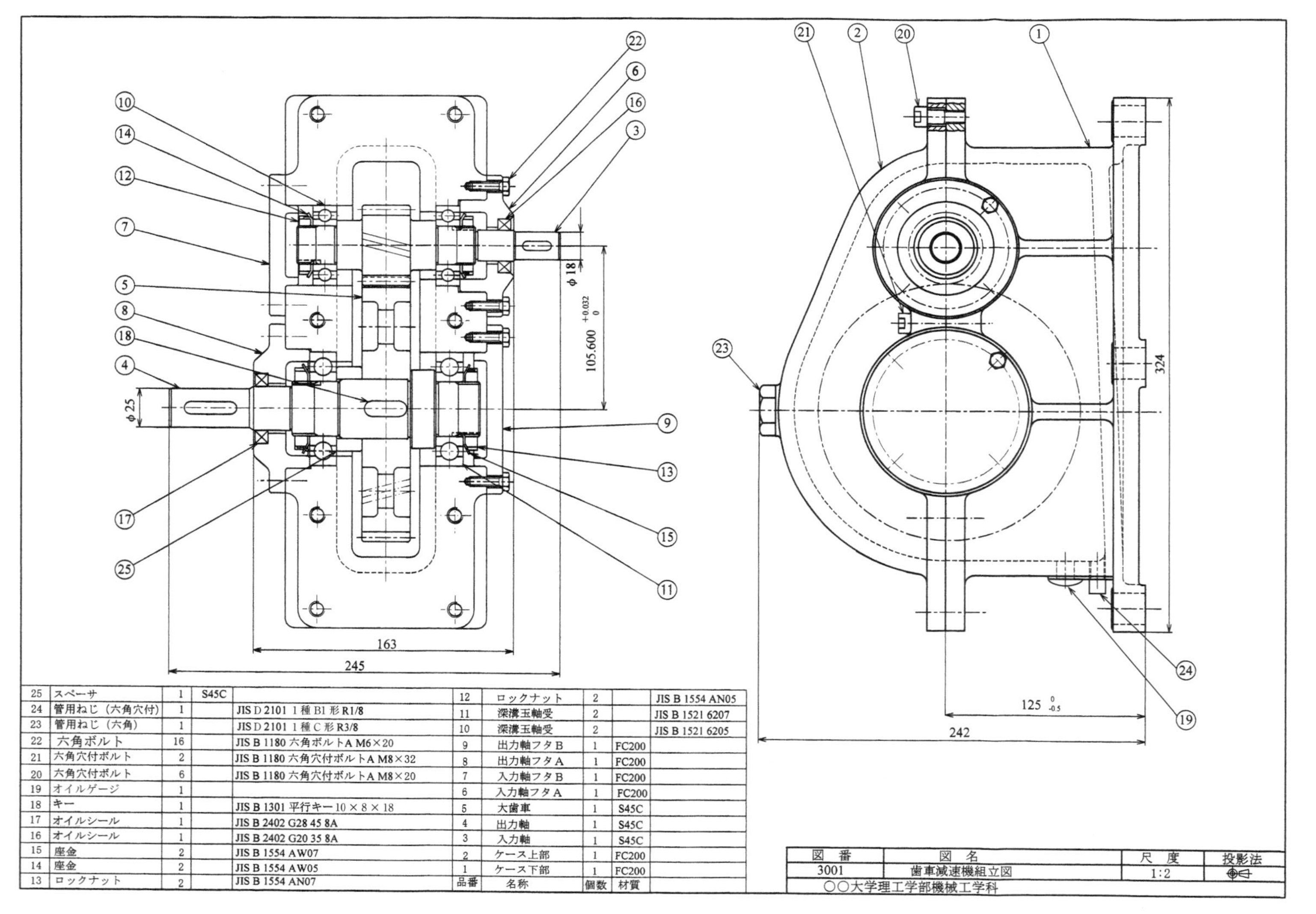

品番	名称	個数	材質	備考
25	スペーサ	1	S45C	
24	管用ねじ（六角穴付）	1		JIS D 2101 1 種 B1 形 R1/8
23	管用ねじ（六角）	1		JIS D 2101 1 種 C 形 R3/8
22	六角ボルト	16		JIS B 1180 六角ボルトA M6×20
21	六角穴付ボルト	2		JIS B 1180 六角穴付ボルトA M8×32
20	六角穴付ボルト	6		JIS B 1180 六角穴付ボルトA M8×20
19	オイルゲージ	1		
18	キー	1		JIS B 1301 平行キー 10 × 8 × 18
17	オイルシール	1		JIS B 2402 G28 45 8A
16	オイルシール	1		JIS B 2402 G20 35 8A
15	座金	2		JIS B 1554 AW07
14	座金	2		JIS B 1554 AW05
13	ロックナット	2		JIS B 1554 AN07
12	ロックナット	2		JIS B 1554 AN05
11	深溝玉軸受	2		JIS B 1521 6207
10	深溝玉軸受	2		JIS B 1521 6205
9	出力軸フタB	1	FC200	
8	出力軸フタA	1	FC200	
7	入力軸フタB	1	FC200	
6	入力軸フタA	1	FC200	
5	大歯車	1	S45C	
4	出力軸	1	S45C	
3	入力軸	1	S45C	
2	ケース上部	1	FC200	
1	ケース下部	1	FC200	

図 7.1　歯車減速機組立図

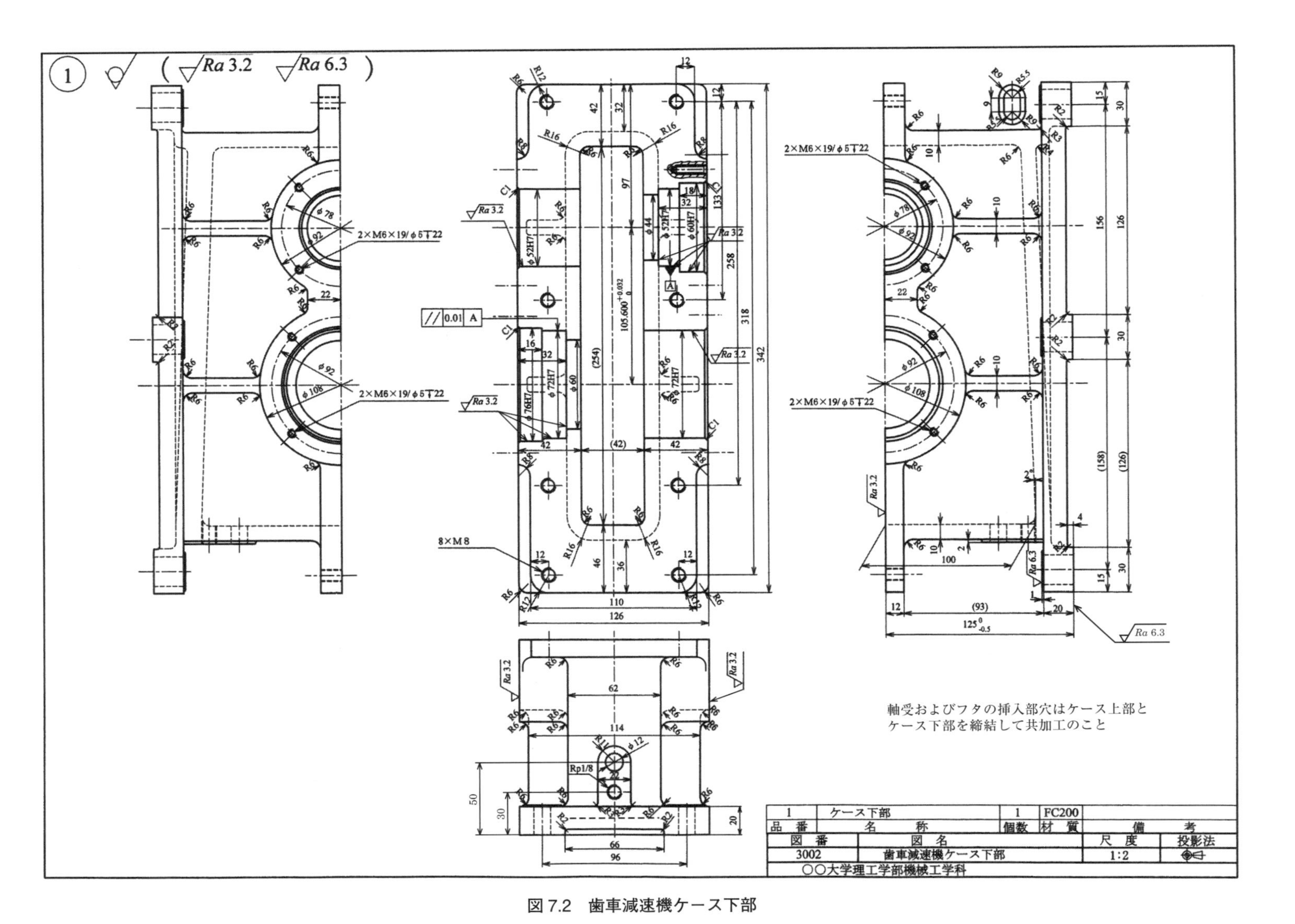

1	ケース下部	1	FC200	
品番	名称	個数	材質	備考
図番	図名		尺度	投影法
3002	歯車減速機ケース下部		1:2	
○○大学理工学部機械工学科				

図7.2 歯車減速機ケース下部

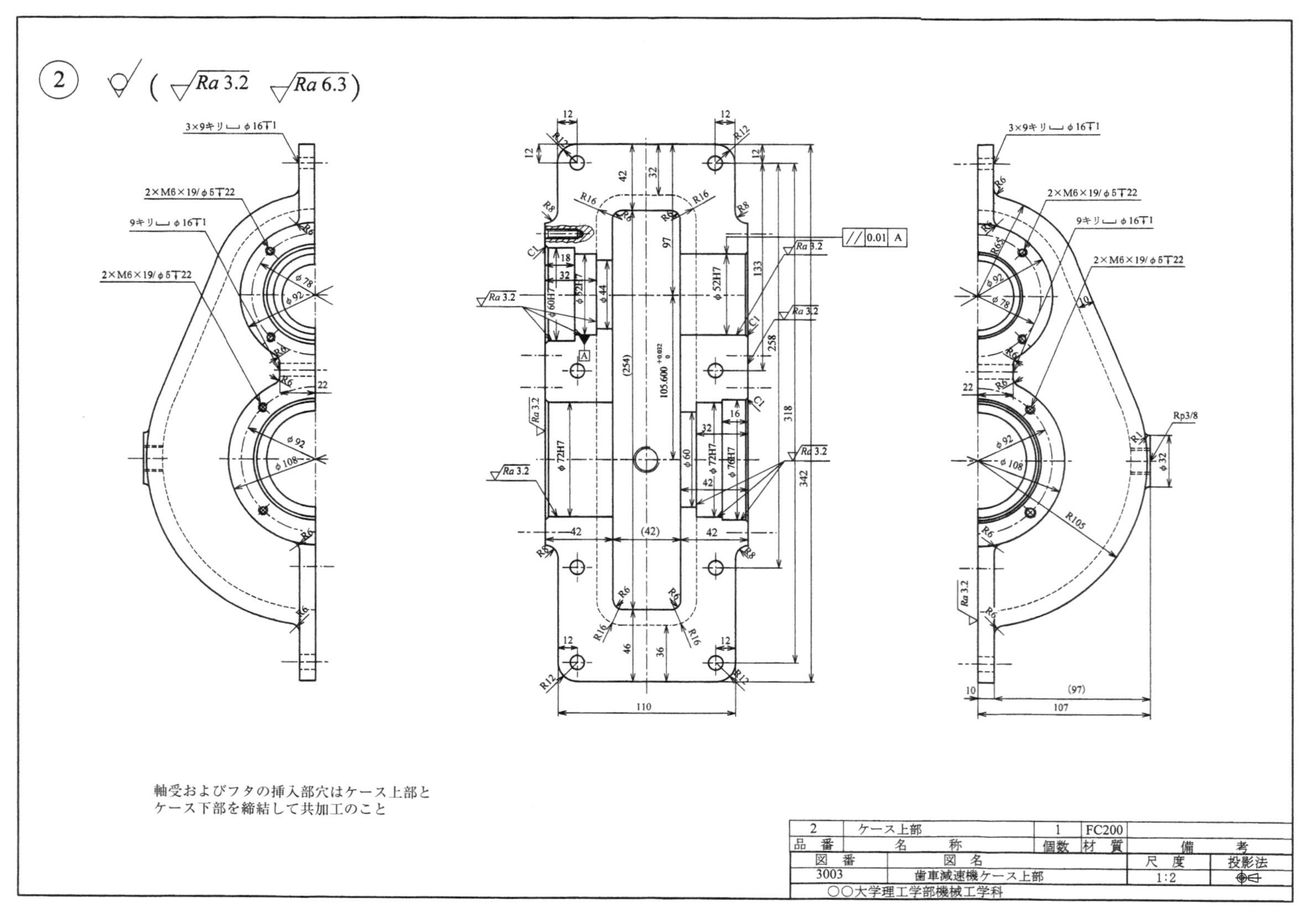

図 7.3　歯車減速機ケース上部

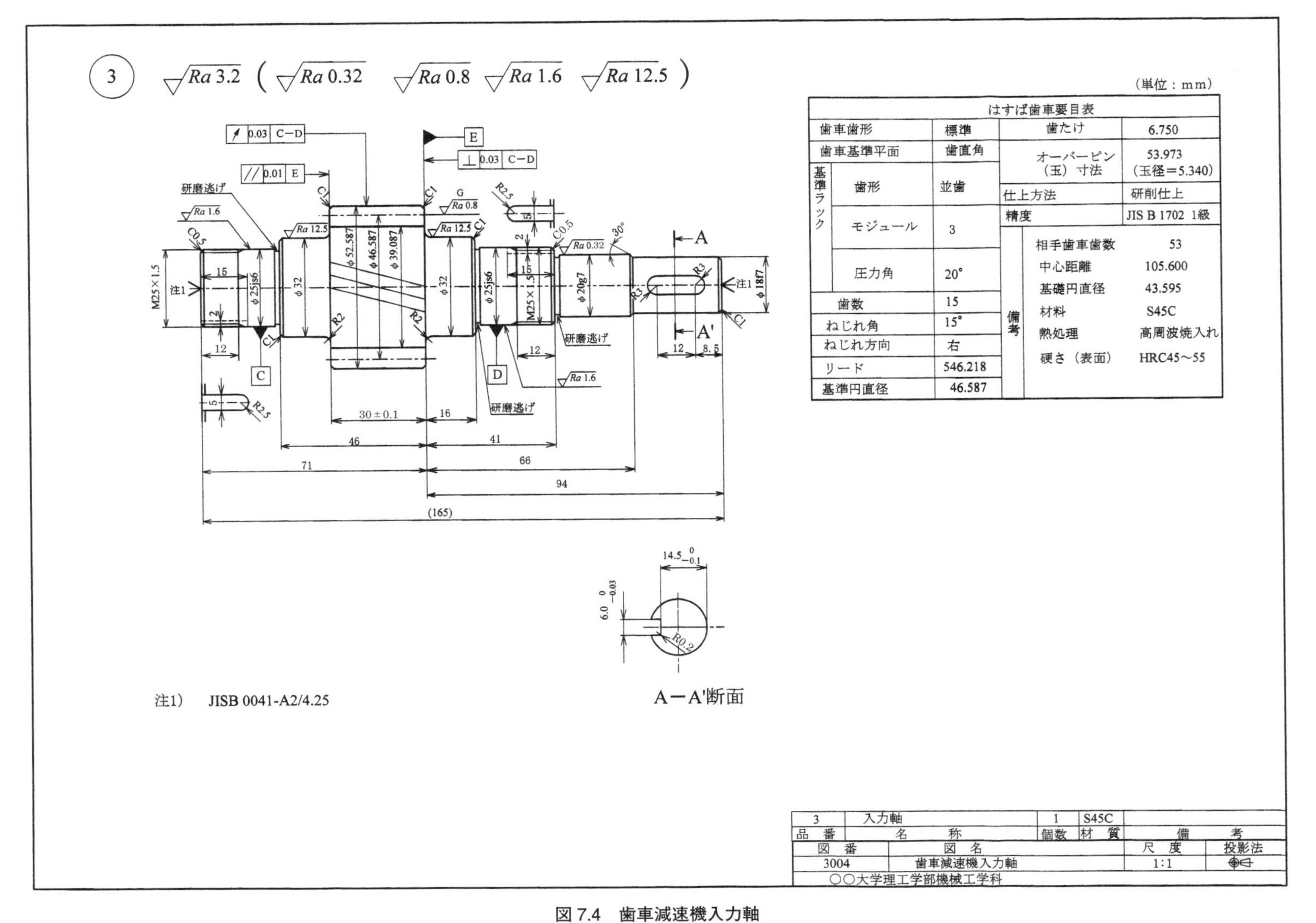

図 7.4　歯車減速機入力軸

7章　参考図面

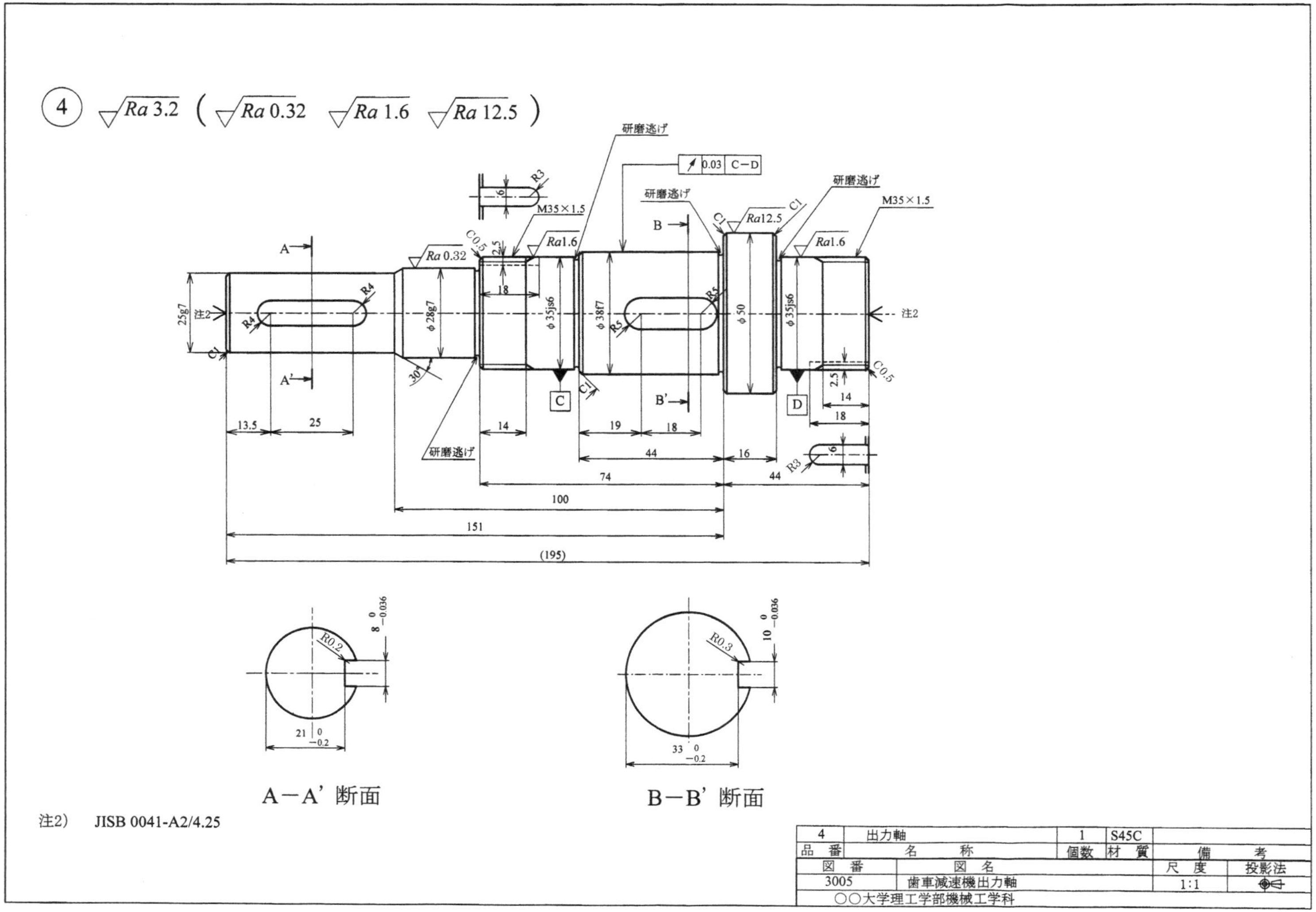

図 7.5　歯車減速機出力軸

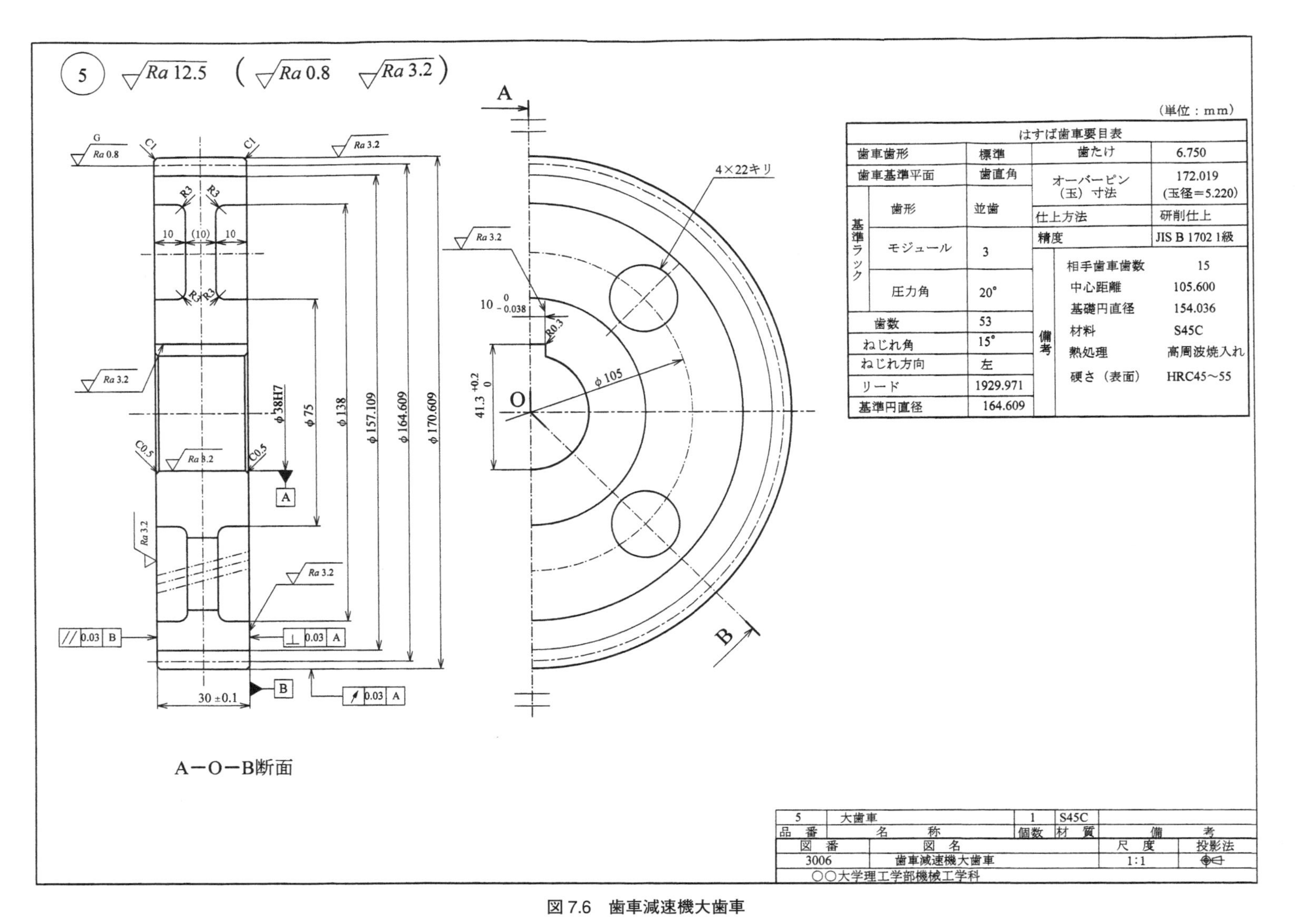

図7.6 歯車減速機大歯車

7章 参考図面

仕	様
輸送液体	マシン油
吐出し圧力	0.3 MPa
吐出し量	5 l/min
回転数	290 rpm
所要動力	0.1 kw

品番	名称	個数	材質	備考
1	前フタ	1	FC200	
2	本体	1	FC200	
3	後フタ	1	FC200	
4	駆動歯車軸	1	S45C	
5	被駆動歯車軸	1	S45C	
6	軸受	1	CAC502A	JIS B 1582 1種に準じる
7	軸受	3	CAC502A	JIS B 1582 1種に準じる
8	パッキン押え	1	FC200	
9	弁	1	S45C-D	
10	弁ガイド	1	C3604	
11	弁ガイドカバ	1	FC200	
12	ばね	1	SWP	
13	ガスケット	2	紙	t0.2
14	グランドパッキン	4	皮パッキン	
15	植込みボルト	2	S45C-D	JIS B 1173 6×26-4.8 並2種並
16	六角ナットA	2	S25C-D	JIS B 1181 六角低ナット両面取 M6
17	六角ナットB	2	S25C-D	JIS B 1181 六角ナット スタイル1 M6-8
18	押さえボルト	12	S45C-D	JIS B 1180 AM6×25-6g-8.8
19	ばね座金	12	SWRH62	JIS B 1251 2号6S ばね座金
20	グリースニップル	1	C3601	JIS B 1575-1形-C3601 平行ねじ立形
21	Oリング	1	ニトリルゴム	JIS B 2401 1種A G 25
22	平行ピン	4	S45C	JIS B 1354 A種 4×20 St

校名					着手		投影法	
検印					提出		尺度	1:2
図名	調圧弁付歯車ポンプ組立図				図番	2012-3-000		
学年		組		番号		氏名		

図 7.7 調圧弁付歯車ポンプ組立図

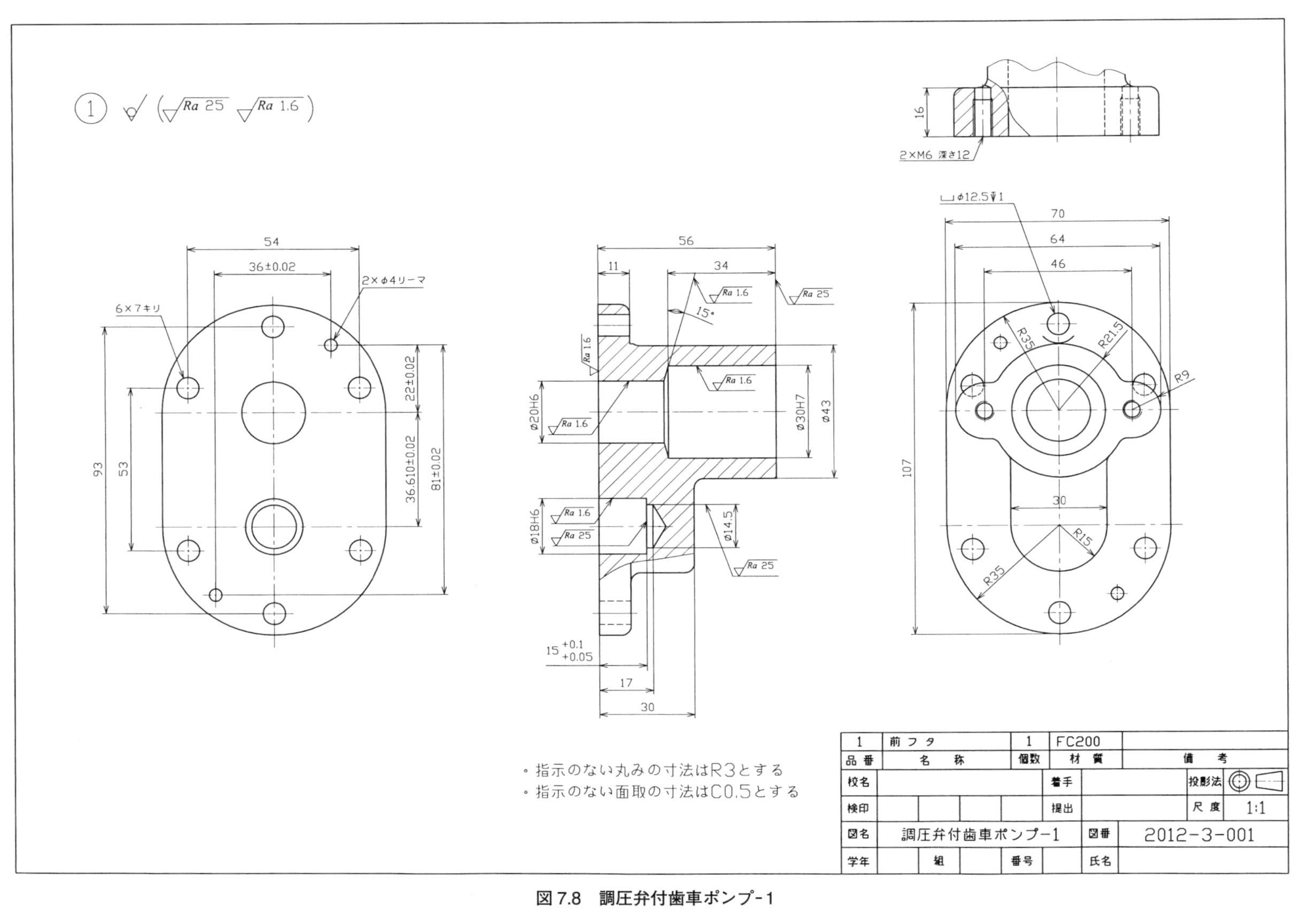

図7.8 調圧弁付歯車ポンプ-1

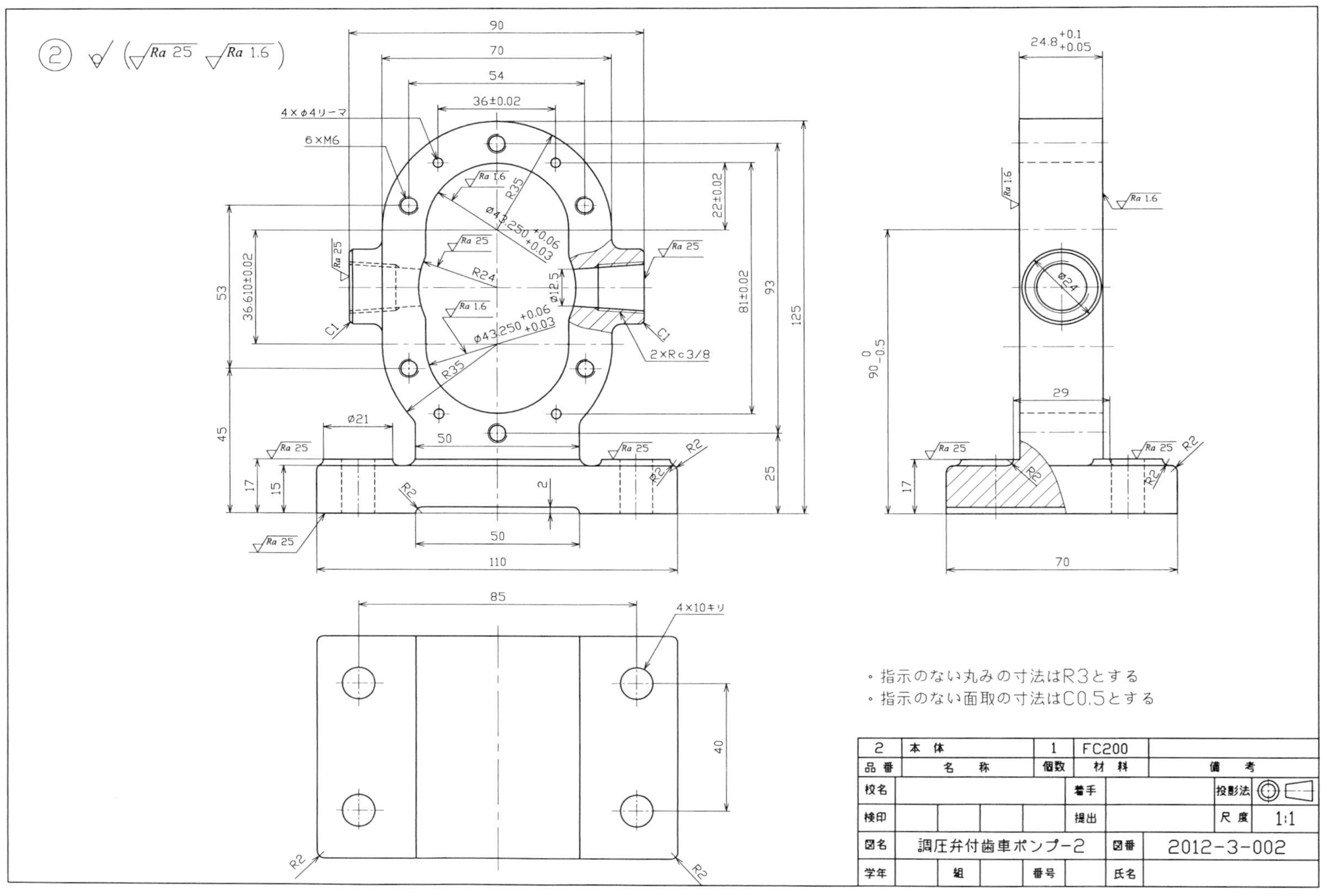

図 7.9　調圧弁付歯車ポンプ-2

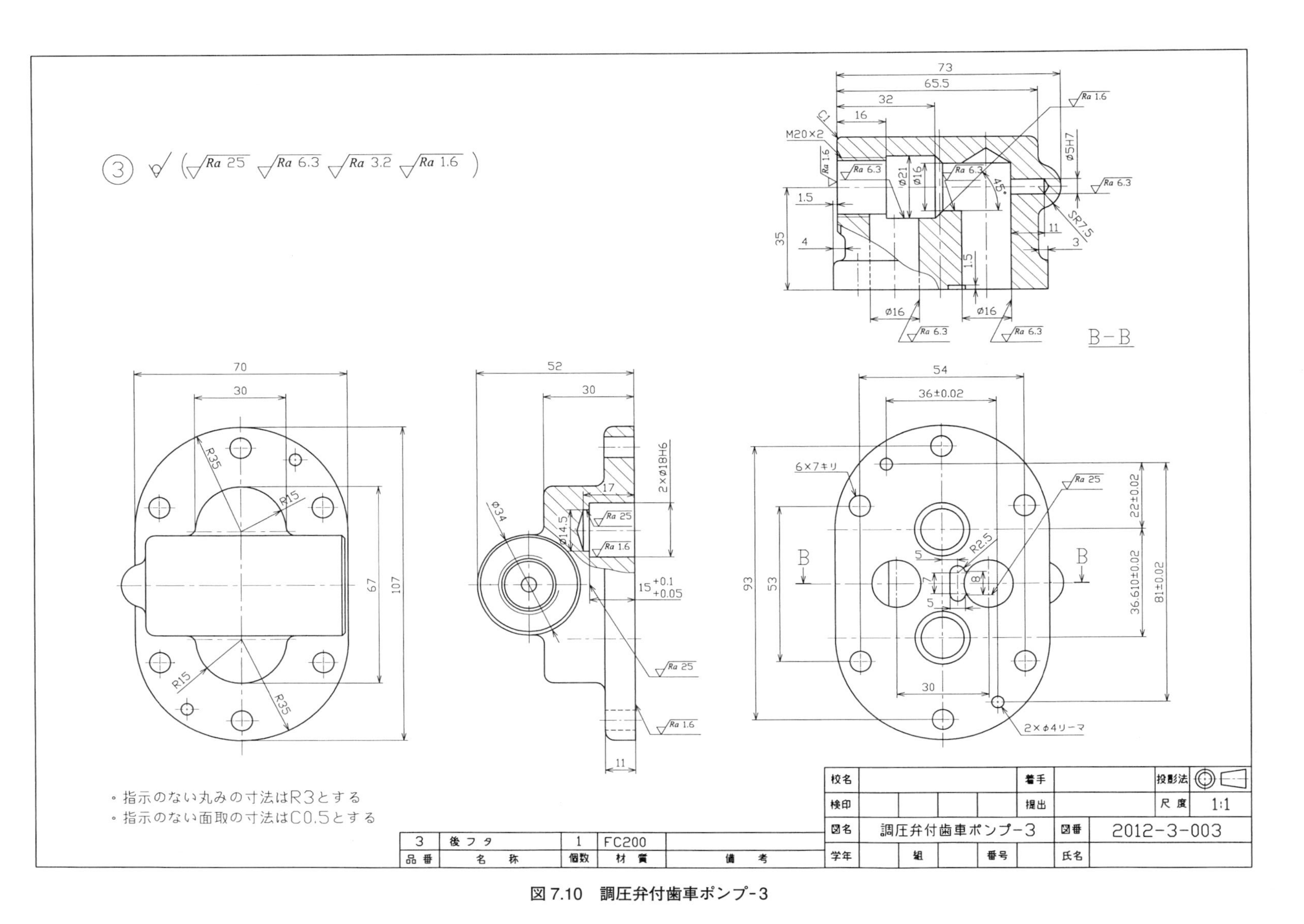

図 7.10 調圧弁付歯車ポンプ-3

7章 参考図面

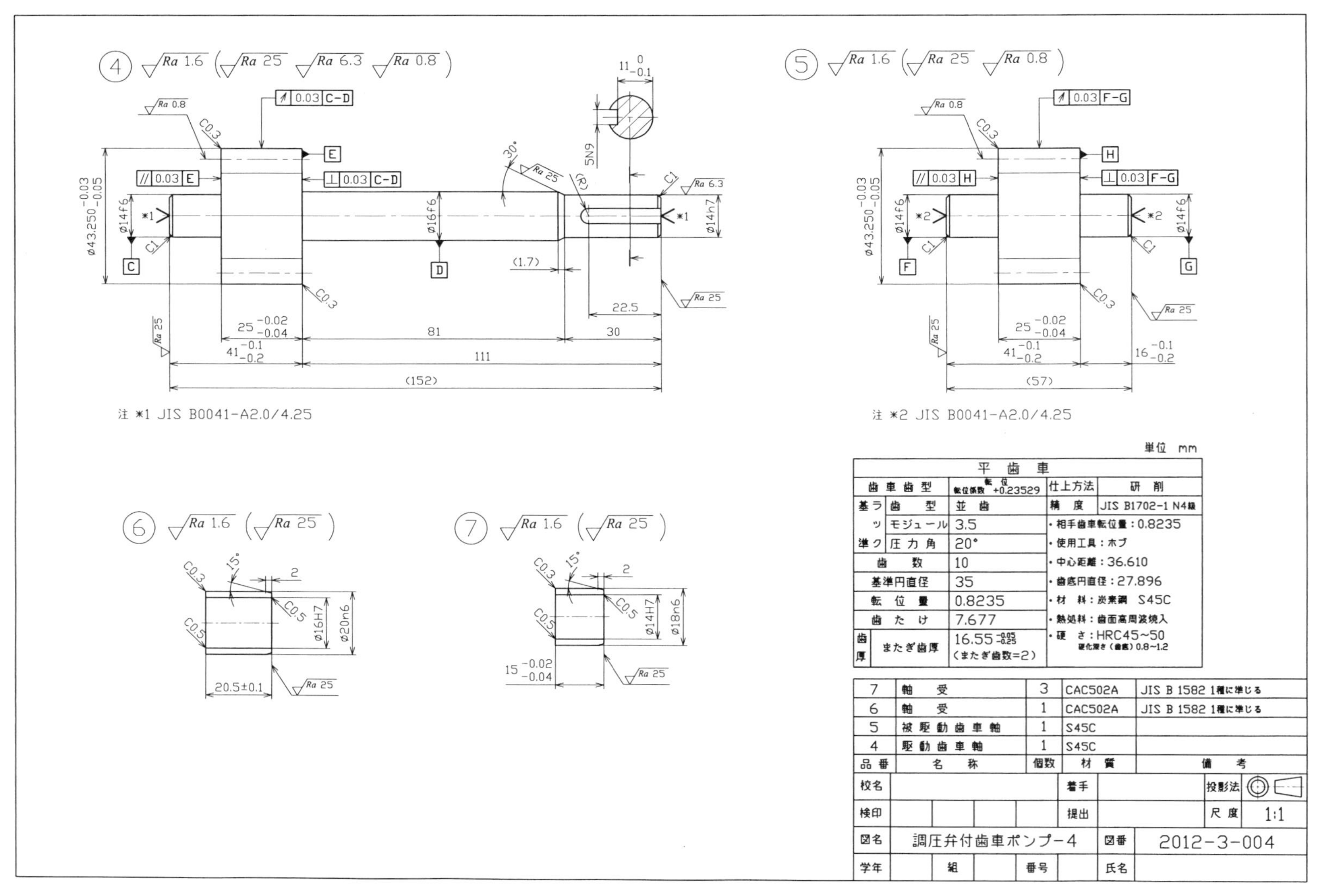

図 7.11 調圧弁付歯車ポンプ-4

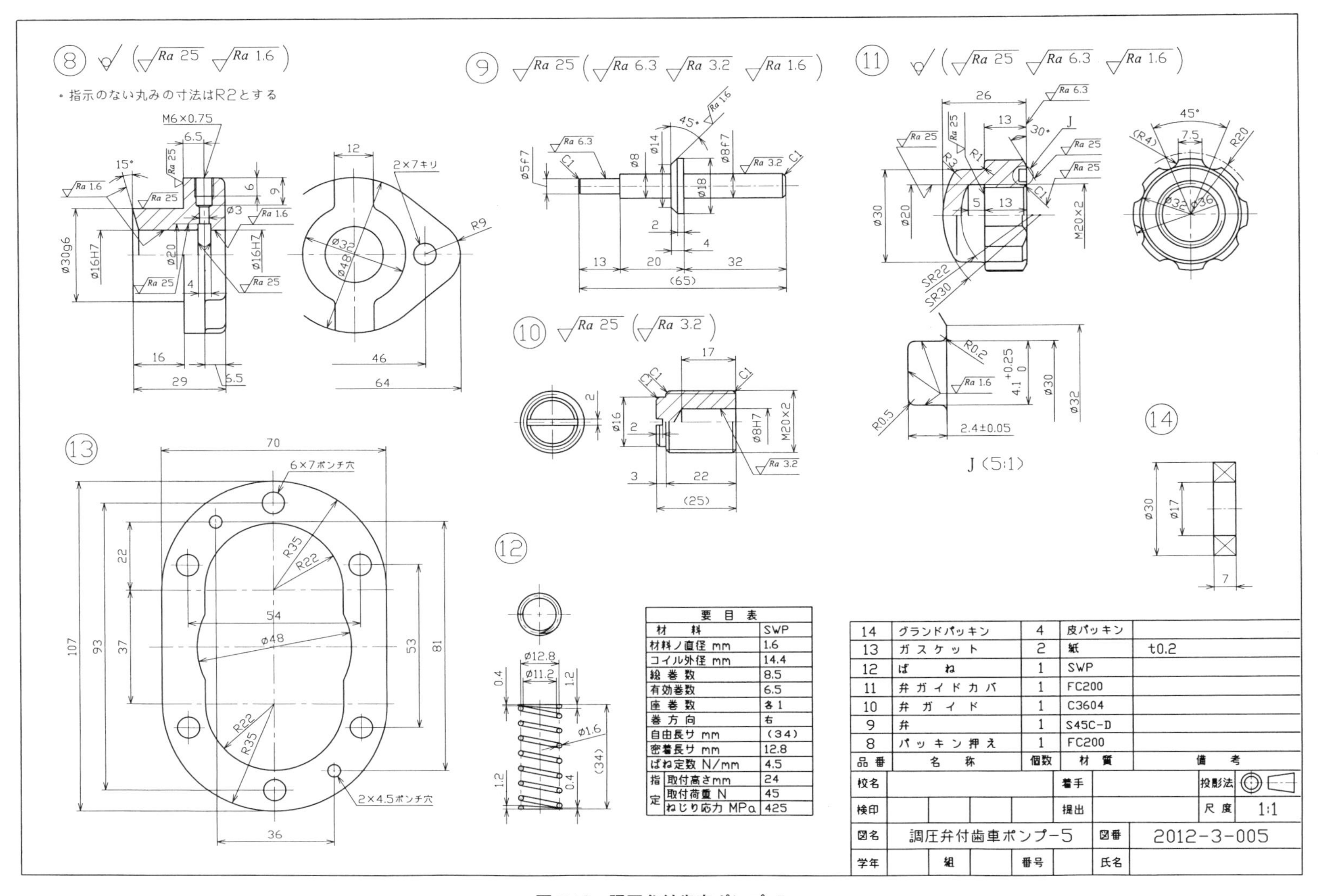

図 7.12 調圧弁付歯車ポンプ-5

参考図面 7章

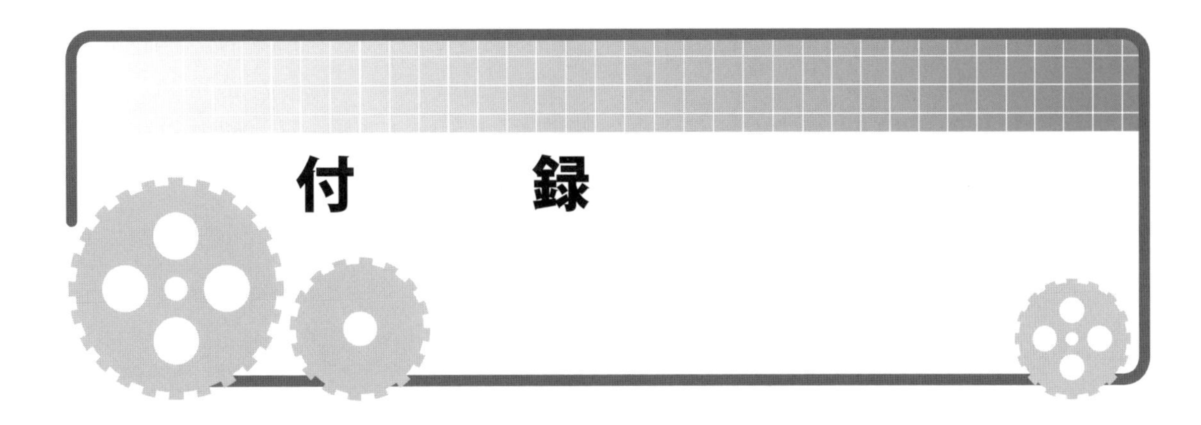

付録 A　機械製図の手順

課題にフランジを例にとり，図面を描くための手順を示す．

・課題図は傾斜図に寸法を記入して与えられている（**図 A.1**）．

・図形は説明図であり，寸法表示も説明寸法である．

・図面の寸法記入については，図のとおり描くとまちがいである．

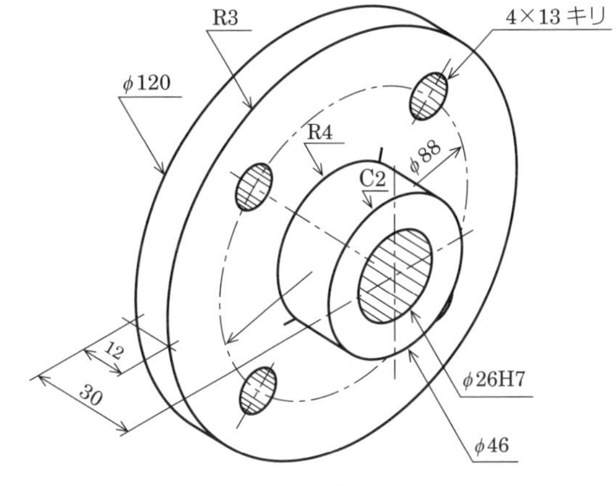

図 A.1　傾斜図

【1】図面の配置による構想を立てる

① 正面図の選定（**図 A.2**）：形体は，加工量の多い側を右にする．

・正面図は，品物の形・特徴を最もよく表す面を選ぶ．

② 投影図の数（**図 A.3**）：投影図は正面図・右側面図を描くこととする．

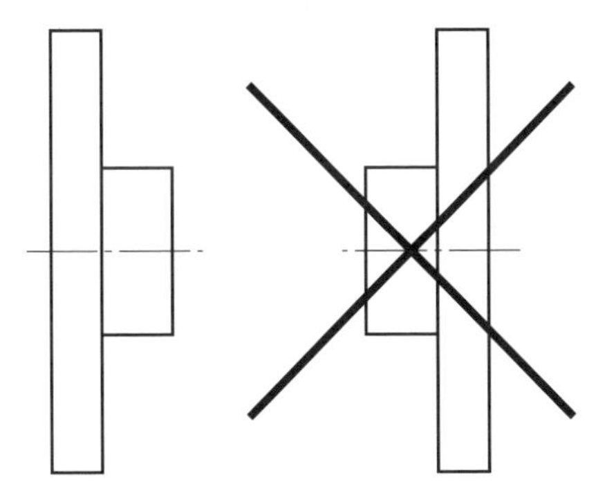

図 A.2　正面図の選定

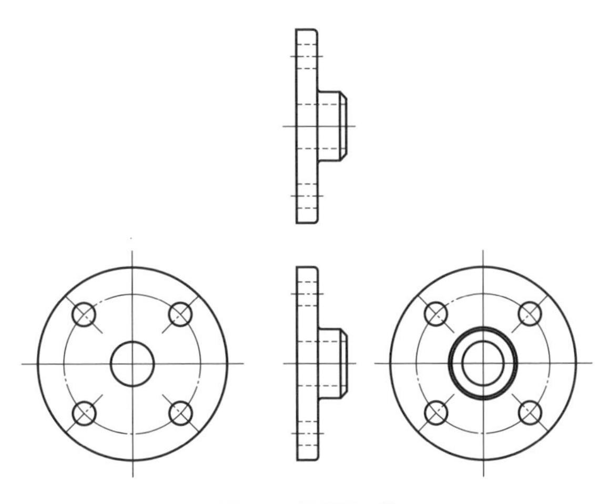

図 A.3　投影図の数

・機械製図では，3 面図にこだわる必要性はなく，正面図だけですべて表示できれば，正面図のみでよい．

③ 尺度と図の配置（**図 A.4**）：図はバランスよく，中央に位置するように配置する．図と図の間は，寸法記入のための空間をあけておく．

・表題欄・部品表などの枠を描く．

・図面の大きさと配置を考え合わせながら尺度を決める．

・部品図はできるだけ現尺（1：1）で描く．

・ここでは，正面図を片側断面図を用いて描くこととする（**図 A.5**）．

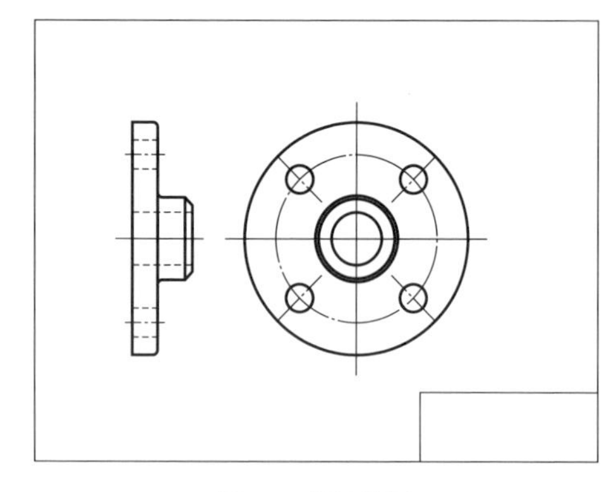

図 A.4　図の配置

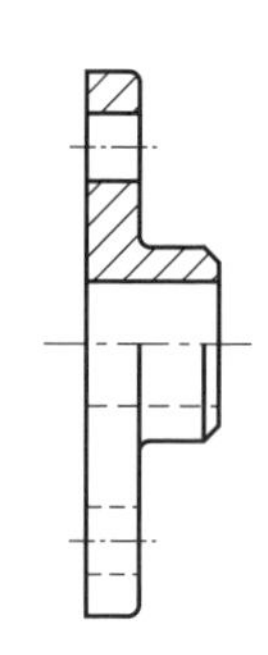

図 A.5　片側断面図を正面図にする

【2】機械図面の手順

① 中心線（細線）・基準線（薄い線）を引く（**図 A.6**）．

・基本中心線・穴の中心線を引く．

・寸法測定の基準となる基準線を薄い線で垂直に引く．

② 水平線（**図 A.7**）・垂直線（**図 A.8**）を引く．

・基準線上に外形の直径 120 を中心線に振り分けて，ボス部の直径 46 も中心線に振り分けて，それぞれ水平に薄い線を引く．

・穴の直径 26，13 も穴の中心線に振り分けて，それぞれ 13 と 6.5 とを水平に薄い線を引く．

・フランジの厚み 12 の寸法をとり，ボス部の長さ 30 をとって，それぞれ垂直に薄い線を引き，字消し板を用いて余分な線を消す．

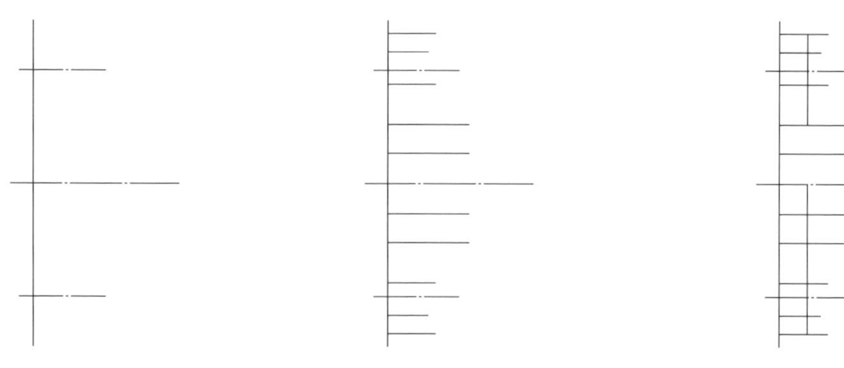

図 A.6　中心線を引く　　図 A.7　水平線を引く　　図 A.8　垂直線を引き，余分な線を消す

③ 角・隅の丸みおよび面取り部分（**図 A.9**，**図 A.10**）

・角や隅の丸みの部分，斜線（面取り）を太線で引く．

・半径 $R=3$，$R=2$ の部分をテンプレート使用の場合は直径 6 および 4 の部分を使用して引く．

・面取り $C=2$ は，端から 2 をとり，ドラフタースケールを 45° に設定し太線を引く．

・字消し板を用いて余分な線を消す．

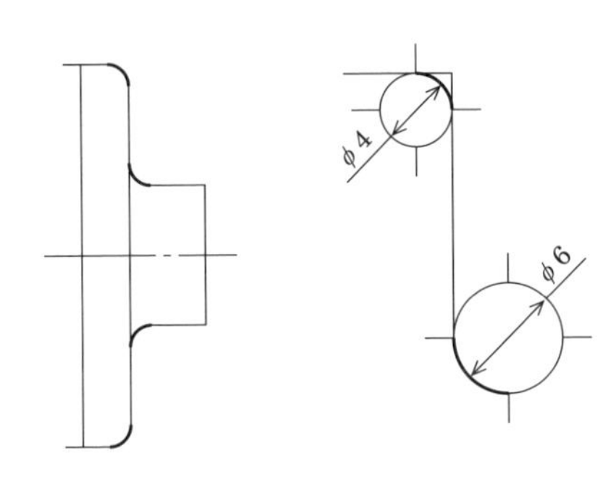

図 A.9　角・隅の丸みを太線で引く

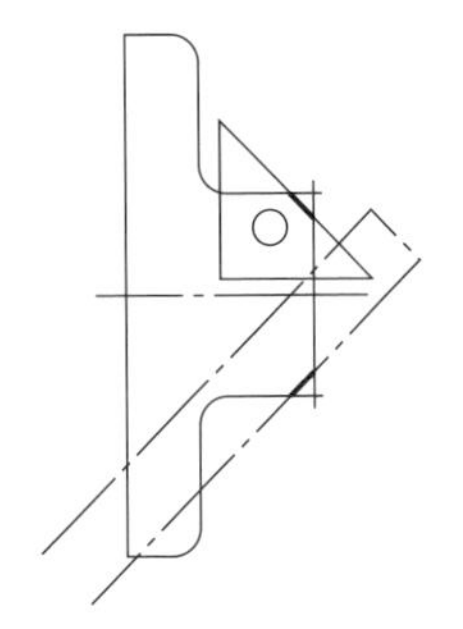

図 A.10　面取り部分を描く

④ 水平部分の外形線を引く（**図 A.11**）．

・ドラフターのスケールを上方から下方にずらしながら順次水平線を太線で引く．

⑤ 垂直部分の外形線を引く（**図 A.12**）．

・ドラフターの縦のスケールを左方から右方にずらしながら順次垂直線を太線で引く．

⑥ 右側面図の中心線を引く（**図 A.13**）．

・正面図の水平中心線にスケールを合わせて，右側面図の中心線を引く．

・寸法が両投影の中間に入ることを考えて垂直中心線を引く．

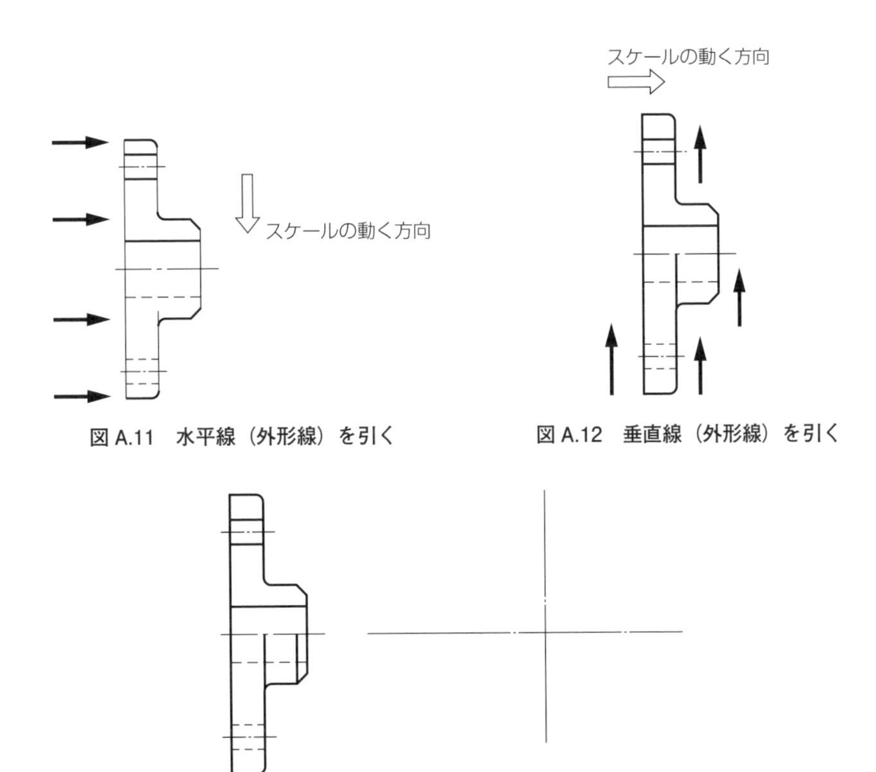

図 A.11　水平線（外形線）を引く

図 A.12　垂直線（外形線）を引く

図 A.13　右側面図の中心線を引く

⑦ ピッチ円を描く（**図 A.14**）.

・ピッチ円（88）の半径（44）をコンパスに取り中心線を描く.

・中心線が交差するときは，鎖線の点と点との交差を避ける.

⑧ 穴を描く（**図 A.15**）.

・4 個のキリ穴（13）をテンプレートを用いて外形線（太線）で描く.

⑨ 円を描く（**図 A.16**）.

・正面図上で，それぞれの円（大きい方の円から）の半径をコンパスに取り，円を描く.

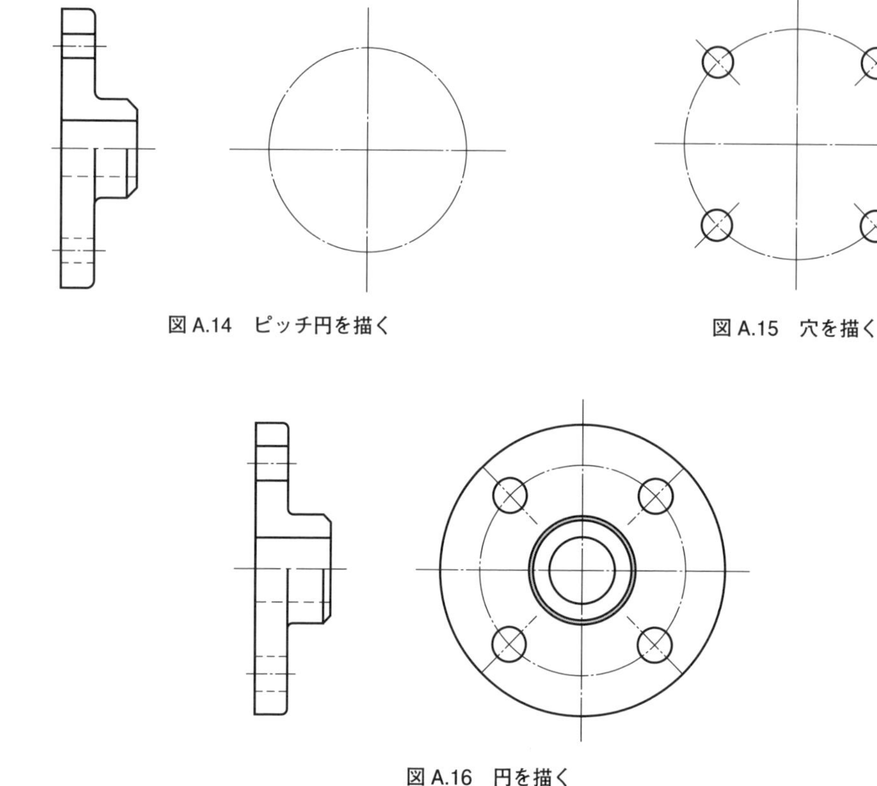

図 A.14　ピッチ円を描く

図 A.15　穴を描く

図 A.16　円を描く

⑩ ハッチングを記入する（**図 A.17**）.

・切断した切り口の面に，細線で右上がり 45° のハッチングを描く.

⑪ 寸法は，正面図に集中して記入する（**図 A.18**）.

・寸法は主に図形の上側と右側に記入する.

・寸法補助線は外形線より，直角に引き出す.

・外形線に近い寸法線は 10 ～ 12 mm 離して引き，2 本目の寸法線は 8 ～ 10 mm 離して引く.

・寸法線の両端には端末記号（矢印）を描き，その角度は 30° で描く.

・寸法補助線は，矢印から 3 mm 延長しておく.

⑫ 右側面図の寸法を記入する（**図 A.19**）.

・穴を開けるときの寸法

ピッチ円の直径，穴の数，穴の大きさ，この寸法群を関連寸法といい，同じ投影図に表示するのがよい.

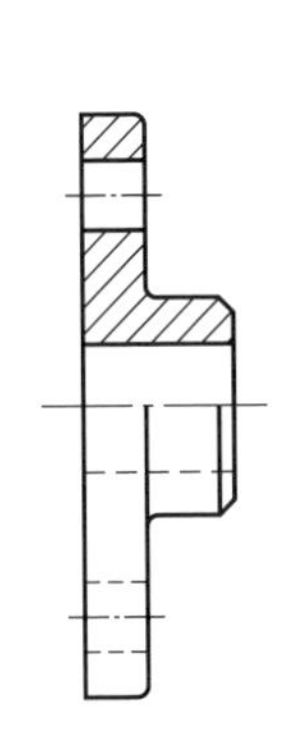

図 A.17　ハッチングを入れる

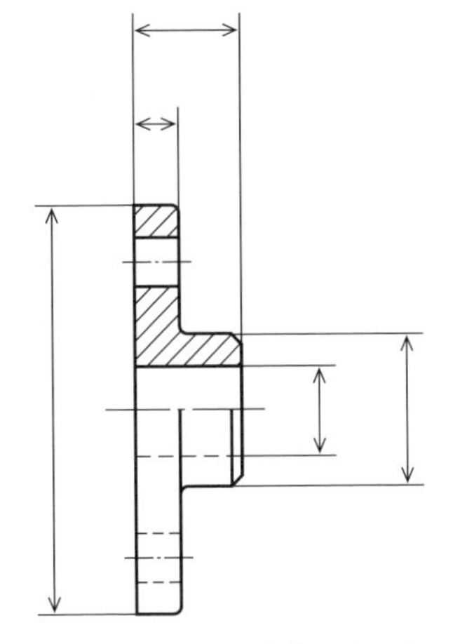

図 A.18　正面図に寸法を記入する

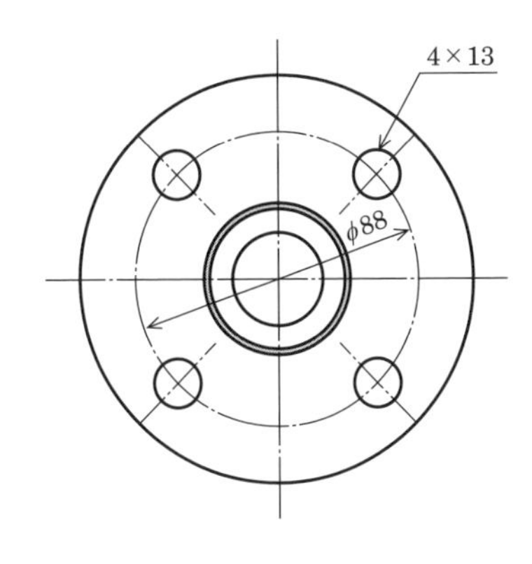

図 A.19　右側面図の寸法を記入する

⑬ 寸法数字を記入する（**図 A.20**）.

・寸法数字は寸法線上側の中央に描く.

・面取りは記入する面に直角に，加工方向から矢印をあて，その線の上に記入する.

・隅の丸みの半径は中心より 45° の線を引き，その線の上に記入する.

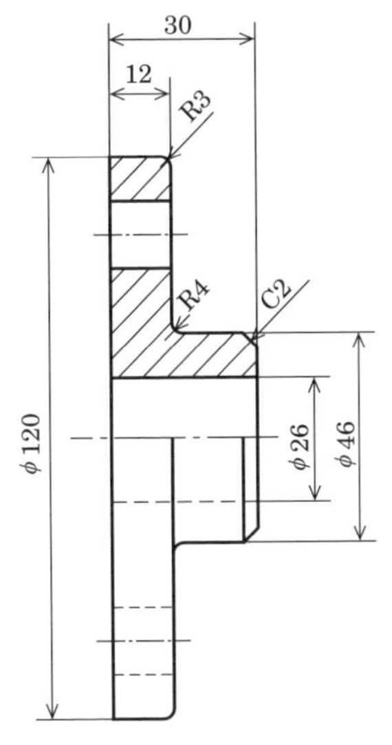

図 A.20　寸法数字を記入する

付録 B　テクニカルイラストレーション

1　ポンチ絵（テクニカルイラストレーション）

ものづくりに関わるコミュニケーションでは，ポンチ絵（手描きのスケッチ）によるイメージの共有が有効である．さまざまに変わるアイディアを素早く，分かりやすく表現するため，機械系エンジニアには投影法にもとづくポンチ絵の描き方に習熟しておくことが求められる．一般に，手描きポンチ絵でアイディアが固まると，CAD による設計製図を行い，構造や機能の検証と修正が行われ，2 次元図面をもとに製作される．企画の段階から，機械製図のルールを準用したポンチ絵でアイディアを表現できると，説明の手間が減り，誤解の少ないコミュニケーションができ，効率的な製品開発へつなげることができる．

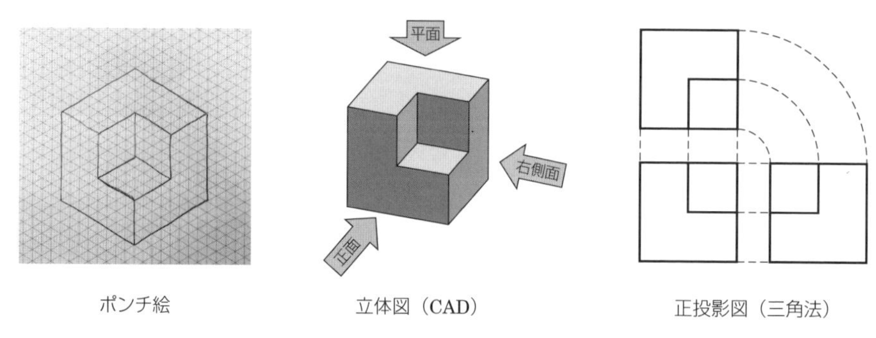

図 B.1　立体図と正投影図（三角法）

2　等測投影法によるポンチ絵の描き方

ポンチ絵の作図に決まったルールはないが，3 次元の対象物を 2 次元平面に立体的に描く投影法の一つとして等測投影図（アイソメトリック図）の描き方に従うと便利である．等測投影では，図 B.2 のように，物体の正面を投影面（紙面）に対して 45° 回転し，物体の上面が現れるように投影面に対して 35° 16′ 傾けて置き，視点と対象物の間に置いた投影面に直角投影する．

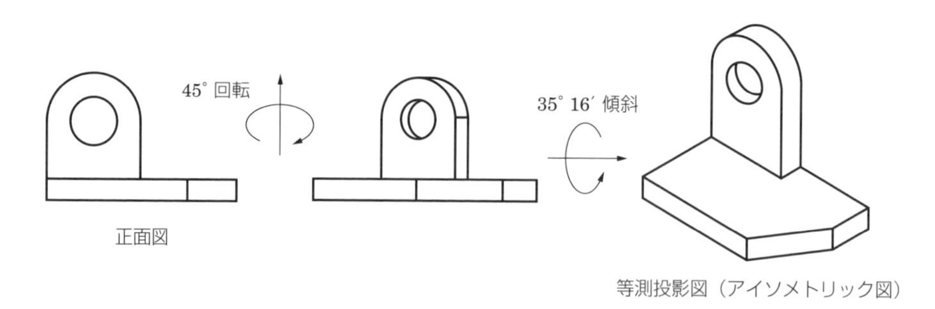

図 B.2　等測投影図（アイソメトリック図）の考え方

x 軸，y 軸，z 軸を 3 辺とする立方体を等測投影すると，x 軸，y 軸は水平から 30° 傾き，z 軸は垂直のままとなる．各軸上の寸法は実寸の 0.8164 倍に縮む．各面に内接する円は楕円角度 35° 16′ の楕円となり，楕円の長軸は内接円直径と同じであり，短軸は内接円直径の 0.58 倍となる（図 B.3 (a)）．ポンチ絵の練習には，60° で交わる罫線を持つ斜眼紙を用いると便利である．また，楕円角度，長軸の向き

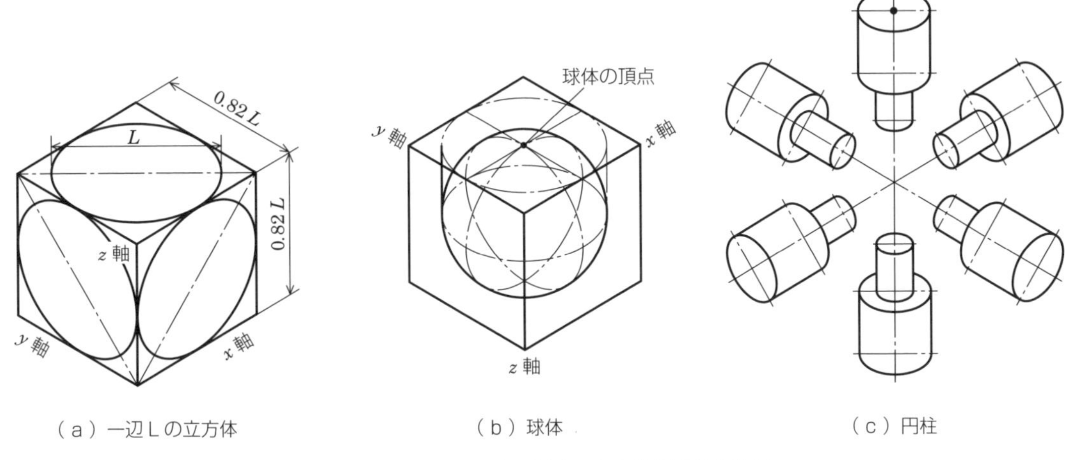

（a）一辺Lの立方体　（b）球体　（c）円柱

図 B.3　アイソメトリック図による物体形状の表現

を描画面に合わせて作図すると，円形が立体的に見える．楕円の作図はアイソメトリック図専用の楕円テンプレートが便利である．

ポンチ絵の線の種類は機械製図のルールを準用し，作図に必要な補助線は**作図線**として細い実線，**中心線**は細い一点鎖線，**かくれ線**は細い破線とし，外形を示す線は**図形線**として太い実線を用いる．

球の場合（図 B.3（b）），等測投影図では同じ直径の円として描かれるが，適宜，断面の円を示すことで立体的な理解が容易になる．断面の円は長径が球の直径と等しく，楕円角度 35.16° の楕円となるが，長軸方向は断面が描かれる方向によって変わり，断面が x 面あるいは y 面にあれば，長軸は水平軸から ±60° 傾き，断面が z 面にあれば長軸は水平方向となる．

円柱の場合（図 B.3（c）），軸線（中心線）を意識し，端面に軸線と直行する楕円の長軸線を描き，円柱軸方向を短軸とする楕円角 35.16° の楕円を描く．円柱側面の外形線は楕円の長軸上の頂点を通る．楕円の長短軸方向を正しく描くことで立体的な理解が容易となる．

3　作図法

【1】箱詰め法

物体形状を単位立方体の箱の集合と捉え，一部を切り取る，付け足す作業で投影図を作図する方法である．斜眼紙を使うと罫線に合わせて線を引くことで容易に立体形状を描ける．見えない部分は必要に応じてかくれ線で示すとよい．図 B.4 では，まず，物体全体の枠として 70 × 70 × 20 の直方体を作図線で描き，不要な直方体，三角柱を切り取り，不要な線を消し，立体図を図形線で描いている．

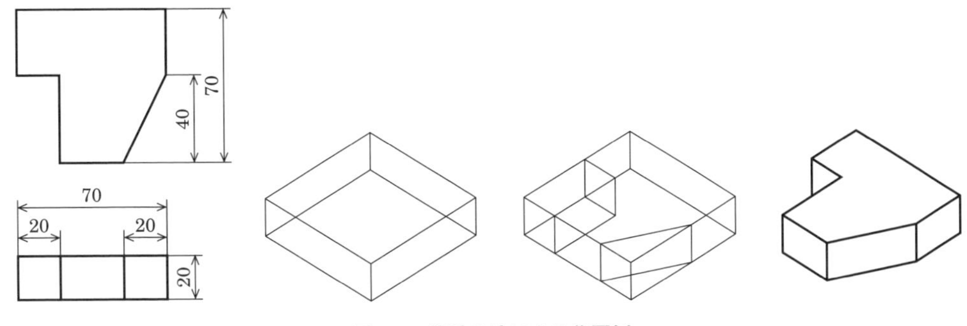

図 B.4　箱詰め法による作図例

【2】中心線法

円柱状の物体の場合，軸を示す中心線，端面や段部の形状を中心線で先に描き，楕円や平行四辺形などで外形を描いていく方法．中心線や軸線は作図線として細く薄く描き，外径線は太く濃く描くことで見やすく仕上がる．

中心線法では，図 B.5 のように，(a) 軸の軸線（中心線）を描き，端面や段の位置に，円柱軸と直行する楕円の長軸線を描く．(b) 円柱軸方向を楕円の短軸方向とし，長軸長さを円柱直径として楕円角 35.16° の楕円を端面や段部に描く．(c) 円柱側面の外形線を描く．この線は両端の楕円の長軸線と楕円の交点を結ぶ．図形線だけを残し，仕上げる．

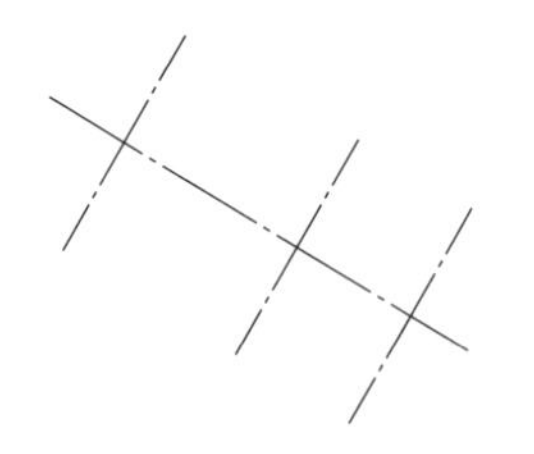
(a) 軸線と楕円の長軸線の描画

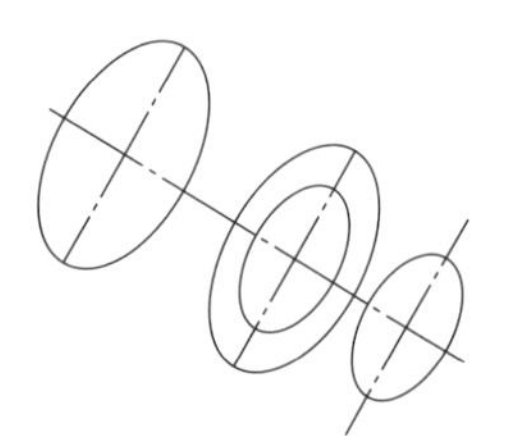
(b) 楕円の描画．短軸は軸線と重なる

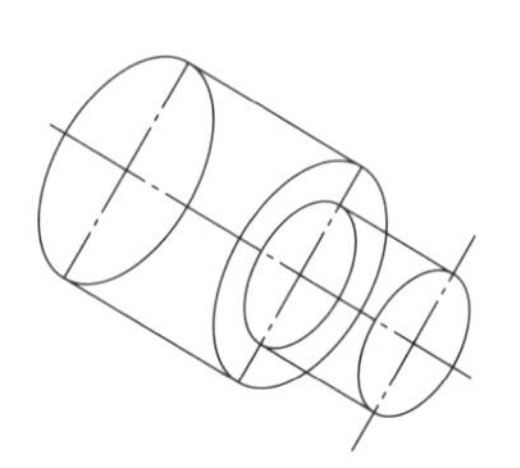
(c) 側面の外形線の描画

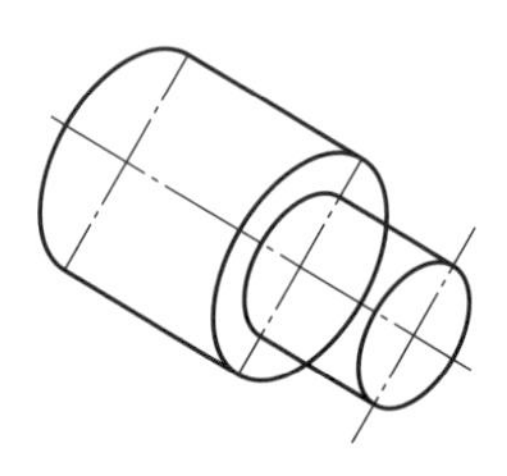
(d) 作図線を消し，図形線を太く描く

図 B.5 中心線法による段付き円柱の作図例

4 課題 6.9 演習 2 の作図例

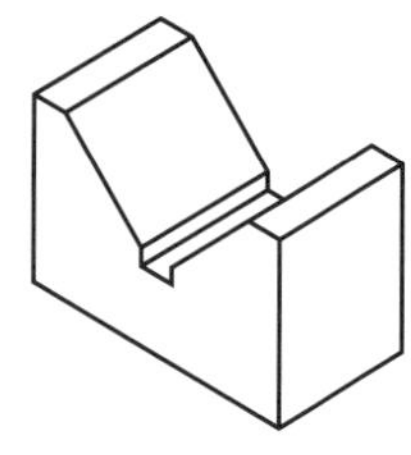
作図例 2-1

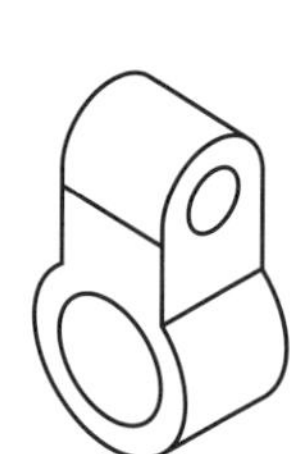
作図例 2-2

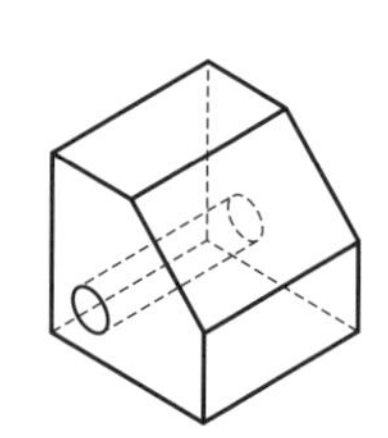
作図例 2-3

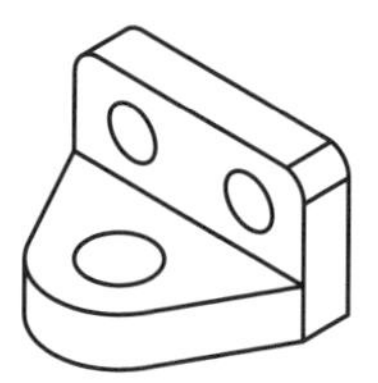
作図例 2-4

索　引

ア 行

カ 行

▶サ 行

マ 行

ヤ 行

ラ 行

英数字

- 本書の内容に関する質問は，オーム社ホームページの「サポート」から，「お問合せ」の「書籍に関するお問合せ」をご参照いただくか，または書状にてオーム社編集局宛にお願いします．お受けできる質問は本書で紹介した内容に限らせていただきます．なお，電話での質問にはお答えできませんので，あらかじめご了承ください．
- 万一，落丁・乱丁の場合は，送料当社負担でお取替えいたします．当社販売課宛にお送りください．
- 本書の一部の複写複製を希望される場合は，本書扉裏を参照してください．

JCOPY ＜出版者著作権管理機構 委託出版物＞

基礎から学ぶ 機械製図（第2版）

2012年11月20日　第1版第1刷発行
2024年3月1日　第2版第1刷発行
2024年9月10日　第2版第2刷発行

編　者　基礎から学ぶ 機械製図 編集委員会
発行者　村上和夫
発行所　株式会社 オーム社
郵便番号　101-8460
東京都千代田区神田錦町3-1
電話　03(3233)0641(代表)
URL　https://www.ohmsha.co.jp/

組版　新生社　　印刷・製本　壮光舎印刷
ISBN978-4-274-23167-4　Printed in Japan